21世纪高等院校计算机网络工程专业规划教材

U0148618

网络管理技术与实践教程

赵启升 毕野 张占强 姜宏岸 编著

清华大学出版社

北京

内 容 简 介

本书从实战出发,将基本理论与实践相结合,主要介绍了网络管理技术的基本概念,并分别以 CISCO 及 H3C 设备为实验室环境,介绍了交换机、路由器等网络设备的配置,内容涵盖了组建局域网、广域网所需要的从低到高的大部分知识,主要包括路由器与交换机配置基础、交换机高级配置、广域网协议原理及配置、路由选择协议及路由配置、访问控制列表及地址转换等技术,最后介绍了路由模拟器 Boson Netsim 5.13 的使用。

图书在版编目(CIP)数据

网络管理技术与实践教程/赵启升等编著. —北京:清华大学出版社,2011.6
(21 世纪高等院校计算机网络工程专业规划教材)
ISBN 978-7-302-24233-8

Ⅰ. ①网… Ⅱ. ①赵… Ⅲ. ①计算机网络-管理-高等学校-教材 Ⅳ. ①TP393

中国版本图书馆 CIP 数据核字(2010)第 249520 号

责任编辑:魏江江 薛 阳
责任校对:梁 毅
责任印制:何 芊

出版发行:清华大学出版社   地   址:北京清华大学学研大厦 A 座
        http://www.tup.com.cn   邮   编:100084
        社 总 机:010-62770175   邮   购:010-62786544
        投稿与读者服务:010-62795954,jsjjc@tup.tsinghua.edu.cn
        质 量 反 馈:010-62772015,zhiliang@tup.tsinghua.edu.cn
印 刷 者:北京市清华园胶印厂
装 订 者:三河市金元印装有限公司
经   销:全国新华书店
开   本:185×260 印 张:17 字 数:426 千字
版   次:2011 年 5 月第 1 版   印 次:2011 年 5 月第 1 次印刷
印   数:1~3000
定   价:29.00 元

产品编号:034170-01

前　言

　　本书从实战出发，将基本理论与实践相结合，主要介绍了网络管理技术的基本概念，并分别以 CISCO 及 H3C 设备为实验室环境，介绍了交换机、路由器等网络设备的配置，内容涵盖了组建局域网、广域网所需要的从低到高的大部分知识，适合作为网络系统设计与工程类课程的实践内容。本书共 11 章，各章的主要内容如下。

　　第 1 章介绍网络管理的定义及其目标、OSI 网络管理标准中定义的网络管理的 5 个基本功能，以及简单网络管理协议 SNMP 的管理模型、工作原理及特点。

　　第 2 章主要介绍计算机网络体系结构的分类及内容，重点介绍常见的网络介质特性。

　　第 3 章主要介绍交换机与路由器等网络互连设备的工作原理、分类以及接口连接，并介绍综合运用这些网络设备的一般原则。

　　第 4 章主要介绍路由器、交换机的配置方式、模式切换命令和查看命令的使用方法以及常用配置命令的使用。

　　第 5 章主要讨论交换机 VLAN 配置，介绍第 2 层交换机和第 3 层交换机 VLAN 的配置方法以及 VLAN 之间通过第 3 层交换机转发的配置方法。

　　第 6 章主要介绍广域网协议的基本工作原理、HDLC 协议的配置、PPP 协议身份验证的方法及配置、帧中继协议配置及广域网协议链路的查看和测试方法。

　　第 7 章主要介绍路由协议的概念、种类及静态路由的配置方法。

　　第 8 章介绍了 RIP 和 OSPF 动态路由协议的工作原理及配置方法。

　　第 9 章介绍了访问控制列表的工作原理与作用、标准访问控制列表的配置过程以及地址转换的配置。

　　第 10 章介绍了路由器、交换机系统管理诸如密码设置、恢复和文件管理的配置等有关内容。

　　第 11 章介绍了路由模拟器 Boson Netsim 5.13 的安装以及进行网络拓扑设计及网络设备配置的方法。

　　编者从多个大型的网络工程的实践经验出发，组织并选择了一些计算机网络管理技术和网络工程相关的关键技术内容作为本书内容。本书可作为计算机专业或通信专业的本、专科生"网络管理技术"教材，也可以作为网络工程师、网络管理员和对网络技术感兴趣的技术人员的参考资料。

　　本书由赵启升主编并对全书进行统稿，毕野、姜宏岸和张占强等为本书的编写付出了大量的时间和精力,其中,第 1、2、3 章由赵启升编写,第 5、9、11 章由张占强编写,第 7、8 章由毕野编写,第 4、6、10 章由姜宏岸编写。本书在编写过程中参考了 CISCO 及 H3C 公司的有关著作和文献,并查阅了大量的网络资料,在此对所有的作者表示感谢。

由于编者水平有限,书中难免存在错误或不妥之处,欢迎广大读者批评指正。

编者

2010.10

目　录

V

VII

第 1 章 网 络 管 理

教学目标

（1）明确计算机网络管理的定义及其目标、OSI 网络管理标准中定义的网络管理 5 个基本功能，理解网络管理模型。

（2）正确理解简单网络管理协议的管理模型和工作原理，同时了解其他网络管理协议各自的特点。

（3）了解基于 Web 的网络管理技术、远程网络监控技术，同时了解常用网络管理软件 HP OpenView、IBM NetView 等。

1.1 网络管理概述

1.1.1 网络管理的定义与目标

随着网络技术和应用的不断发展，人们对网络的依赖程度越来越大，用户已不再满足于网络连通性的要求，而是希望以更快的速度、更高的质量、更好的安全性访问网络。但是，随着网络用户数量的不断增多，为网络的日常管理与维护带来了巨大的挑战。为了维护日益庞大的网络系统的正常工作，保证所有网络资源处于良好的运行状态，必须有相应的网络管理系统进行支撑。

1. 网络管理的定义

网络管理，简称网管，是指对网络的运行状态进行监测和控制，使其能够有效、可靠、安全、经济地提供服务。简单地说，网络管理就是为保证网络系统能够持续、稳定、安全、可靠和高效的运行，对网络实施的一系列方法和措施。

网络管理的任务是收集、监控网络中各种设备和设施的工作参数、工作状态信息，将结果显示给管理员并进行处理，从而控制网络中的设备、设施、工作参数和工作状态，使其可靠运行。

2. 网络管理的目标

（1）减少停机时间，改进响应时间，提高设备利用率。

（2）减少运行费用，提高效率。

（3）减少或消除网络瓶颈。

（4）适应新技术。

（5）使网络更容易使用。

（6）使网络更安全。

可见,网络管理的目标是最大限度地增加网络的可用时间,提高网络设备的利用率、网络性能、服务质量和安全性,简化网络管理和降低网络运营成本,并提供网络的长期规划。

1.1.2 网络管理技术的特点及发展趋势

从已有的标准和技术发展趋势来看,网络管理标准主要是在管理体系结构、管理信息模型和管理协议方面提出一些规范和建议。关于管理框架和体系结构的标准有 NGOSS (TMF)、OSS through Java(OSS/j)、OSA/Parlay (ParlayConsortium,ETSI,3GPP)、TMN (ITU-T)等。有关信息模型的标准有 TMF 的共享信息/数据模型(SID)、核心事务实体 (OSS/j)、DMTF 的通用信息模型(CIM)、OMG 的 MDA 等。关于管理协议方面的标准有 IETF 的 SNMP、COPS、LDAP,ITU-T 的 CMIP,IPDR,以及另外一些用于通过 IP 传输数据的安全协议。

1. 网络管理软件技术热点

网络管理系统经过多年的发展,目前网络管理软件技术的热点集中在以下几个方面。

1) 开放性

随着用户对不同设备进行统一网络管理的需求日益迫切,各厂商也在考虑采用更加开放的方式实现设备对网管的支持。

2) 综合性

通过一个控制和操作台就可提供对各个子网的透视、对所管业务的了解及提供对故障定位和故障排除的支持,也就是说通过一个操作台实现对互联的多个网络的管理。此外,网络管理与系统管理正在逐渐融合,通过一个平台、一个界面,提供对网络、系统、数据库等应用服务的管理功能。

3) 智能化

现代通信网络的迅速发展,使网络的维护和操作越来越复杂,对操作使用人员提出了更高的要求。而人工维护和诊断往往花费巨大,而且对于间歇性故障无法及时检测排除。因此人工智能技术适时而生,用作技术人员的辅助工具。由此,故障诊断和网络自动维护也是人工智能应用最早的网络管理领域,目的在于解释网络运行的差错信息、诊断故障和提供处理建议。

4) 安全性

对于网络来说,安全性是网络的生命保障,因此网管软件的安全性也是热点之一。除软件本身的安全机制外,目前很多网管软件都采用 SNMP 协议,普遍使用的是 SNMP v1、SNMP v2,但现阶段的 SNMP v1、SNMP v2 协议对于安全控制还较薄弱,也为后续的 SNMP 协议发展提出挑战。

5) 基于 Web 的管理

基于 Web 的管理以其统一、友好的界面风格,地理和系统上的可移动性及系统平台的独立性,吸引着广大的用户和开发商。而目前主流的网络管理软件都提供融合 Web 技术的管理平台。

2. 网络管理技术发展趋势

通过现阶段网络管理软件中的一些技术热点,我们可以展望今后将在网络管理中出现的一些新技术,以期带动网络管理水平整体性能的提升。

1）分布式技术

分布式技术一直是推动网络管理技术发展的核心技术,也越来越受到业界的重视。其技术特点在于分布式网络与中央控制式网络对比没有中心,因而不会因为中心遭到破坏而造成整体的崩溃。在分布式网络上,节点之间互相连接,数据可以选择多条路径传输,因而具有更高的可靠性。

2）XML 技术

XML 技术是一项国际标准,可以有效地统一现有网络系统中存在的多种管理接口。其次 XML 技术具有很强的灵活性,可以充分控制网络设备嵌入式管理代理,确保管理系统间以及管理系统与被管理设备间进行复杂的交互式通信与操作,实现很多原有管理接口无法实现的管理操作。

3）B/S 模式

B/S 网络管理结构模式简称 B/S 模式,是基于 Intranet 的需求而出现并发展的。在 B/S 模式中,最大的好处是运行维护比较简便,能实现不同的人员,从不同的地点,以不同的接入方式接入网络。其工作原理是网络中客户端运行浏览器软件,浏览器以超文本形式向 Web 服务器提出访问数据库的要求,Web 服务器接收客户端请求后,将这个请求转化为 SQL 语句,并交给数据库服务器,数据库服务器得到请求后,验证其合法性,并进行数据处理,然后将处理后的结果返回给 Web 服务器,Web 服务器再一次将得到的所有结果进行转化,变成 HTML 文档形式,转发给客户端浏览器以友好的 Web 页面形式显示出来。

4）支持 SNMP v3 协议

SNMP 协议是一项被广泛使用的网络管理协议,是流传最广,应用最多,获得支持最广泛的一个网络管理协议。SNMP 最大的一个优点就是简单性,因而比较容易在大型网络中实现,可以帮助网管人员管理 TCP/IP 网络中各种装置,没有繁复的指令,概念上只有“存/取”两种命令。其优点是简单、稳定和灵活,也是目前网管的基础标准。

SNMP 协议经过多年的发展,已经推出的 SNMP v3 是在 SNMP v1、SNMP v2 两个版本的基础上改进后推出的,其克服了 SNMP v1 和 SNMP v2 两个版本的安全弱点,功能得到了极大的增强。SNMP v3 有以下优点。

（1）适应性强:适用于多种操作环境,既可以管理最简单的网络,实现基本的管理功能,又能够提供强大的网络管理功能,满足复杂网络的管理需求。

（2）扩充性好:可以根据需要增加模块。

（3）安全性好:具有多种安全处理模块。

尽管新版本的 SNMP v3 协议还远未达到普及,但它毕竟代表着 SNMP 协议的发展方向,随着网络管理技术的发展,它完全有理由在不久的将来成为 SNMP v2 的替代者,成为网络管理的标准协议。

1.1.3　网络管理的功能

ISO 在 ISO/IEC 7498-4 文档中定义了网络管理的 5 大功能,并被广泛接受。这 5 大功能（FCAPS）分别介绍如下。

1. 故障管理

故障管理（Fault Management）又称失效管理,主要对来自硬件设备或路径节点的报警信息进行监控、报告和存储，以及进行故障诊断、定位与处理。

所谓故障，就是那些引起系统以非正常方式运行的事件。它可分为由损坏的部件或软件故障引起的故障，以及由环境引起的外部故障。

用户希望有一个可靠的计算机网络。当网络中某个组成失效时，必须迅速查找到故障并能及时给予排除。通常，分析故障原因对于防止类似故障的再次发生相当重要。网络故障管理包括故障检测、故障诊断和故障纠正三方面。

1）故障检测

维护和检查故障日志，检查事件的发生频率，看是否已发生故障或即将发生故障。

2）故障诊断

执行诊断测试，以寻找故障发生的准确位置，并分析其产生的原因。

3）故障纠正

将故障点从正常系统中隔离出去，并根据故障原因进行修复。

2. 配置管理

配置管理（Configuration Management）包括视图管理、拓扑管理、软件管理、网络规划和资源管理。只有在有权配置整个网络时，才可能正确地管理该网络，排除出现的问题，因此这是网络管理最重要的功能。配置管理的关键是设备管理，它由以下两个方面构成。

1）布线系统维护

做好布线系统的日常维护工作，确保底层网络连接完好，是计算机网络正常、高效运行的基础。

对布线系统的测试和维护一般借助于双绞线测试仪、光纤测试仪、规程分析仪和信道测试仪等。

2）关键设备管理

网络中的关键设备一般包括网络的主干交换机、中心路由器以及关键服务器。对于这些关键网络设备的管理除了通过网络软件实时监测外，更重要的是要做好它们的备份工作。

配置管理是一个中长期的活动。它要管理的是网络增容、设备更新、新技术的应用、新业务的开通、新用户的加入、业务的撤销、用户的迁移等原因所导致的网络配置的变更。网络规划与配置管理关系密切。在实施网络规划的过程中，配置管理发挥最主要的管理作用。配置管理包括以下几方面。

（1）设置开放系统中有关路由操作的参数。

（2）被管对象和被管对象组名字的管理。

（3）初始化或关闭被管对象。

（4）根据要求收集系统当前状态的有关信息。

（5）获取系统重要变化的信息。

（6）更改系统的配置。

3. 计费管理

计费管理（Accounting Management）主要管理各种业务资费标准，制定计费政策，以及管理用户业务使用情况和费用等。

计费管理对网络资源的使用情况进行收集、解释和处理，提出计费报告，包括计费统计、账单通知和会计处理等内容，为网络资源的应用核算成本并提供收费依据。这些网络资源一般包括：网络服务,例如数据的传输;网络应用,例如对服务器的使用。

根据用户所使用网络资源的种类,计费管理分为三种类型,即基于网络流量的计费,基于使用时间的计费,基于网络服务的计费。

计费管理的作用为计算各用户使用网络资源的费用,规定用户使用的最大费用,当用户需要使用多个网络中的资源时能计算出总费用。通常计费管理包括以下几个主要功能。

(1) 计算网络建设及运营成本。主要成本包括网络设备器材成本、网络服务成本、人工费用等。

(2) 统计网络及其所包含的资源的利用率。为确定各种业务各种时间段的计费标准提供依据。

(3) 联机收集计费数据。这是向用户收取网络服务费用的根据。

(4) 计算用户应支付的网络服务费用。

(5) 账单管理。保存收费账单及必要的原始数据,以备用户查询和置疑。

4. 性能管理

网络性能(Performance Management)主要包括网络吞吐量、响应时间、线路利用率、网络可用性等参数。网络性能管理指通过监控网络运行状态、调整网络性能参数来改善网络的性能,确保网络平稳运行。它主要包括以下工作。

1) 性能数据的采集和存储

性能数据的采集和存储主要完成对网络设备和网络通道性能数据的采集与存储。

2) 性能门限的管理

性能门限的管理是为了提高网络管理的有效性,在特定的时间内为网络管理者选择监视对象、设置监视时间以及提供设置和修改性能门限的手段。当性能不理想时,通过对各种资源的调整来改善网络性能。

3) 性能数据的显示和分析

根据管理要求,定期对当前和历史数据进行显示及统计分析,生成各种关系曲线,并产生数据报告。

5. 安全管理

安全管理主要保护网络资源与设备不被非法访问,以及对加密机构中的密钥进行管理。安全管理是网络系统的薄弱环节之一。网络中需要解决的安全问题有以下几点。

(1) 网络数据的私有性,保护网络数据不被侵入者非法获取。

(2) 授权,防止侵入者在网络上发送错误信息。

(3) 访问控制,控制对网络资源的访问。

相应地,网络安全管理应包括对授权机制、访问机制、加密和加密密钥的管理等。

安全管理的目的是提供信息的隐私、认证和完整性保护机制,使网络中的服务、数据以及系统免受侵扰和破坏。一般的安全管理系统包含以下 4 项功能。

(1) 风险分析功能。

(2) 安全服务功能。

(3) 告警、日志和报告功能。

(4) 网络管理系统保护功能。

1.1.4 网络管理模型

在网络管理中,一般采用基于管理者-代理的网络管理模型,如图 1.1 所示。该模型主要由管理者、代理和被管对象组成。其中管理者负责整个网络的管理,管理者与代理之间利用网络通信协议交换相关信息,实现网络管理。

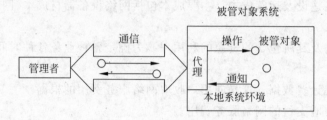

图 1.1 网络管理模型示意图

网络管理者可以是单一的 PC、单一的工作站或按层次结构在共享的接口下与并发运行的管理模块连接的几个工作站。

代理是被管对象或设备上的管理程序,把来自管理者的命令或信息请求转换为本设备特有的指令,监视设备的运行,完成管理者的指示,或返回所在设备的信息。另外,代理也可以把自身系统中发生的事件主动通知管理者。一般的代理都是返回它本身的信息,而另一种称为委托代理的,则可以提供其他系统或设备的信息。

管理者将管理要求通过管理操作指令传送给被管理系统中的代理,代理则直接管理设备。但是,代理也可能因为某些原因而拒绝管理者的命令。管理者和代理之间的信息交换可以分为从管理者到代理的管理操作和从代理到管理者的事件通知两种。

一个管理者可以和多个代理进行信息交换。一个代理也可以接受来自多个管理者的管理操作,在这种情况下,代理需要处理来自多个管理者的多个操作之间的协调问题。

1.2 网络管理协议

1.2.1 简单网络管理协议

简单网络管理协议(Simple Network Management Protocol,SNMP),是一种作为 TCP/IP 协议集一部分的应用层协议,它运行在用户数据报协议(User Datagram Protocol,UDP)之上,提供了一种从网络上的设备中收集网络管理信息的方法。它是在应用层进行网络设备间通信的管理协议,可以进行网络状态监视、网络参数设定、网络流量统计与分析、发现网络故障等。由于其开发及使用简单,所以得到了普遍应用。

1. SNMP 发展历史

1988 年,Internet 工程任务组(IETF)制定了 SNMP v1。1993 年,IETF 制定了 SNMP v2,该版本受到各网络厂商的广泛欢迎,并成为事实上的网络管理工业标准。SNMP v2 是 SNMP v1 的增强版。SNMP v2 较 SNMP v1 版本主要在系统管理接口、协作操作、信息格式、管理体系结构和安全性几个方面有较大的改善。1998 年 1 月,SNMP v3 发布,SNMP v3 涵盖了 SNMP v1 和 SNMP v2 的所有功能,并在此基础上增加了安全性。

2. SNMP 管理模型

SNMP 的体系结构如图 1.2 所示。SNMP 的体系结构分为 SNMP 管理者(SNMP Manager)和 SNMP 代理者(SNMP Agent),每一个支持 SNMP 的网络设备中都包含一个网管代理,网管代理随时记录网络设备的各种信息,网络管理程序再通过 SNMP 通信协议收集网管代理所记录的信息。从被管理设备中收集数据有两种方法,一种是轮询方法,另一种是基于中断的方法。SNMP 采用轮询监控方式,主要对 ISO/OSI 7 层模型中较低层次进行管理。管理者按一定时间间隔向代理获取管理信息,并根据管理信息判断是否有异常事件发生。当管理对象发生紧急情况时,可以使用称为 trap 信息的报文主动报告。轮询监控的主要优点是对代理资源要求不高,缺点是管理通信开销大。

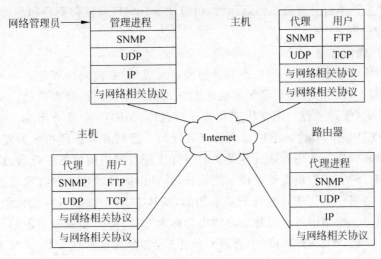

图 1.2 SNMP 体系结构图

SNMP 的基本功能包括网络性能监控、网络差错检测和网络配置。如图 1.3 所示为 SNMP v1 的管理模型。网络管理中心(Network Management Center,NMC)是系统的核心,负责管理代理(agent)和管理信息库(Management Information Base,MIB),以数据报表的形式发出和传送命令,从而达到控制代理的目的。它与任何代理之间都不存在逻辑链路关系,因而网络系统负载很低。代理的作用是收集被管理设备的各种信息并响应网络中 SNMP 服务器的要求,把它们传输到中心的 SNMP 服务器的 MIB 数据库中。代理包括智能集线器、网桥、路由器、网关及任何合法节点的计算机。管理信息库 MIB 负责存储设备的信息,它是 SNMP 分布式数据库的分支数据库。SNMP 用于网络管理中心与被管设备的网络管理代理之间交互管理信息。网络管理中心通过 SNMP 向被管设备的网络管理代理发出各种请求报文,网络管理代理则接收这些请求后完成相应的操作。

3. SNMP 体系结构的主要特点

由于 SNMP 是为 Internet 而设计的,而且是为了提高网络管理系统的效率,所以网络管理系统在传输层采用了用户数据报(UDP)协议。SNMP 有如下特点。

(1) 尽可能降低管理代理的软件成本和资源要求。

(2) 提供较强的远程管理功能,以适应对 Internet 网络资源的管理。

(3) 体系结构具备可扩充性,以适应网络系统的发展。

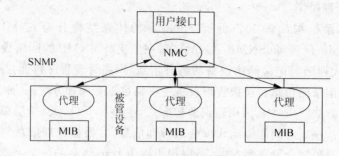

图 1.3　SNMP v1 网络管理模型

（4）管理协议本身具有高度的通用性，可应用于任何厂商任何型号和品牌的计算机、网络和网络传输协议之中。

4. SNMP 操作命令

实际的网络都是由多个厂家生产的各种设备组成的，要使网络管理者与不同种类的被管设备通信，就必须以一种与厂商无关的标准方式精确定义网络管理信息。SNMP 管理体系结构由管理者（管理进程）、网管代理和管理信息库（MIB）3 个部分组成。该体系结构的核心是 MIB，MIB 由网管代理维护而由管理者读写。管理者是管理指令的发出者，这些指令包括一些管理操作。管理者通过各设备的网管代理对网络内的各种设备、设施和资源实施监视和控制。网管代理负责管理指令的执行，并且以通知的形式向管理者报告被管对象发生的一些重要事件。代理具有两个基本功能，即从 MIB 中读取各种变量值和在 MIB 中修改各种变量值。网络中所有可管对象的集合称为 MIB，MIB 是被管对象结构化组织的一种抽象。是一个概念上的数据库，由管理对象组成，各个代理管理 MIB 中属于本地的管理对象，各管理代理控制的管理对象共同构成全网的管理信息库。

SNMP 模型采用 ASN.1 语法结构描述对象以及进行信息传输。按照 ASN.1 命名方式，SNMP 代理维护的全部 MIB 对象组成一棵树（MIB-Ⅱ子树）。树中的每个节点都有一个标号（字符串）和一个数字，相同深度节点的数字按从左到右的顺序递增，而标号则互不相同。每个节点（MIB 对象）都是由对象标识符唯一确定的，对象标识符是从树根到该对象对应的节点的路径上的标号或数字序列。在传输各类数据时，SNMP 协议首先要把内部数据转换成 ASN.1 语法表示，然后发送出去，另一端收到此 ASN.1 语法表示的数据后也必须首先变成内部数据表示，然后才执行其他操作，这样就实现了不同系统之间的无缝通信。IETF RFC 1155 的 SMI 规定了 MIB 能够使用的数据类型及如何描述和命名 MIB 中的管理对象类。SNMP 的 MIB 仅仅使用了 ASN.1 的有限子集。它采用了以下 4 种简单类型数据，INTEGER、OCTET STRING、NULL 和 OBJECT IDENTIFER 以及两个构造类型数据 SEQUENCE 和 SEQUENCE OF 来定义 SNMP 的 MIB。所以，SNMP MIB 仅仅能够存储简单的数据类型，标量型和二维表型。SMI 采用 ASN.1 描述形式，定义了因特网 6 个主要的管理对象类，网络地址、IP 地址、时间标记、计数器、计量器和非透明数据类型。SMI 采用 ASN.1 中宏的形式来定义 SNMP 中对象的类型和值。

SNMP 实体不需要在发出请求后等待响应到来，是一个异步的请求/响应协议。SNMP 仅支持对管理对象值的检索和修改等简单操作，在 SNMP 中只定义了 4 种操作。

（1）取（get）——从代理那里取得指定的 MIB 变量值。

（2）取下一个（get next）——从代理的表中取得下一个指定的 MIB 的值。

（3）设置（set）——设置代理指定 MIB 的变量的值。

（4）报警（trap）——当代理发生错误时立即向网络管理中心报警，不需等待接收方相应。

以上 4 个操作中，前 3 个请求由管理员发给代理，需要代理作出响应；最后一个由代理发给管理者，但并不需要管理者响应。

1.2.2　公共管理信息服务/公共管理信息协议

公共管理信息服务/公共管理信息协议（Common Management Information Service/Protocol，CMIS/CMIP）是 OSI 提供的网络管理协议簇。CMIS 定义了每个网络组成部件提供的网络管理服务，CMIP 则是实现 CIMS 服务的协议。

OSI 网络协议旨在为所有设备在 OSI 参考模型的每一层提供一个公共网络结构，而 CMIS/CMIP 正是这样一个用于所有网络设备的完整网络管理协议簇。

出于通用性的考虑，CMIS/CMIP 的功能和结构与 SNMP 不同，SNMP 是按照简单和易于实现的原则设计的，而 CMIS/CMIP 则能提供支持一个完整网络管理方案所需的功能。

CMIS/CMIP 的整体结构建立在 ISO 参考模型基础之上，网络管理应用进程使用 ISO 参考模型中的应用层。而且在这层上，公共管理信息服务单元（Common Management Information Service Element，CMISE）提供了应用程序以使用 CMIP 协议接口。同时该层还包括了两个 ISO 应用协议，联系控制服务元素（Association Control Service Element，ACSE）和远程操作服务元素（Remote Operations Service Element，ROSE），其中 ACSE 在应用程序之间建立和关闭通信连接，而 ROSE 则处理应用之间请求的传送和响应。另外，值得注意的是 OSI 没有在应用层之下特别为网络管理定义协议。

1.2.3　公共管理信息服务与协议

公共管理信息服务与协议（Common Management Information Service and Protocol Over TCP/IP，CMOT）是在 TCP/IP 协议簇上实现 CMIS 服务，这是一种过渡性的解决方案，直到 OSI 网络管理协议被广泛采用。

CMIS 使用的应用协议并没有根据 CMOT 而修改，CMOT 仍然依赖于 CIMSE、ACSE 和 ROSE 协议，这和 CMIS/CMIP 是一样的。但是，CMOT 并没有直接使用参考模型中的表示层来实现，而是在表示层中使用另外一个协议——轻量级表示协议（Lightweight Presentation Protocol，LPP），该协议提供了目前最普遍的两种传输协议——TCP 和 UDP。

CMOT 的一个致命弱点在于它是一个过渡性的方案，而没有人会把注意力集中在一个短期方案上。相反，许多重要厂商都加入了 SNMP 潮流并在其中投入了大量资源。事实上，虽然存在 CMOT 的定义，但该协议已经很长时间没有得到任何发展了。

1.2.4　局域网个人管理协议

局域网个人管理协议（LAN Man Management Protocol，LMMP）试图为局域网的管理提供一个解决方案。LMMP 以前被称为 IEEE 802 逻辑链路控制上的公共管理信息服务与协议。由于该协议直接位于 IEEE 802 逻辑链路层上，所以可以不依赖于任何特定的网络协议进行网络传输。

由于不依赖其他网络协议,所以 LMMP 比 CMIS/CMIP 或 CMOT 更易于实现。但是没有网络层提供路由信息,LMMP 信息不能跨越路由器,从而限制它只能在局域网中发展。但是,跨越局域网传输局限的 LMMP 信息转换代理可克服这一问题。

1.2.5　电信管理网络

电信管理网络(Telecommunication Management Network,TMN)是带有标准 OSI 协议、接口和体系结构的管理网络,由国际电信联盟(International Telecommunication Union,ITU)开发。TMN 提供框架,以实现异类操作系统和电信网络之间的互联与通信。

TMN 模型将网络管理分成 5 个功能领域,即配置、性能、故障、记账和安全管理。

TMN 模型按照服务提供商的业务与运行功能来组织功能层。每个管理功能都集中在给定的级别上,而没有其他层的细节。TMN 提供有组织的体系结构,它允许各种操作系统和电信设备交换管理信息。TMN 模型缺少管理 IP 的技术和允许 IP 服务的接口。ITU 和其他标准组织已经开始为 IP 技术定义网络管理模型。

1.3　网络管理技术和软件

1.3.1　网络管理技术

1. 基于 Web 的网络管理

自从网络诞生以来,网络管理一直受到人们的关注,随着计算机网络和通信规模的不断扩大,网络结构日益复杂和异构化,网络管理也迅速发展,以前的网络管理技术已不能适应网络的迅猛发展。特别是这些网络管理系统往往是厂商自己开发的专用系统,不同厂商的不同功能的网络管理系统之间各自为政,很难对其他厂商的网络系统、通信设备和软件等进行管理。这种状况是一件不容忽视的事情,也很不适应网络异构互联的发展趋势。如今,网络管理的相关产品多如牛毛,从传统的网络管理软件,到后续逐渐流行起来的终端软件、流量软件、数据软件等。在这种情况下,容易出现割裂态势,无法形成统一管理,在日益强调 IT 管理的新时期,愈发不合时宜。为此,研究者们迅速展开了对网络管理这门技术的研究,并提出了多种网络管理方案,包括 HLEMS(High Level Entity Management Systems)、SGMP(Simple Gateway Monitoring Protocol)和 CMIS/CMIP(Common Management Information Service/Protocol)等。将 WWW 应用于网络以及设备、系统、应用程序而形成的基于 Web 的网络管理(Web-Based Management,WBM)系统是目前网络管理系统的一种发展方向。WBM 允许网络管理人员使用任何一种 Web 浏览器,可在网络的任何一个节点上迅速地配置和控制网络设备。WBM 技术是网络管理方案的一次革命,将使网络用户管理网络的方式得以改进。

1) WBM 的产生和特点

WBM 融合了 Web 功能与网管技术,从而为网管人员提供了比传统工具更为有力的手段。WBM 使得管理人员能够在任何站点通过 Web 浏览器监测和控制企业网络,并且能够解决很多由于多平台结构而产生的互操作性问题。

WBM 可提供比传统命令驱动的远程登录屏幕更直接、更易用的图形界面。因为浏览器操作和 Web 页面对 WWW 用户来讲十分熟悉,所以 WBM 既降低了培训费用,又促进了对网络运行状态信息的利用。

另外,WBM 是发布网络操作信息的理想方法。而且,由于 WBM 需要的仅仅是基于 Web 的服务器,所以 WBM 能够快速地集成到 Intranet 企业网之中。

2) WBM 的两种模型和两种标准

（1）WBM 的实现模型。

目前,WBM 有两种基本的实现方案,彼此平行发展。

第一种是代理方案,也就是将一个 Web 服务器加到一个内部工作站（代理）上,如图 1.4 所示,这个工作站轮流地与端设备通信,浏览器用户通过 HTTP 协议与代理通信,同时代理通过 SNMP 协议与端设备通信。这种方案的典型实现方法是提供商将 Web 服务加到一个已经存在的网管设备上。

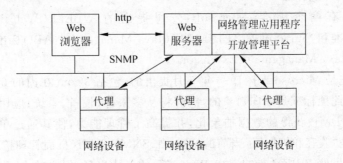

图 1.4　基于 Web 管理的代理方案

代理方式保留了基于工作站的网管系统以及设备的全部优点,同时还使其访问更加灵活。既然代理与所有网络设备通信,那么它当然能提供一个企业所有物理设备的全体映像,就像一个虚拟网,管理者和设备代理之间的通信沿用 SNMP,所以这种方案的实施只需要那些"传统"的设备即可。因此,这种方案要求开发基于 Web 的网络管理系统而不需要改造现有的设备,并可对整个企业网络进行全面的管理。

第二种实现 WBM 的方案为嵌入式,将 Web 真正地嵌入到网络设备中,每个设备有自己的 Web 地址,管理人员能够轻松地通过浏览器访问设备并且管理它,如图 1.5 所示。例如,天网防火墙就采用了嵌入式的 WBM 方式。

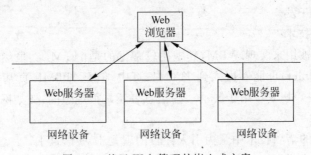

图 1.5　基于 Web 管理的嵌入式方案

嵌入式给各台单独的设备带来了图形化的管理。它提供了简单易用的接口,优于现在的命令行或基于远程登录的界面,而且 Web 接口可提供更简单的操作而不减弱其功能。

也许嵌入式对于小规模的环境更为理想,小型网络系统简单并且不需要强有力的管理系统以及企业的全面视图。通常企业在网络和设备控制培训方面不足,而嵌入到每个设备的 Web 服务器可使用户从复杂的网管中解放出来。另外,基于 Web 的设备能提供真正的即插即用安装,这将减少安装及故障排除时间。

在未来的 Intranet 中,基于代理和基于嵌入式的两种网络管理方案都将被应用。大型企业通过代理来进行网络监视与管理,而且代理方案也能充分管理大型机构的纯 SNMP 设备。内嵌 Web 服务器方式则对于小型办公室网络的管理十分理想。显然,将两种方式混合使用更能体现二者的优点,即在一个网络中既有代理 WBM,同时又有嵌入式 WBM。这样,对于网络中已经安装了基于 SNMP 的设备,可以通过 Proxy 方式解决,而对于新设备使用嵌入式的 Web Server 开发界面,可使这些设备易于设置和管理。

(2) WBM 的开发标准。

WBM 主要有两个标准,Microsoft 公司提出的 WBEM(Web-Based Enterprise Management)标准和 Sun 公司提出的 JMAPI(Java Management API)标准。JMAPI 现在已发展成 JMX(Java Management Extension)。

WBEM 最先是 Microsoft 于 1996 年 7 月提出的,包括 3Com 在内的 60 多个供应商都支持此项标准。此项标准是面向对象的,能够将从多来源(设备、系统、应用程序)以及多协议(例如 SNMP、DMI)获得的数据抽象化,并提高了管理能力,使其通过单一的协议出现。WBEM 被认为是"兼容和扩展"了当前的标准,如 SNMP、DMI(桌面管理接口)和 CMIP,并不是取而代之。虽然 WBEM 使自己以 Web 工具的形式出现,但它的真正目标是强化对于网络元素和系统的管理,包括网络设备、服务器、桌面和应用程序。WBEM 定义了体系结构、协议、管理模式和对象管理器。它由超媒体管理框架(Hypermedia Management Schema,HMMS)、超媒体管理协议(Hypermedia Management Protocol,HMMP)及超媒体对象管理者(Hypermedia Object Manager,HMOM)组成。它的底层传输协议 HMTP(Hypermedia Transport Protocol)依靠 HTTP 服务器,性能不高,且其分布式特性由 DCOM 实现,而 DCOM 的跨平台性不强,这导致原有网管应用程序移植困难。

JMX 是 Sun 公司的 Java 标准扩展 API 结构的一部分。JMX 是一个完整的网络管理应用程序开发环境,它提供了一系列 Java 类和工具,使用户对开发动态的可扩展的智能型代理的工作得以简化。JMX 提供的基于 SNMP 协议的 API,可直接管理 MIB,极大地方便了网络管理软件的开发。

3) WBM 实现技术

现有许多技术被用来实现 WBM,其中比较常见的是 HTML。虽然图形和一些动态的元素(例如 Java Applet)也能够嵌入到 HTML 页中,但是 HTML 页基本上是文本和静态的,对于 WBM 来讲,HTML 用于展示一些信息表还是很理想的,例如网络 IP 地址、产品清单等。

应用于 WBM 的诸项技术中最为引人注目的就是 Java 语言了。

4) WBM 的安全问题

在网络中,WBM 控制着关键资源,严格要求只有授权的用户才能访问。Web 服务器可以通过管理人员设置访问授权,WBM 的安全技术与当前的操作系统实施的安全方法并不冲突,如目录系统、文件结构以及由操作系统实施的其他安全措施。管理人员能够对 WBM

系统使用更复杂的授权。WBM 也能充分利用成熟的网络安全技术,如数据加密和认证来保护内部数据,保护浏览器到服务器的通信。

2. RMON 技术

随着网络的扩展,执行远程监控的能力就显得越来越重要了。远程网络监控(Remote Monitor of Network,RMON)技术的采用,为主动和广泛的网络管理提供了方便的手段。在计算机网络中被最广泛使用的网络管理协议是简单网络管理协议(SNMP)。采用客户机/服务器模式工作的 RMON 是对 SNMP 最重要的增强。在这里客户是网络管理者,嵌入到网络交换机中的 RMON 称为嵌入式代理,扮演服务器的角色。嵌入式 RMON 代理模块作为系统功能的一部分,智能地采集数据。客户通过布置在网络重要节点的 RMON 代理获取网络的重要信息和系统事件,使得网络管理者能够及时全面地掌握网络的工作状态。

RMON 定义了远程网络监视的管理信息库和 SNMP 管理站与远程监视器之间的接口。一般地说,RMON 的目标就是监视子网范围内的通信,从而减少管理站和被管理系统之间的通信负担。

RMON 的主要特点是在客户机上放置一个探测器,探测器和 RMON 客户机软件结合在一起,在网络环境中实现 RMON 的功能。RMON 的监控功能是否有效,关键在于其探测器是否具有存储和统计历史数据的能力,若具备这种能力,就不需要通过轮询才能生成一个有关网络运行状况的趋势图。当一个探测器发现一个网段处于不正常状态时,会主动与网络管理控制台的 RMON 客户应用程序联系,将描述不正常状况的信息捕获并转发。

RMON2 扩充了 RMON,它在 RMON 标准的基础上提供一种新层次的诊断和监控功能。RMON2 标准能将网管员对网络的监控层次提高到网络协议栈的应用层。因而,除了能监控网络通信与容量外,还提供各种应用所占用的网络带宽的信息,这是客户机/服务器(C/S)环境中进行故障诊断的重要依据。在 C/S 网络中,RMON2 探测器能够观察整个网络中应用层的对话。最好将 RMON2 探测器放在数据中心、高性能交换机或服务器集群中的高性能服务器之中。原因很简单,因为大部分应用层通信都经过这些地方,物理故障最有可能出现在这些地方,而用户正是从这里接入网络的。

1.3.2 常用网络管理软件

目前,常见的网络管理软件有 HP 的 OpenView、IBM 的 NetView、SUN 的 SUN Net Manager 以及 Cisco 的 Cisco Works 等。

1. HP 的 OpenView

HP 的 OpenView 是第一个真正兼容的、跨平台的网络管理系统,因此也得到了广泛的市场应用。但是,虽然 OpenView 被认为是一个企业级的网络管理系统,它却跟大多数其他网络管理系统一样,不能提供 NetWare、SNA、DECnet、X.25、无线通信交换机以及其他非 SNMP 设备的管理功能。另一方面,HP 努力使 OpenView 由最初的提供给第三方应用厂商开发的系统,转变为一个跨平台的最终用户产品。它的最大特点是被第三方应用开发厂商所广泛接受。例如,IBM 就为 OpenView 增强功能并将其扩展成为自己的 NetView 产品系列,从而与 OpenView 展开竞争。特别在最近几年,OpenView 已经成为网络管理市场的领导者,与其他网络管理系统相比,OpenView 拥有更多的第三方应用开发厂商。在近期,OpenView 看上去更像一个工业标准的网络管理系统。

1）网络监管特性

OpenView 不能处理因为某一网络对象故障而导致其他对象的故障。具体说来就是，它不具备理解所有网络对象在网络中的相互关系的能力，因此，一旦这些网络对象中的一个发生故障，就会导致其他正常的网络对象停止响应网络管理系统，它会把这些正常网络对象当作故障对象对待。同时，OpenView 也不能把服务的故障与设备的故障区分开来，不能区分服务器上的进程出了问题还是该服务器出了问题。这些是 OpenView 的最大弱点。

另外，在 OpenView 中，性能轮询与状态轮询是截然分开的，这样导致一个网络对象响应性能轮询失败时不触发一个报警，仅仅只有当该对象不响应状态轮询时才进行故障报警，这将导致故障响应时间的延长。当然两种轮询的分开将带来灵活性上的好处，第三方开发商可以对不同的轮询事件分别处理。

OpenView 还使用了商业化的关系数据库，这使得利用 OpenView 采集来的数据开发扩展应用变得相对容易。但第三方应用开发厂商需要自己找地方存放自己的数据，这又限制了这些数据的共享。

2）管理特性

OpenView 的 MIB 变量浏览器相对而言是最完善的，而且正常情况下使用该 MIB 变量浏览器只会产生很少的流量开销。但 OpenView 仍然需要更多、更简洁的故障工具以对付各种各样的故障与问题。

3）可用性

OpenView 的用户界面比较干净而且相对灵活，但在功能引导上显得笨拙。同时 OpenView 还在简单、易用的图形用户界面上提供状态信息和网络拓扑结构图形（这些信息和图形在大多数网络管理系统中都提供）。OpenView 是一个昂贵但相对够用的网络管理系统，它提供了基本层次上的功能需求。其最大优势在于它被第三方开发厂商所广泛接受。但得到了 NetView 许可证的 IBM 已经加强并扩展了 OpenView 的功能，以此形成了 IBM 自己的 NetView/6000 产品系列，该产品在很大程度上被视为 OpenView 的一种替代选择。

2. IBM 的 NetView

IBM 的 NetView 是一个比较新，同时具有兼容性的网络管理系统。NetView 既可以作为一个跨平台、即插即用的系统提供给最终用户，也可以作为一个开发平台，在上面开发新的网络管理应用。IBM 从 HP 得到 OpenView 3.1 的许可证，在此基础上大大扩展了它的功能，并将其与其他软件产品集成起来，从而形成了自己的 NetView 产品系列。跟 OpenView 一样，NetView 可作为企业级的网络管理系统，但也不能提供 NetWare、SNA、DECnet、X.25、无线通信交换机以及其他非 SNMP 设备的管理功能。在网络管理产品市场上，NetView 在过去几年得到了广泛的关注。NetView 的市场人员宣称尽管 IBM 是从 HP 那里得到了 OpenView 的最初许可证，但 IBM 在此基础上自己增加了 70% 的代码，并修正了很多 OpenView 的缺陷（bugs），因此 NetView 应该被认为是一种新的产品。NetView 产品系列包括一个故障卡片系统、一些新的故障诊断工具以及一些 OpenView 所不具备的其他特性。虽然目前 NetView 在吸引第三方应用开发厂商方面还不如 OpenView，但这种差距正在缩小。

1）网络监管特性

NetView 不能对故障事件进行归并，不能找出相关故障卡片的内在关系，因此对一个失效设备，即使是一个重要的路由器，也将导致大量的类似故障的告警，这是难以接受的。更糟的是，第三方开发的应用似乎也不能确定这样的从属关系，例如，一个针对 Cisco 产品的插件不能区分线路故障和 CSU/DSU 故障。因此，NetView 不具备在掌握整个网络结构情况下管理分散对象的能力。在一个大型、异构网络中，这意味着服务的开销不能轻易地从网络开销中区分出来。

同样地，在 NetView 中，性能轮询与状态轮询也是彻底分开的，这也将导致故障响应的延迟。但对第三方而言，NetView 提供了某种程度上的灵活性，在系统告警和事件中允许调用用户自定义的程序。NetView 也使用了商业化的关系数据库，这使得利用 NetView 采集来的数据开发扩展应用变得相对容易。但第三方应用开发厂商需要自己找地方存放自己的数据，这又限制了这些数据的共享。

IBM 在 OS/2 Intel 平台上利用代理可以管理内部设备，并通过 SNMP 与 NetView 的管理进程通信。IBM 宣称 NetView 的管理进程具备理解并展示 Novell 的 NetWare 局域网的能力。

2）管理特性

IBM 极大地简化了 NetView 的安装过程，使得安装 NetView 比安装 OpenView 简单许多，它也是大多数网络管理软件中最容易安装的。

3）可用性

NetView 用户界面比较干净而且相对灵活，它比 OpenView 更容易使用。它的 Motif 图形用户界面也像大多数网络管理软件一样用图形方式显示对象的状态和网络拓扑结构。IBM 还增加了一种事件卡片机制，并在一个单独的窗口中按照一定的索引显示最近发生的事件。同样的问题是，NetView 所有的操作（至少是现在）都在 X-Window 界面上进行，它还缺乏一些其他的手段，例如，WWW 界面和字符界面，同时也缺乏开发基于其他界面应用的 API。

IBM 在 HP 的 OpenView 上进行了很多改进，在他们的 NetView 产品系列中提供了更全面的网络管理功能。同时 NetView 还将更便宜的价格、更高的性能和更强的灵活性提供给用户，但仍然存在着一些令人烦恼的限制。缺乏相关性处理使 NetView 难以进行自动管理，不过针对一些告警还是有某种程度上的过滤与归并机制。

总之，NetView 在 OpenView 的基础上进行了一系列的改进，期待 NetView 新开发的版本能够加入更多的改进，包括处理相关性的能力以及适应不同网络环境的能力等。

3. SUN 的 SUN Net Manager

SUN Net Manager(SNM)是第一个基于 UNIX 的网络管理系统。SNM 一直主要作为开发平台而存在，仅仅提供很有限的应用功能。若要实用化，还必须附加很多第三方开发的针对具体硬件平台的网络管理应用。SNM 的开发似乎已经减慢甚至停止，不过 SUN 公司已经签署一份许可证给 NetLabs DiMONS 3G 公司，授权该公司以 SNM 为基础开发一个名叫 Encompass 的新网络管理系统。SNM 系统跟其他大多数网络管理系统一样，也不能提供 NetWare、SNA、DECnet、X. 25、无线通信交换机以及其他非 SNMP 设备的管理功能。SNM 只能运行在 SUN 平台上，需要 32MB 内存和 400MB 硬盘。

作为广泛使用的最早的网络管理平台，SNM 曾经一度占据了市场的领导地位。但后来 SNM 在市场的地位被 HP 的 OpenView 所取代，现在 SNM 在市场中所占的份额越来越少,不过 SNM 仍然有很多第三方开发的应用。

1) 网络监管特性

SNM 有两个有趣的特性,Proxy 管理代理和集成控制核心。SNM 是第一个提供分布式网络管理的产品,它的数据采集代理可以通过 RPC(远程过程调用)与管理进程通信,这样 Proxy 管理代理就可以像管理进程的子进程一样分布在整个网络。而集成控制核心可以在不同的 SNM 管理进程之间分享网络状态信息,这种特性在异构网络中显得特别有效。然而,SNM 不支持相关性处理,抵消了 Proxy 管理代理的优势,使得 SNM 的 Proxy 管理代理对网络结构并行化的努力得不到有力的支持。

SNM 的 Proxy 管理代理不仅可以运行在 SUN 平台上,也可以运行在 HP 平台上。一个 Proxy 管理代理可以对一个子网进行轮询,以减少单点的故障、使轮询分布化以及减少网络的流量开销。同时,Proxy 管理代理也能把不可靠的 SNMP traps 转变为可靠的告警,这些 SNMP traps 被送到本地的管理代理,然后送给管理进程。

2) 管理特性

集成控制核心允许多个 SNM 共享网络状态信息,这样在一个子网中可以拥有一个自己的 SNM 以监控该子网的状态,然后集成控制核心在不同 SNM 之间共享信息,即使是异构的复杂网络,也能很好地收集和发布网络信息。新的 SNM 2.2 版本在易安装性、易配置性以及提供默认配置选项方面有了很大进步,但还赶不上 IBM 的 NetView。

3) 可用性

SNM 更多的是作为一个平台而不是一个网络管理产品出现,它提供了一系列的 API 可供第三方厂商在其上开发自己的应用,因此如果希望使用针对 SNM 的友好的用户界面,则必须购买第三方提供的软件。在某种意义上说,如果购买了 SNM 而不购买第三方的应用软件,SNM 将没有什么用处。另外,SNM 使用一种嵌入式的文件系统来保存数据,某些 SNM 的版本中也可以使用关系数据库系统,不过用户得另行付费。

总之,SNM 提供一种集成的网络管理,这是一种介于集中式的网络管理和分散的、非共享的对象管理之间的网络管理方式。集成网络管理在管理不同部门的网络所组成的统一网络时非常有用,而分布式的轮询机制也在一定程度上补偿了缺乏相关性处理的缺陷。SNM 是处于开发周期最末端的产品,SUN 公司坚持用一种简洁的、使用 NetIJabs DiMoNS3G 技术的产品来淘汰 SNM。虽然 SNM 是一个广泛使用的、同时被很多第三方厂商支持的软件,但似乎不再具有发展前景。

4. Cabletron 的 SPECTRUM

Cabletron 的 SPECTRUM 是一个可扩展的、智能的网络管理系统,使用了面向对象的方法和客户机/服务器体系结构。SPECTRUM 构建在一个人工智能的引擎上(该引擎叫 Inductive Modeling Technology,IMT),借助于面向对象的设计,可以管理多种对象实体。该网络管理系统还提供针对 Novell 的 NetWare 和 Banyan 的 VINES 这些局域网操作系统的网关支持。另外,一些本地的协议支持(例如 AppleTalk、IPX 等)都可以利用外部协议 API 将其加入到 SPECTRUM 中,当然这需要进一步的开发。

虽然 SPECTRUM 是一个优秀的网络管理软件,但只有很低的市场占有率。同时与前面 3 种网络管理系统相比,SPECTRUM 只得到少数第三方开发厂商的支持。而缺乏第三方厂商的支持,将损害 SPECTRUM 的长期发展前景,虽然它现在拥有很多先进的特性。

1) 网络监管特性

SPECTRUM 是 4 种网络管理软件中唯一具备处理网络对象相关性能力的系统。SPECTRUM 采用的归纳模型可以使它检查不同的网络对象与事件,从而找到其中的共同点,以归纳出同一本质的事件或故障。例如,许多同时发生的故障实际上都可最终归结为同一路由器的故障,这种能力减少了故障卡片的数量,也减少了网络的开销。

SPECTRUM 服务器提供两种类型的轮询,即自动轮询与手动轮询。每次自动轮询服务器都要检查设备的状态并收集特定的 MIB 变量值。与其他网络管理系统一样,SPECTRUM 也可设定哪些设备需要轮询,哪些 MIB 变量需要采集数据,但不同之处在于对同一设备对象 SPECTRUM 中没有冗余监听。

SPECTRUM 提供多种形式的告警手段,包括弹出报警窗口、发出报警声响、发送报警电子邮件以及自动寻呼等。在一个附加产品中,甚至允许 SPECTRUM 提供一种语音响应支持。SPECTRUM 的自动拓扑发现功能非常灵活,但相对比较慢。它提供交互式发现的功能,即用户指定要发现的子网去进行自动发现,或用户指定特定的 IP 地址范围、路由器以及设备等。对单一网络和异构网络,它都支持自动发现。SPECTRUM 使用一种集成的关系数据库系统来保存数据,但不支持直接对该数据库的 SQL 操作。SPECTRUM 的数据网关提供类似 SAS 的访问接口,用户可以用 SAS 语言来访问数据库,同时还提供针对其他数据库系统的 SQL 接口。

2) 管理特性

在 SPECTRUM 中,管理员可以控制网络操作人员访问系统的界面,以控制系统的使用权限,同时严格控制一个域的操作人员,使其只能控制自己的这一个管理域。但是在管理员的这一层次上只有一级控制,因此一个部门的管理员可以访问其他部门的用户文件。SPECTRUM 的 MIB 浏览器,叫做 attribute walk,非常复杂与笨拙,甚至要求用户给出 MIB 变量的标识才能查询,当然也存在很出色的第三方 MIB 浏览器。

3) 可用性

通过 SPECTRUM 的图形用户界面,用户可以定义自己的操作环境并设置自己的快捷方式。不过在 SPECTRUM 中没有在线帮助。另外,SPECTRUM 提供了 X-Window 和命令行两种方式来查询和操作数据库中的数据。

总的来说,SPECTRUM 是一个性能强大同时非常灵活的网络管理系统,被一些用户使用并给予很高的评价。SPECTRUM 还提供某些独特的功能,例如相关性的分析和错误告警的控制等。SPECTRUM 也是 4 种网络管理系统中最复杂的产品,这种复杂性是其灵活性带来的,而这种灵活性是必要的。但这种灵活性或者说是复杂性,也限制了 SPECTRUM 的第三方开发厂商的数量。

5. Cisco 的 Cisco Works

Cisco Works 是一个基于 SNMP 的网络管理应用系统,能和几种流行的网络平台集成使用。Cisco Works 建立在工业标准平台上,能监控设备状态、维护配置信息以及查找故障。

Cisco Works 提供以下主要功能。

(1) 自动安装管理。能使用相邻的路由器远程安装一个新的路由器,从而使安装更加自动化、更加简便。

（2）配置管理。可以访问网络中本地与远程 Cisco 设备的配置文件，必要时可进行分析和编辑。同时能比较数据库中两个配置文件的内容，以及将设备当前使用的配置和数据库中上一次的配置进行比较。

（3）设备管理。创建并维护一个数据库，其中包括所有网络硬件、软件、操作权限级别、负责维护设备的人员以及相关的场地。

（4）设备监控。监控网络设备以获得环境信息和统计数据。

（5）设备轮询。通过使用轮询来获得有关网络状态的信息。轮询获得的信息被存放在数据库中，可以用于以后的评估和分析。

（6）通用命令管理器和通用命令调度器。通过调度器可以在任何时候启用某一设备或某一组设备以及执行系统命令。

（7）性能监控。可查看有关设备的状态信息，包括缓冲区、CPU 负载、可用内存和使用的协议与接口。

（8）离线网络分析。收集网络历史数据，以对性能和通信量进行分析。集成的 Sybase SQL 关系数据库服务器存储 SNMP MIB 变量，用户可使用这些变量来创建和生成图表。

（9）路径工具和实时图形。用路径工具可查看并分析任意两个设备之间的路径，分析路径的使用效率，并收集出错数据。使用图形功能可查看设备的状态信息，例如路由器的性能指标（缓冲区空间、CPU 负载、可用内存）和协议（IP、SNMP、TCP、UDP、IPX 等）的通信量。

（10）安全管理。通过设置权限来防止未授权人员访问 Cisco Works 系统和网络设备，只有合法用户才能配置路由器、删除数据库备份信息以及定义轮询过程等工作。

1.3.3 网络管理软件发展趋势及网管软件的选择

网络管理软件正朝着集成化、分布化、智能化的方向快速发展。集成化是指能够和企业信息系统相结合，运用先进的软件技术将企业的应用整合到网络管理系统中，并且与网络管理软件的接口统一。智能化是指在网络管理中引入专家系统，不仅能实时监控网络，而且能进行趋势分析、提供建议，真实反映系统的状况。网管系统的操作界面进一步向基于 Web 的模式发展，该模式用户使用方便，并降低了维护费用和培训费用。另外，软件系统的可塑性将增强，企业能够根据自身的需要定制特定的网络管理模块和数据视图。

用户选购网管软件时，必须结合具体的网络条件。目前市场销售的网络管理软件可以按功能划分为网元管理（主机系统和网络设备）、网络层管理（网络协议的使用、LAN 和 WAN 技术的应用以及数据链路的选择）、应用层管理（应用软件）三个层次。其中最基础的是网元管理，最上层是应用层管理。

一般来说，选择网管软件可以遵循以下原则。

（1）结合企业网络规模，以企业应用为中心。这是购置网络管理软件的基本出发点。网管软件应能根据应用环境及用户需求提供端到端的管理。要综合考虑企业网络未来可能的发展并和企业当前的应用相结合。

（2）网管软件应具有可扩展性，并支持网络管理标准。扩展性还可包括具有通用接口供企业进行二次开发，并支持 SNMP、RMON 等协议。

（3）多协议支持和支持第三方管理工具。多协议支持指可以提供 TCP/IP、IPX 等各种网络协议的监控和管理。有些网络设备需要特殊的第三方工具进行管理,因此网管软件也应该支持和这些第三方工具交换数据。

(4) 使用手册详细,使用方便,网管软件可快速进行参数及数据视图的配置。

虽然网络管理系统是用来管理网络、保障网络正常运行的关键手段,但在实际应用中,并不能完全依赖于现成的网管产品,由于网络系统复杂多变,现成的产品往往难以解决所有的网管问题,一项权威调查显示,真正直接使用现有的成熟的商业化管理系统的单位仅占受调查单位总数的 18%,其余大部分是在现有的网络管理平台上二次开发的系统,也就是说一个好的网络管理系统建设是离不开自主开发的。换句话说,一个成功实用的网络管理系统建设经常伴随着在现有的网络管理平台上进行二次开发的过程。具体地讲,开发设计网络管理系统时,要重点处理好以下问题。

(1) 网络管理的跨平台性。当前的网络管理一般都基于一种专用的硬件和软件管理平台,对网络管理人员的要求很高。但随着 Java 语言的出现和广泛使用,为开发一种跨平台的网络管理提供了可能。

(2) 网络管理的分布式特性。当前的网络管理一般都是集中式管理,既不灵活也不方便。随着 Client/Server 模式的广泛应用,如何有效地利用 Client/Server 模式的特性去实现网络管理的分布式特性,也是一个急需解决的问题。

(3) 网络管理的安全性。安全性问题是网络管理面对的主要挑战。早期的 SNMP 版本安全性有限,后期版本有了很大的加强。如何在保证网络管理简单性的前提下真正实现安全管理,也是一个不容忽视的问题。

(4) 新兴网络模式的管理。随着交换型局域网、虚拟局域网(VLAN)、虚拟专网(VPN)的广泛使用,如何有效地管理这些网络,是摆在网络管理员面前的一个现实问题。

(5) 异种网络设备的管理。现有的网络管理软件大都具有局限性,对不同厂家的不同网络设备的统一管理能力不强。如何将不同厂家的网络设备统一管理起来,也是一个值得思考的问题。

(6) 基于 Web 的网络管理。现行标准并不适合服务器响应异步通信。使用 CGI 通过 Web 去集成各设备供应商的管理应用也会遇到一些问题。如何结合 Browser/Server 模式开发出基于 Web 的网络管理系统,给网络管理集成技术提出了新的挑战。

1.4 基于 Windows 的网络管理

1.4.1 SNMP 服务

随着 SNMP 在网络管理上的广泛应用,以及 Windows 操作系统的广泛流行,Windows 已经成为 SNMP 应用和开发的一个重要平台。为此,了解和掌握 SNMP 在 Windows 中的配置和应用非常必要。

首先看一下 SNMP 在 Windows 平台中的应用。SNMP 是 TCP/IP 协议组的一部分,最早被开发出来是为了监视路由器和网桥,并对它们进行故障排除。SNMP 提供了在如下系统之间监视并交流状态信息的能力,运行 Windows NT 内核的计算机、小型或大型计算机,LAN Manager 服务器,路由器、网桥或有源集线器,终端服务器。

基于 Windows 的 SNMP 使用由管理系统和代理组成的分布式体系结构。有了 SNMP 服务,基于 Windows 的计算机就可以向 TCP/IP 网络上的 SNMP 管理系统报告其状态。当主机请求状态信息或发生重大事件(例如当主机的硬盘空间不足)时,SNMP 服务就会把状态信息发送到一个或多个主机上。

Windows 是 SNMP 理想的开发平台。Windows 支持 TCP/IP 网络和图形用户接口,利用这些特性开发 SNMP 管理系统和代理软件非常方便。Windows 也支持并发的系统服务。一个 Win32 系统服务可以在后台运行,其开始和停止无须重启系统。SNMP 就是运行于 Windows 之上的一个系统服务软件。

所谓服务是一种特殊的 Win32 应用软件,它通过 Win32 API 与 Windows 的服务控制管理器接口,一般在后台运行。其作用是监视硬件设备和其他系统进程,提供访问外围设备和操作系统辅助功能的能力。系统服务在系统启动时或用户登录时自动开始运行。

Microsoft SNMP 服务向运行 SNMP 管理软件的任何 TCP/IP 主机提供 SNMP 代理服务。SNMP 服务包括处理多个主机对状态信息的请求,当发生重要事件(陷阱)时向多个主机报告这些事件,使用主机名和 IP 地址来标识向其报告信息和接收其请求的主机,启用计数器监视 TCP/IP 性能。

写入到 Windows Sockets API。这允许将管理系统的调用写入到 Windows Sockets。通过用户数据报协议(UDP,端口 161)发送并接收消息,并使用 IP 支持对 SNMP 消息的路由。提供扩展代理动态链接库(DLL),来支持其他 MIB。第三方可以开发自己的 MIB,与 Microsoft SNMP 服务一起使用。包括 Microsoft Win32 SNMP 管理器 API,以便简化 SNMP 应用程序的开发。

Windows 的 SNMP 服务包括两个应用程序。一个是 SNMP 代理服务程序 SNMP. EXE,另一个是 SNMP 陷阱服务程序 SNMPTRAP. EXE。SNMP. EXE 接收 SNMP 请求报文,根据要求发送响应报文,能对 SNMP 报文进行语法分析,对 ASN.1 和 BER 编码/译码,也能发送陷阱报文,并处理与 WinSock API 的接口,Windows 98 也含有这个文件。SNMPTRAP. EXE 监听发送给 Windows NT 主机的陷阱报文,然后把其中的数据传送给 SNMP 管理 API,Windows 98 没有该陷阱服务文件。

Windows 的 SNMP 代理服务是可扩展的,即允许动态地加入或减少 MIB 信息。这意味着程序员不必修改和重新编译代理程序,只需加入或删除一个能处理指定信息的子代理就可以了。Microsoft 把这种子代理叫做扩展代理,处理私有的 MIB 对象和特定的陷阱条件。当 SNMP 代理服务接收到一个请求报文时,就把变量绑定表的有关内容送给对应的扩展代理。扩展代理根据 SNMP 的规则对其私有的变量进行处理,形成响应信息。SNMP 代理服务和扩展代理以及陷阱服务与 Win32 操作系统的关系如图 1.6 所示。

SNMP API 是 Microsoft 为 SNMP 协议开发的应用程序接口,是一组用于构造 SNMP 服务、扩展代理和 SNMP 管理系统的库函数。

SNMP 陷阱服务监视从 WinSocket API 传来的陷阱报文,然后把陷阱数据通过命名管道传递给 SNMP 管理 API。管理 API 是 Microsoft 为开发 SNMP 管理应用提供的动态链接库,是 SNMP API 的一部分。管理应用程序从管理 API 接收数据,向管理 API 发送管理信息,并通过管理 API 与 WinSocket 通信,实现网络管理功能。

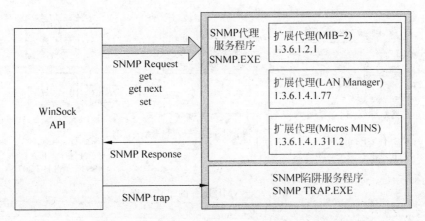

图 1.6　SNMP 服务与 Win32 操作系统关系图

1.4.2　SNMP 服务的运行

1. 运行前的准备

若要确保 SNMP 服务正常运行,需要在以下几个方面做好准备工作。

(1) 主机名和 IP 地址。在安装 SNMP 服务之前,对于要向其发送 SNMP 陷阱或系统中响应 SNMP 请求的主机,要确保拥有其主机名或 IP 地址。

(2) 主机名解析。SNMP 服务使用一般的 Windows 主机名解析方法,将主机名解析为 IP 地址。如果使用主机名,一定要确保将所有相关计算机的主机名到 IP 地址的映射添加到相应的解析源(如 Hosts 文件、DNS 或 WINS)中。管理系统是运行 TCP/IP 协议和第三方 SNMP 管理器软件的所有计算机。管理系统向代理请求信息。要使用 Microsoft SNMP 服务,需要至少一个管理系统。

(3) 代理。SNMP 代理向管理系统提供所请求的状态信息,并报告特别事件,是一台运行 Microsoft SNMP 服务的、基于 Windows 的计算机。

(4) 定义 SNMP 团体。团体是运行 SNMP 服务的主机所属的小组。团体由团体名识别。对于接收请求并启动陷阱的代理以及启动请求并接收陷阱的管理系统,使用团体名可为它们提供基本的安全和环境检查功能。代理不接收所配置团体以外的管理系统的请求。

2. SNMP 服务的工作过程

SNMP 服务的工作过程如图 1.7 所示。下面的步骤概括了 SNMP 服务如何对管理系统的请求做出响应。

(1) SNMP 管理系统使用一个代理的主机名或 IP 地址,将请求发送给该代理。该应用程序将请求传递给套接字(UDP,端口 161)。使用任何可用的解析方法,包括 Hosts 文件、DNS 或 WINS,将主机名解析为 IP 地址。

(2) 建议包含如下信息的 SNMP 数据包,针对一个或多个对象的 get、get next 或 set 请示,团体名和其他验证信息,数据包被路由到代理上的套接字(UDP,端口 161)。

(3) SNMP 代理在其缓冲区中接收该数据包。对团体名进行验证,如果团体名无效或数据包格式不正确,则将它丢弃。如果团体名有效,代理将验证源主机名或 IP 地址。需要说明的是,必须对代理进行身份验证,才能接收来自管理系统的数据包,否则丢弃数据包。

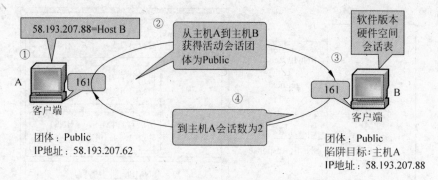

图 1.7 SNMP 服务的工作过程

然后将请求传递到相应的 DLL,如表 1.1 表示。再将对象标识符映射到相应的 API 函数,然后调用此 API,DLL 将把信息返回给代理。

(4) SNMP 数据包与所请求的信息一起被返回给 SNMP 管理器。

表 1.1 相关 DLL

请求的对象	将发生的操作
Internet MIB-2 对象	TCP DLL 将检索该信息
LAN Manager MIB-2 对象	LAN Manager DLL 将检索该信息
DHCP 对象	DHCP MIB DLL 将检索该信息
WINS 对象	WINS 变量 MIB DLL 将检索该信息
扩展代理 MIB	该 MIB 的 DLL 将检索该信息

1.4.3 SNMP 服务的安装与配置

SNMP 服务的安装方法同其他服务的安装方法类似,但是需要注意的是安装 SNMP 服务前首先必须安装 TCP/IP 协议。下面是 Windows 2000 下 SNMP 服务的安装和配置。

1. 安装 SNMP 服务

(1) 以管理员身份登录,在"控制面板"中选择"网络和拨号连接"并双击它,系统弹出"网络连接"窗口,选择菜单"高级"下的"可选网络组件",如图 1.8 所示。

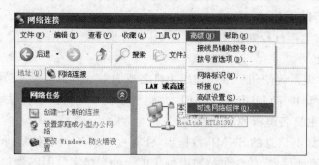

图 1.8 添加可选网络组件

(2) 系统弹出"Windows 可选的网络组件向导"窗口,如图 1.9 所示。在该窗口中的"组件"列表中选择"管理和监视工具",单击"下一步"按钮。

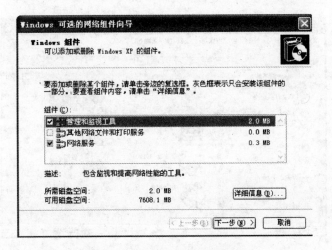

图 1.9　可选网络组件向导窗口

　　(3) 系统提示插入 Service Pack 3 光盘,将相应的光盘放入 CD-ROM 后,单击"确定"按钮,如图 1.10 所示。

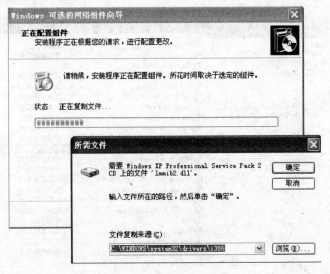

图 1.10　SNMP 服务安装

　　(4) 系统自动从 Service Pack 3 光盘中添 SNMP 服务,并完成 SNMP 服务的安装。

2. 配置 SNMP 服务

　　(1) 在"控制面板"中双击"管理工具"选项,弹出"管理工具"窗口,如图 1.11 所示。

　　(2) 在"管理工具"窗口中双击"服务(本地)"选项,弹出如图 1.12 所示的"服务(本地)"窗口。

　　(3) 在服务窗口中选择 SNMP Service,并双击它,弹出"SNMP Service 的属性(本地计算机)"对话框,如图 1.13 所示。SNMP 服务使用的主要信息都在这个本地计算机中进行配置。

　　(4) 选择"代理"选项卡进行代理配置,如图 1.14 所示。其中的联系人、位置和服务分别对应系统组中的 3 个对象 sysContact、sysLocation 和 sysServices。

图 1.11 "管理工具"窗口

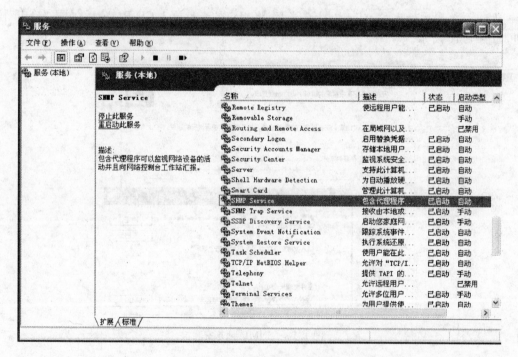

图 1.12 "服务(本地)"窗口

（5）选择"陷阱"选项卡进行陷阱配置，如图 1.15 所示。需要配置的内容包括团体名称和陷阱目标。其中团体名称的输入要注意大小写，陷阱目标可以是 IP/IPX 地址或 DNS 主机名。

（6）选择"安全"选项卡进行安全配置，如图 1.16 所示。该部分内容是为发送需要认证的陷阱报文而设置的。如果不选择"发送身份验证陷阱"选项，则任何团体名都是有效的。另外，可以配置代理接受任何主机或只接受特定主机的 SNMP 包，可以在该选项卡中进行设置。

（7）上述内容设置完毕后，单击"确定"按钮，退出"SNMP Service 的属性(本地计算机)"对话框，新的配置就起作用了。

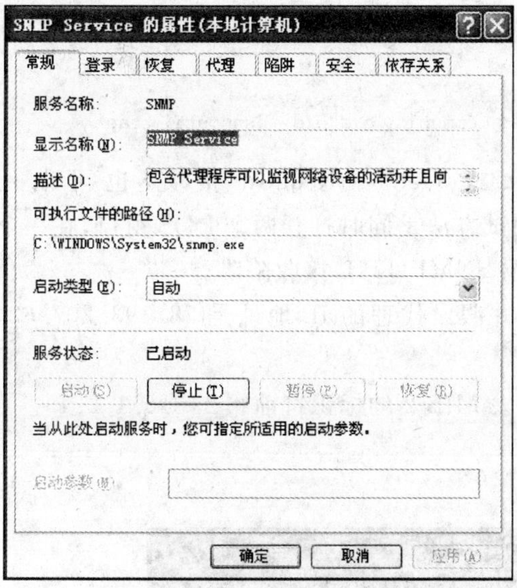

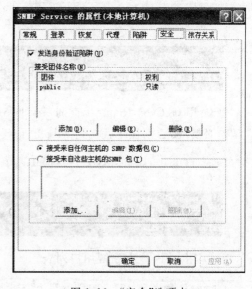

图 1.13 "SNMP Service 的属性
(本地计算机)"对话框

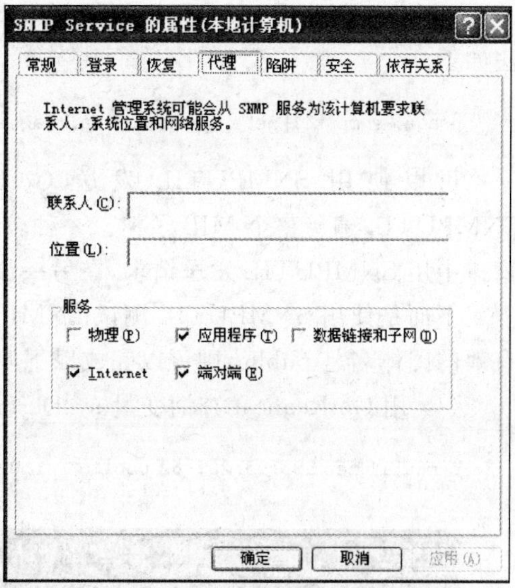

图 1.14 "代理"选项卡

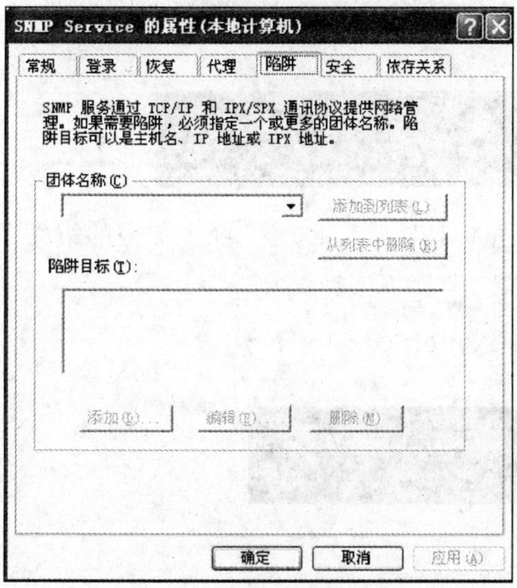

图 1.15 "陷阱"选项卡

图 1.16 "安全"选项卡

1.4.4 SNMP 服务的测试

在 SNMP 服务安装、配置完成后重新启动系统,SNMP 服务就开始工作,工作站就可以接受 SNMP 的询问了。

假设一台 Windows NT 计算机安装了 MIB-2 扩展代理和 LAN Manager 扩展代理,另外一台 Windows XP 计算机也安装了 MIB-2 扩展代理,现在就可以向 SNMP 代理发出询问,并检查它的响应了。那么如何对 SNMP 服务进行测试呢? Microsoft 提供了一个实用程序 SNMPUTIL,可以用于测试 SNMP 服务,也可以测试用户开发的扩展代理。

SNMPUTIL 是一个 MS-DOS 程序,需要在 DOS 命令窗口中运行。SNMPUTIL 的用法如下。

usage: snmputil[get | getnext | walk]agentaddress community oid[oid…]snmputil trap

可以使用 SNMPUTIL 发送 GetRequest 或 GetNextRequest 报文,也可以用 SNMPUTIL 遍历整个 MIB 子树。一种较好的测试方法是同时打开两个 DOS 窗口,在一个窗口中用 SNMPUTIL 发送请求,在另一窗口中用 SNMPUTIL 接收陷阱。

下面是使用 SNMPUTIL 测试 SNMP 服务,并假设代理的 IP 地址是 58.193.207.62,有效的团体名是 public,则可以完成以下测试。

(1) 用 GetRequest 查询变量 sysDescr(可省去 MIB-2 的标识符前缀 1.3.6.1.2.1)。

snmputil get 58.193.207.62 public 1.1.0

```
C:\>snmputil get 58.193.207.62 public 1.1.0
Variable = system.sysDescr.0
Value    = String Hardware: x86 Family 15 Model 6 Stepping 5 AT/AT COMPATIBLE -
Software: Windows 2000 Version 5.1 (Build 2600 Multiprocessor Free)
```

(2) 用 GetNextRequest 查询变量 sysDescr。

snmputil getnext 58.193.207.62 public 1.1.0

```
C:\>snmputil getnext 58.193.207.62 public 1.1.0
Variable = system.sysObjectID.0
Value    = ObjectID 1.3.6.1.4.1.311.1.1.3.1.1
```

(3) 用 GetNextRequest 查询一个非 MIB-2 变量(.1.3.6.1.4.1.77.0.1.3 中的第一个 "."是必要的,否则程序就找到 MIB-2 了)。

snmputil getnext 58.193.207.62 public .1.3.6.1.4.1.77.0.1.3

```
C:\>snmputil getnext 58.193.207.62 public .1.3.6.1.4.1.77.0.1.3
Variable = .iso.org.dod.internet.private.enterprises.lanmanager.lanmgr-2.common
comVersionMaj.0
Value    = String 5
```

(4) 用 walk 查看系统用户列表。

snmputil walk 58.193.207.62 public .1.3.6.1.4.1.77.1.2.25.1.1

```
C:\>snmputil walk 58.193.207.62 public .1.3.6.1.4.1.77.1.2.25.1.1
Variable = .iso.org.dod.internet.private.enterprises.lanmanager.lanmgr-2.server.
svUserTable.svUserEntry.svUserName.5.71.117.101.115.116
Value    = String Guest

Variable = .iso.org.dod.internet.private.enterprises.lanmanager.lanmgr-2.server.
svUserTable.svUserEntry.svUserName.11.103.97.111.103.117.97.110.103.121.105.110
Value    = String gaoguangyin

Variable = .iso.org.dod.internet.private.enterprises.lanmanager.lanmgr-2.server.
svUserTable.svUserEntry.svUserName.13.65.100.109.105.110.105.115.116.114.97.116.
111.114
Value    = String Administrator
```

```
Variable = .iso.org.dod.internet.private.enterprises.lanmanager.lanmgr-2.server.
svUserTable.svUserEntry.svUserName.13.72.101.108.112.65.115.115.105.115.116.97.1
10.116
Value    = String HelpAssistant

Variable = .iso.org.dod.internet.private.enterprises.lanmanager.lanmgr-2.server.
svUserTable.svUserEntry.svUserName.16.83.85.80.80.79.82.84.95.51.56.56.57.52.53.
97.48
Value    = String SUPPORT_388945a0

End of MIB subtree.
```

（5）用 walk 查看系统信息。

snmputil walk 58.193.207.62 public .1.3.6.1.2.1.1

```
C:\>snmputil walk 58.193.207.62 public .1.3.6.1.2.1.1
Variable = system.sysDescr.0
Value    = String Hardware: x86 Family 15 Model 6 Stepping 5 AT/AT COMPATIBLE -
Software: Windows 2000 Version 5.1 (Build 2600 Multiprocessor Free)

Variable = system.sysObjectID.0
Value    = ObjectID 1.3.6.1.4.1.311.1.1.3.1.1

Variable = system.sysUpTime.0
Value    = TimeTicks 513682

Variable = system.sysContact.0
Value    = String

Variable = system.sysName.0
Value    = String NJUSTTZ-E26EF4A

Variable = system.sysLocation.0
Value    = String

Variable = system.sysServices.0
Value    = Integer32 76

End of MIB subtree.
```

上述 SNMPUTIL 实用程序在 Visual C++安装盘中附带,用户使用时需要进行编译。另外在 Windows 2000/XP 的安装盘中附带了一个图形界面的测试程序 SNMPUTILG. EXE,用户可以安装这个测试工具。SNMPUTILG 的安装路径为 wupport/tools/setup. exe。其使用方法同 SNMPUTIL,只不过其为图形界面而已。

第2章　TCP/IP 模型与传输介质

教学目标

（1）正确理解建立网络体系结构的原因，明确 TCP/IP 及 OSI/RM 常用网络体系结构的层次划分。

（2）了解常见的网络传输介质的分类、结构及性能特征，掌握双绞线等常用传输介质的制作方法。

2.1　计算机网络体系结构概述

2.1.1　建立计算机网络体系结构的原因

计算机网络系统是由各种各样的计算机和终端设备通过通信线路连接起来的复杂系统。在这个系统中，由于计算机类型、通信线路类型、连接方式、同步方式、通信方式等不同，给网络各节点间的通信带来诸多不便。不同厂家不同型号计算机通信方式各有差异，通信软件需根据不同情况进行开发。特别是异型网络的互联，不仅涉及基本的数据传输，同时还涉及网络的应用和有关服务，做到无论设备内部结构如何，相互都能发送可以理解的信息，这种真正以协同方式进行通信的任务是十分复杂的。要解决这个问题，势必涉及通信体系结构设计和各厂家共同遵守约定标准的问题，即计算机网络体系结构和协议的问题。

2.1.2　计算机网络的分层次模型

1. 层次结构

人类思维能力不是无限的，如果同时面临的因素太多，就不可能有精确的思维。处理复杂问题的一个有效方法，就是用抽象和层次的方式去构造和分析。对于计算机网络这类复杂的大系统亦可如此。于是，可将一个计算机网络抽象为若干层。其中，第 n 层是由分布在不同系统中的处于第 n 层的子系统构成的。

2. 网络协议

在计算机网络中，为使各计算机之间或计算机与终端之间能正确地传递信息，必须在有关信息传输顺序、信息格式和信息内容等方面制定一组约定或规则，这组约定或规则即所谓的网络协议。

（1）语义。指对构成协议的协议元素含义的解释。不同类型的协议元素规定了通信双方所要表达的不同内容。

（2）语法。指用于规定将若干个协议元素组合在一起表达一个更完整的内容时所应遵循的格式。

（3）规则。规定事件的执行顺序。

由此可见，网络协议实质上是实体间通信时所使用的一种语言。在层次结构中，每一层都可能有若干个协议，当同层的两个实体间相互通信时，必须满足这些协议。

3. 网络体系结构

计算机网络的层次及其协议的集合，即网络的体系结构（architecture）。具体而言是关于计算机网络应设置哪几层，每层应提供哪些功能的精确定义。至于这些功能应如何实现，则不属于网络体系结构部分。

2.1.3 国际标准化组织推荐的网络系统结构参考模型 ISO/OSI

1. 有关标准化组织

为确保发送方和接受方能彼此协调，若干组织促进了通信标准的开发，先简单介绍其中5个，ANSI、ITU(CCITT)、EIA、IEEE 和 ISO。

1）美国国家标准协会 ANSI(American National Standard Institute)

ANSI 设计了 ASCII 代码组，是一种广泛使用的通信标准代码。

2）国际电信联盟 ITU(International Telecommunication Union)

ITU 有 3 个主要部门，即无线通信部门（ITU-R）、电信标准化（ITU-T）和开发部门（ITU-D）。

1953—1993 年，ITU-T 被称为 CCITT（国际电报电话咨询委员会）。ITU-T 和 CCITT都在电话和数据通信领域提出建议。人们常常遇到 CCITT 建议，例如 CCITT 的 X.25，虽然自 1993 年这些建议都打上了 ITU-T 标记。

3）电子工业协会 EIA(Electronic Industries Association)

EIA 是美国的电子厂商组织，最为人们熟悉的 EIA 标准之一是 RS-232 接口，这一通信接口允许数据在设备之间交换。

4）电气和电子工程师协会 IEEE(Institute of Electrical and Electronics Engineers)

IEEE 设置了电子工业标准，IEEE 分成一些标准组织（或工作组），每个工作组负责标准的一个领域，工作组 802 设置了网络设备和如何彼此通信的标准。

5）国际标准化组织 ISO(International Standard Organization)

ISO 开发了开放式系统（Open System Interconnection，OSI）网络结构模型，模型定义了用于网络结构的 7 个数据处理层。网络结构是在发送设备和接收设备间进行数据传输的一种组织方案，网络结构层准备了传输的数据。

2. 开放系统互联参考模型的制定

虽然自 20 世纪 70 年代以来，国外一些主要计算机生产厂家都先后推出了本公司的网络体系结构，但都属于专用性的。为使不同计算机厂家生产的计算机能相互通信，以便在更大范围内建立计算机网络，有必要建立一个国际范围的网络体系结构标准。国际标准化组织信息处理系统技术委员会（ISO TC97）于 1978 年为开放系统互联建立了分委员会 SC16，并于 1980 年 12 月发表了第一个开放系统互联参考模型（OSI/RM：Open Syterms Interconnection/Reference Model）的建议书，1983 年被正式批准为国际标准，即著名的 OSI

7498 国际标准。我国相应的国家标准是 GB 93980,通常人们也将它称为 OSI 参考模型,并记为 OSI/RM,有时简称为 OSI。

2.1.4 开放系统互联参考模型的 7 层体系结构

OSI 参考模型的体系结构由低层到高层分别为物理层、数据链路层、网络层、运输层、会话层、表示层和应用层,各层主要功能如下。

1. 物理层(Physical Layer,PH)

传送信息要利用物理媒体,如双绞线、同轴电缆、光纤等。但具体的物理媒体并不在 OSI 的 7 层之内。有人把物理媒体当做第 0 层,因为它的位置处在物理层的下面。物理层的任务就是为其上一层(即数据链路层)提供一个物理连接,以便透明地传送比特流。在物理层上所传数据的单位是比特。

2. 数据链路层(Data Link Layer,DL)

数据链路层负责在两个相邻节点间的线路上无差错地传送以帧为单位的数据。帧是数据的逻辑单位,每一帧包括一定数量的数据和一些必要的控制信息。和物理层相似,数据链路层要负责建立、维持和释放数据链路的连接。在传送数据时,若接收节点检测到所传数据中有差错,就要通知发送方重发这一帧,直到这一帧正确无误地到达接收节点为止。在每帧所包括的控制信息中,有同步信息、地址信息、差错控制,以及流量控制等信息。这样,数据链路层就把一条有可能出差错的实际链路转变成让网络层向下看起来是一条无差错的链路。

3. 网络层(Network Layer,N)

计算机网络中进行通信的两个计算机之间可能要经过许多个节点和链路,可能还要经过好几个通信子网。在网络层数据的传送单位是分组或包。网络层的任务就是要选择合适的路由,使源站的运输层所传下来的分组能够正确无误地按照地址找到目的站,并交付给目的站的运输层。这就是网络层的寻址功能。

4. 运输层(Transport Layer,T)

这一层有几个译名,如传送层、传输层或转送层,现在多称为运输层。在运输层,信息的传送单位是报文。当报文较长时,先要把它分割成好几个分组,然后交给下一层(网络层)进行传输。

运输层的任务是根据通信子网的特性最佳地利用网络资源,并以可靠和经济的方式为两个端系统(即源站和目的站)的会话层之间建立一条运输连接,透明地传送报文。或者说,运输层向上一层(会话层)提供一个可靠的端到端的服务,屏蔽了会话层,使它看不见运输层以下的数据通信细节。在通信子网中没有运输层,运输层只能存在于端系统(即主机)之中。运输层以上的各层就不再管信息传输的问题了。正因为如此,运输层就成为计算机网络体系结构中最关键的一层。

5. 会话层(Session Layer,S)

这一层也称为会晤层或对话层。在会话层及以上的更高层次中,数据传送的单位没有再取名字,一般都可称为报文。

会话层虽然不参与具体的数据传输,但却对数据传输进行管理。会话层在两个互相通信的应用进程之间,建立、组织和协调其交互(interaction)。例如,确定是双工工作(每一方同时发送和接收),还是半双工工作(每一方交替发送和接收)。当发生意外时(如已建立的连接突然断了),要确定在重新恢复会话时应从何处开始。

6. 表示层(Presentation Layer,P)

表示层主要解决用户信息的语法表示问题。表示层将欲交换的数据从适合某一用户的抽象语法(abstract syntax),变换为适合 OSI 系统内部使用的传送语法(transfer symax)。有了这样的表示层,用户就可以把精力集中在所要交谈的问题本身,而不必更多地考虑对方的某些特性,例如对方使用什么语言。此外,对传送信息加密(和解密)也是表示层的任务之一。

7. 应用层(Application Layer,A)

应用层是 OSI 参考模型中的最高层。它确定进程之间通信的性质以满足用户的需要(这反映在用户所产生的服务请求中),负责用户信息的语义表示,并在两个通信者之间进行语义匹配,即应用层不仅要提供应用进程所需的信息交换和远程操作,还要作为互相作用的应用进程的用户代理(user agent),来完成一些进行语义上有意义的信息交换所必需的功能。

2.1.5 TCP/IP 模型

1. TCP/IP 协议分层

TCP/IP 出现于 20 世纪 70 年代,20 世纪 80 年代被确定为因特网的通信协议。TCP/IP 模型分为 4 层,由下而上分别为网络接口层、网络层、传输层、应用层,与 OSI/RM 模型对比如图 2.1 所示。应该指出,TCP/IP 是 OSI 模型之前的产物,所以两者间不存在严格的层对应关系。在 TCP/IP 模型中并不存在与 OSI 中的物理层与数据链路相对应的部分,相反,由于 TCP/IP 的主要致力于异构网络的互联,所以在 OSI 中的物理层与数据链路层相对应的部分没有作任何限定。

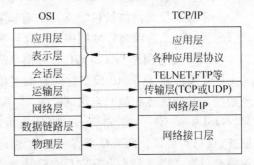

图 2.1 TCP/IP 模型与 OSI/RM 模型分层对比

在 TCP/IP 模型中,网络接口层是 TCP/IP 模型的最低层,负责接收从网络层交来的 IP 数据报并将 IP 数据报通过底层物理网络发送出去,或者从底层物理网络上接收物理帧,抽出 IP 数据报交给网络层。网络接口层使采用不同技术和网络硬件的网络之间能够互联,包括属于操作系统的设备驱动器和计算机网络接口卡,以处理具体的硬件物理接口。

网络层负责独立地将分组从源主机送往目标主机,涉及为分组提供最佳路径的选择和交换功能,并使这一过程与它们所经过的路径和网络无关。这好比寄信时并不需要知道信是如何到达目的地的,而只关心它是否到达了。TCP/IP 模型的网络层在功能上非常类似于 OSI 参考模型中的网络层。

传输层的作用与 OSI 参考模型中传输层的作用类似,即在源节点和目的节点的两个对等实体间提供可靠的端到端的数据通信。为保证数据传输的可靠性,传输层协议也提供了确认、差错控制和流量控制等机制。另外,由于在一般的计算机中常常是多个应用程序同时访问网络,所以传输层还要提供不同应用程序的标识。

应用层涉及为用户提供网络应用,并为这些应用提供网络支撑服务。由于 TCP/IP 将所有与应用相关的内容都归为一层,所以在应用层要处理高层协议、数据表达和对话控制等任务。

2. TCP/IP 协议简介

TCP/IP 通过一系列协议来提供各层的功能服务,以实现网络间的数据传送。其协议簇中的主要协议介绍如下。

TCP/IP 的最高层是应用层。在这层中有许多著名协议,如远程登录协议 Telnet,文件传输协议 FTP,简单邮件传送协议 SMTP 等。

再往下的一层是 TCP/IP 的传输层,也称主机到主机层。这一层可使用两种不同的协议,一种是面向连接的传输控制协议(Transmission Control Protocol,TCP),另一种是无连接的用户数据报协议(User Data Protocol,UDP)。传输层传送的数据单位是报文(message)或数据流(stream)。报文也常称为报文段(segment)。

传输层下面是 TCP/IP 的网络层,其主要的协议是无连接的网络互联协议(Internet Protocol,IP)。该层传送的数据单位是分组(packet)。与 IP 协议配合使用的还有 4 个协议,Internet 控制报文协议(Internet Control Message Protocol,ICMP)、Internet 组管理协议(Internet Group Manage Protocal,IGMP)、地址解析协议(Address Resolution Protocol,ARP)和逆地址解析协议(Reverse Address Resolution Protocol,RARP)。

处于最底层的网络接口层支持所有流行的物理网络协议,如 IEEE 802 系列局域网协议、BSC、HDLC 等系列广域网协议以及各种代表物理网产品,如以太网、ATM 网等。

3. OSI 参考模型与 TCP/IP 参考模型的比较

OSI 模型和 TCP/IP 模型之间有很多相似之处,它们都采用了层次体系结构,每一层实现的特定功能大体相似。当然,除了一些基本的相似之处,这两个模型之间也存在着许多差异。OSI 模型有三个主要概念,即服务、接口和协议,TCP/IP 参考模型最初没有明确区分服务、接口和协议。两个模型在层的数量上有明显的差别,OSI 模型有 7 层,而 TCP/IP 协议模型只有 4 层。另一个差别是 OSI 模型在网络层支持无连接和面向连接的通信,但是在传输层仅有面向连接的通信,TCP/IP 模型在网络层只有一种通信模式,在传输层支持两种模式,特别要指出的是,这两者的协议标准是不相同的。相对而言,TCP/IP 协议要简单得多,ISO/OSI 协议在数量上也要远远大于 TCP/IP 协议。

从用户角度看,TCP/IP 协议提供一组应用程序,包括电子邮件、文件传输和远程登录,都是实用程序,用户使用它们可以方便地发送邮件,在主机间传送文件和以终端方式登录远程主机。从程序员的角度看,TCP/IP 提供两种主要服务,无连接报文分组递送服务和面向连接的可靠数据流传送服务。这些服务都由 TCP/IP 驱动程序提供,程序员可用来开发适合自己应用环境的应用程序。从设计角度看,TCP/IP 主要涉及寻址、路由选择和协议的具体实现。

2.2 传 输 介 质

传输介质又称为通信介质或媒体,决定了网络的数据传输速率、网络段的最大长度、传输的可靠性及网卡的复杂性。现在已有的成熟的常用通信传输介质几乎都可作为网络中的传输介质,例如电话线、同轴电缆、双绞线、光导纤维电缆、无线与卫星通信信道等。

2.2.1 双绞线

双绞线(Twisted Pairwire,TP)是综合布线工程中最常用的一种传输介质。双绞线由两根具有绝缘保护层的铜导线组成。把两根绝缘的铜导线按一定密度互相绞在一起,可降低信号干扰的程度,因为每一根导线在传输中辐射的电波会被另一根导线上发出的电波抵消。双绞线一般由两根22~26号绝缘铜导线相互缠绕而成。如果把一对或多对双绞线放在一个绝缘套管中,便成了双绞线电缆。在双绞线电缆(也称双扭线电缆)内,不同线对具有不同的扭绞长度。一般地说,扭绞长度在14~38.1cm之间,按逆时针方向扭绞,相临线对的扭绞长度在12.7cm以上。与其他传输介质相比,双绞线在传输距离、信道宽度和数据传输速度等方面均受到一定限制,但价格较为低廉。目前,双绞线可分为非屏蔽双绞线(Unshilded Twisted Pair,UTP)和屏蔽双绞线(Shielded Twisted Pair,STP)。

1. 概述

双绞线主要用来传输模拟声音信息,但同样适用于数字信号的传输,而且特别适用于较短距离的信息传输。采用双绞线的局域网的带宽取决于所用导线的质量、长度及传输技术。当距离很短并且采用特殊的电子传输技术时,传输率可达100~155Mbps。由于利用双绞线传输信息时要向周围辐射,信息很容易被窃听,因此要花费额外的代价加以屏蔽,如图2.2所示。

图 2.2　屏蔽双绞线和无屏蔽双绞线

2. 双绞线的分类

1) 屏蔽双绞线

根据屏蔽方式的不同,屏蔽双绞线又分为两类,即STP(Shielded Twicted-Pair)和FTP(Foil Twisted-Pair)。

STP是指每条线都有各自屏蔽层的屏蔽双绞线,而FTP则是采用整体屏蔽的屏蔽双绞线。需要注意的是,FTP在整个电缆中均有屏蔽装置,并且在两端正确接地的情况下才起作用。所以,FTP要求整个系统全部都是屏蔽器件,包括电缆、插座、水晶头和配线架等,同时建筑物需要有良好的地线系统。

屏蔽双绞线电缆的外层由铝箔包裹以减小辐射,但并不能完全消除辐射。屏蔽双绞线价格相对较高,安装时要比非屏蔽双绞线电缆困难,必须配有支持屏蔽功能的特殊连接器和相应的安装技术。但它有较高的传输速率,100 米内可达到 155Mbps。

2)非屏蔽双绞线

非屏蔽双绞线电缆由多对双绞线和一个塑料外皮构成。国际电气工业协会 EIA/TIA 为双绞线电缆定义了 7 种不同质量的型号,这 7 种型号如下。

(1)第一类:主要用于传输语音(主要用于 20 世纪 80 年代初之前的电话线缆),不用于数据传输。

(2)第二类:传输频率为 1MHz,用于语音传输和最高传输速率达 4Mbps 的数据传输,常见于使用 4Mbps 规范令牌传递协议的旧的令牌网。

(3)第三类:指目前在 ANSI 和 EIA/TIA-568 标准中指定的电缆。该电缆的传输频率为 16MHz,用于语音传输及最高传输速率为 10Mbps 的数据传输,主要用于 10Base-T。

(4)第四类:该类电缆的传输频率为 20MHz,用于语音传输和最高传输速率 16Mbps 的数据传输,主要用于基于令牌的局域网和 10Base-T/100Base-T。

(5)第五类:该类电缆增加了绕线密度,外套一种高质量的绝缘材料,传输频率为 100MHz,用于语音传输和最高传输速率为 100Mbps 的数据传输,主要用于 100Base-T 和 10Base-T 网络,这是最常用的以太网电缆。

(6)超五类非屏蔽双绞线:超五类非屏蔽双绞线是在对现有五类屏蔽双绞线的部分性能加以改善后出现的电缆,不少性能参数,如近端串扰、衰减串扰比、回波损耗等都有所提高,但其传输带宽仍为 100MHz。

超五类双绞线也是采用 4 个绕对和 1 条抗拉线,线对的颜色与五类双绞线完全相同,分别为白橙、橙、白绿、绿、白蓝、蓝、白棕和棕。裸铜线径为 0.51mm(线规为 24AWG),绝缘线径为 0.92mm,UTP 电缆直径为 5mm。

虽然超五类非屏蔽双绞线也能提供高达 1000Mbps 的传输带宽,但是往往需要借助价格高昂的特殊设备的支持。因此,通常只被应用于 100Mbps 快速以太网,实现桌面交换机到计算机的连接。

(7)六类非屏蔽双绞线:六类非屏蔽双绞线的各项参数都有大幅提高,带宽也扩展至 250MHz 或更高。六类双绞线在外形上和结构上与五类或超五类双绞线都有一定的差别,不仅增加了绝缘的十字骨架,将双绞线的 4 对线分别置于十字骨架的 4 个凹槽内,而且电缆的直径也更粗。

网络工程综合布线常使用的是第三类、第五类、超五类以及目前的六类非屏蔽双绞线电缆。第三类双绞线适用于大部分计算机局域网络,而第五、六类双绞线利用增加缠绕密度、使用高质量绝缘材料,极大地改善了传输介质的性质。

3. TIA/EIA 配线标准

常用的双绞线缆标准有 T568A 和 T568B,指用于 8 针配线(最常见的就是 RJ-45)模块插座/插头的两种颜色代码。在实际工程中,TIA/EIA 的两种布线标准都是可用的。这两种颜色代码之间的唯一区别就是将橙色和绿色线对互换。首选 T568B 配线图。T568A 配线图被标注为可选,但现在仍被广泛使用。简单来说,这个技术规范为结构化布线的插座/插头定义了配线图,如图 2.3 所示。

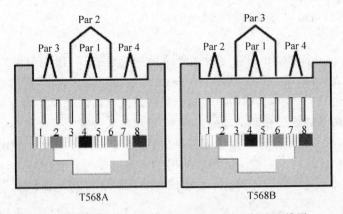

图 2.3　TIA/EIA 的 T568A 和 T568B 的标准配线图

2.2.2　光纤

　　光导纤维是一种传输光束的细微而柔韧的媒质。光导纤维电缆由一捆纤维组成,简称为光纤。光纤和同轴电缆相似,只是没有网状屏蔽层,中心是光传播的玻璃芯。在多模光纤中,芯的直径是 15～50mm,而单模光纤芯的直径为 8～10mm。芯外面包围着一层折射率比芯低的玻璃封套,以使光纤保持在芯内。再外面是一层薄的塑料外套,用来保护封套。光纤通常被扎成束,外面有外壳保护。纤芯通常是由石英玻璃制成的横截面积很小的双层同心圆柱体,质地脆、易断裂,因此需要外加一保护层,其结构如图 2.4 所示。

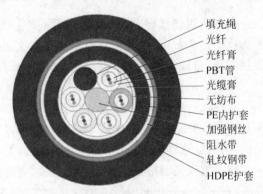

填充绳
光纤
光纤膏
PBT管
光缆膏
无纺布
PE内护套
加强钢丝
阻水带
轧纹钢带
HDPE护套

图 2.4　光纤截面图

1. 光纤连接

　　光纤有 3 种连接方式。第一,可以将光纤接入连接头并插入光纤插座。连接头要损耗 10%～20%的光,但使重新配置系统很容易。第二,可以用机械方法将其接合,方法是将两根小心切割好的光纤的一端放在一个套管中,然后钳起来。此时可以让光纤通过结合处来调整,以使信号达到最大。机械结合需要训练过的人员花大约 5 分钟的时间完成,光的损失大约为 10%。第三,两根光纤可以被熔合在一起形成坚实的连接。融合方法形成的光纤和单根光纤差不多相同,但有一点衰减。对于这 3 种连接方法,结合处都有反射,并且反射的能量会和信号交互作用。

2. 光纤接口

　　目前使用的接口有两种。一种为无源接口,由两个接头熔于主光纤形成。接头的一端有一个发光二极管或激光二极管(用于发送),另一端有一个光电二极管(用于接收)。由于接头本身是完全无源的,因而非常可靠。另一种接口被称作有源中继器,输入光在中继器中被转变成电信号,如果信号已经减弱,则重新将信号放大,然后转变成光再发送出去。以前连接计算机的是一根进入信号再生器的普通铜线,现在已有了纯粹的光中继器,这种设备不

35

第 2 章

TCP/IP 模型与传输介质

需要光电转换,因而可以以非常高的带宽运行。

3. 光纤跳线

单模光纤(single-mode fiber):一般光纤跳线用黄色表示,接头和保护套为蓝色,传输距离较长。多模光纤(multi-mode fiber):一般光纤跳线用橙色表示,有的也用灰色表示,接头和保护套用米色或者黑色,传输距离较短。光纤跳线两端的光模块的收发波长必须一致,也就是说光纤的两端必须是相同波长的光模块,简单的区分方法是光模块的颜色要一致。

通常情况下,短波光模块使用多模光纤(橙色的光纤),长波光模块使用单模光纤(黄色光纤),以保证数据传输的准确性。光纤在使用中不要过度弯曲和绕环,因为这会增加光在传输过程中的衰减。光纤跳线使用后一定要用保护套将光纤接头保护起来,灰尘和油污会损害光纤的耦合。

2.3　双绞线制作

2.3.1　双绞线连接标准

在网络组建过程中,双绞线的接线质量会影响网络的整体性能。双绞线在各种设备之间的接法也非常讲究,应按规范连接。本文主要介绍双绞线的标准接法及其与各种设备的连接方法,目的是使大家掌握规律,提高工作效率,保证网络正常运行。

双绞线的标准接法如下。

双绞线一般用于星形网络的布线,每条双绞线通过两端安装的 RJ-45 连接器(俗称水晶头)将各种网络设备连接起来。双绞线的标准接法不是随便规定的,目的是保证线缆接头布局的对称性,这样就可以使接头内线缆之间的干扰相互抵消。

超五类线是网络布线最常用的网线,分屏蔽和非屏蔽两种。如果是室外使用,屏蔽线要好些,在室内一般用非屏蔽五类线就够了,而由于不带屏蔽层,线缆会相对柔软些,但其连接方法都是一样的。

EIA/TIA-568 标准规定了两种连接标准(并没有实质上的差别),即 EIA/TIA-568A 和 EIA/TIA-568B。这两种标准的连接方法如图 2.5 所示。

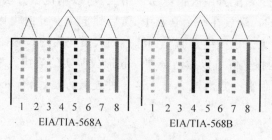

EIA/TIA-568A　　　　EIA/TIA-568B

图 2.5　双绞线两种标准的连接方法

图中上方的折线表示这两根针脚连接的是一对双绞线。

1. T568A 规定的连接方法

1——白-绿(就是白色的外层上有些绿色,表示和绿色的是一对线)

2——绿色

3——白-橙(就是白色的外层上有些橙色,表示和橙色的是一对线)

4——蓝色

5——白-蓝(就是白色的外层上有些蓝色,表示和蓝色的是一对线)

6——橙色

7——白-棕(就是白色的外层上有些棕色,表示和棕色的是一对线)

8——棕色

2. T568B 规定的连接方法

1——白-橙

2——橙色

3——白-绿

4——蓝色

5——白-蓝

6——绿色

7——白-棕(就是白色的外层上有些棕色,表示和棕色的是一对线)

8——棕色

在通常的工程实践中,T568B 使用得较多。不管使用哪一种标准,一根 5 类线的两端必须都使用同一种标准。

这里特别要强调一下,线序是不能随意改动的。例如,从上面的连接标准来看,1 和 2 是一对线,而 3 和 6 又是一对线。但如果我们将以上规定的线序弄乱,例如,将 1 和 3 用作发送线,而将 2 和 4 用作接收线,那么这些连接导线的抗干扰能力就要下降,误码率就可能增大,这样就不能保证以太网的正常工作。

2.3.2　设备连接

平时制作网线时,如果不按标准连接,虽然有时线路也能接通,但是线路内部各线对之间的干扰不能有效消除,从而导致信号传送出错率升高,最终影响网络整体性能。只有按规范标准建设才能保证网络的正常运行,也会给后期的维护工作带来便利。

设备之间的连接种类大致如下。

1. 网卡与网卡

10M、100M 网卡之间直接连接时,可以不用 Hub,应采用交叉线接法。

2. 网卡与光收发模块

将网卡装在计算机上,做好设置。给收发器接上电源,严格按照说明书的要求操作。用双绞线把计算机和收发器连接起来,双绞线应为交叉线接法;用光跳线把两个收发器连接起来,如收发器为单模,跳线也应该用单模。光跳线连接时,一端接 RX,另一端接 TX,如此交叉连接。不过现在很多光模块都有调控功能,交叉线和直通线都可以用。

3. 光收发模块与交换机

用双绞线把计算机和收发器连接起来,双绞线为直通线接法。

4. 网卡与交换机

双绞线为直通线接法。

5. 集线器与集线器（交换机与交换机）

两台集线器（或交换机）通过双绞线级联，双绞线接头中线对的分布与连接网卡和集线器时有所不同，必须要用交叉线。这种情况适用于那些没有标明专用级联端口的集线器之间的连接，而许多集线器为了方便用户，提供了一个专门用来串接到另一台集线器的端口，在对此类集线器进行级联时，双绞线均应为直通线接法。

用户如何判断自己的集线器（或交换机）是否需要交叉线连接呢？主要方法有以下几种。

（1）查看说明书。如果该集线器在级联时需要交叉线连接，一般会在设备说明书中进行说明。

（2）查看连接端口。如果该集线器在级联时不需要交叉线，大多数情况下都会提供一至两个专用的互连端口，并有相应标注，如"Uplink"、"MDI"、"Out to Hub"，表示使用直通线连接。

（3）实测。这是最管用的一种方法。可以先制作两条用于测试的双绞线，其中一条是直通线，另一条是交叉线。之后，用其中的一条连接两个集线器，这时注意观察连接端口对应的指示灯，如果指示灯亮表示连接正常，否则换另一条双绞线进行测试。

6. 交换机与集线器之间

交换机与集线器之间也可通过级联的方式进行连接。级联通常是解决不同品牌的交换机之间以及交换机与集线器之间连接的有效手段。

对于扩充端口的数量还有另一种方式即堆叠。堆叠是扩展端口最快捷、最便利的方式，但不是所有的交换机都支持堆叠。堆叠通常需要使用专用的堆叠电缆，还需要专门的堆叠模块。另外，同一组堆叠交换机必须是同一品牌，并且在物理连接完毕之后，还要对交换机进行设置，才能正常运行。对于堆叠的接法，这里不再深究，有兴趣的读者可进一步查阅相关资料。

2.3.3 双绞线制作

步骤1：准备好五类线、RJ-45 插头和一把专用的压线钳（如图 2.6 所示）。

步骤2：用压线钳的剥线刀口将五类线的外保护套管划开（不要将里面的双绞线绝缘层划破），刀口距五类线的端头至少 2cm（如图 2.7 所示）。

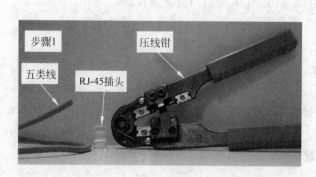

图 2.6　步骤 1

图 2.7　步骤 2

步骤 3：将划开的外保护套管剥去（旋转、向外抽）（如图 2.8 所示）。

图 2.8　步骤 3

步骤 4：露出五类线电缆中的 4 对双绞线（如图 2.9 所示）。

步骤 5：按照 EIA/TIA-568B 标准和导线颜色将导线按规定的序号排好（如图 2.10 所示）。

图 2.9　步骤 4

图 2.10　步骤 5

步骤 6：将 8 根导线平坦整齐地平行排列，导线间不留空隙（如图 2.11 所示）。

步骤 7：用压线钳的剪线刀口将 8 根导线剪断（如图 2.12 所示）。

图 2.11　步骤 6

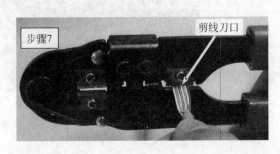

图 2.12　步骤 7

TCP/IP 模型与传输介质

步骤 8：剪断电缆线。注意一定要剪得很整齐。剥开的导线长度不可太短。可以先留长一些。不要剥开每根导线的绝缘外层（如图 2.13 所示）。

步骤 9：将剪断的电缆线放入 RJ-45 插头试试长短（要插到底），电缆线的外保护层最后应能够在 RJ-45 插头内的凹陷处被压实。反复进行调整（如图 2.14 所示）。

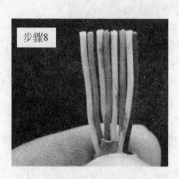

图 2.13　步骤 8

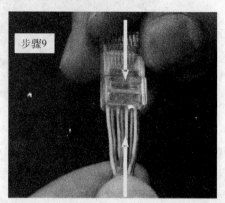

图 2.14　步骤 9

步骤 10：确认一切都正确后（特别注意不要将导线的顺序排反），将 RJ-45 插头放入压线钳的压头槽内，准备最后的压实（如图 2.15 所示）。

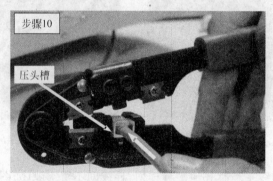

图 2.15　步骤 10

步骤 11：双手紧握压线钳的手柄，用力压紧。请注意，在这一步骤完成后，插头的 8 个针脚

图 2.16　步骤 11(1)

接触点就穿过导线的绝缘外层分别和 8 根导线紧紧地压接在一起(如图 2.16 和图 2.17 所示)。

步骤 12：完成(如图 2.18 所示)。

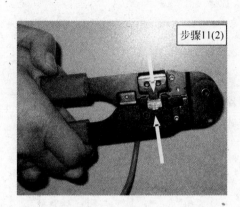

图 2.17　步骤 11(2)

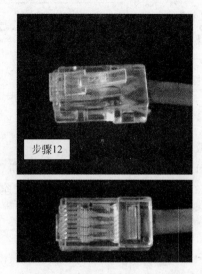

图 2.18　步骤 12

第 3 章 交换机与路由器

教学目标

(1) 掌握常用的网络设备如交换机、路由器的工作原理及分类。

(2) 熟悉常用网络设备的连接口、连接方式。

(3) 了解网络设备的综合运用。

3.1 交 换 机

交换机的英文名称为 Switch。交换是按照通信两端传输信息的需要,用人工或设备自动完成的方法把要传输的信息送到符合要求的相应路由上的技术统称。广义的交换机就是一种在通信系统中完成信息交换功能的设备。

3.1.1 交换机的作用

在计算机网络系统中,交换是相对于共享工作模式的改进。集线器(HUB)是一种共享介质的网络设备,而且 HUB 本身不能识别目的地址,采用广播方式向所有节点发送消息。即当同一局域网内的 A 主机给 B 主机传输数据时,数据包在以 HUB 为架构的网络上是以广播方式传输的,对网络上所有节点同时发送同一信息,然后再由每一台终端通过验证数据包头的地址信息来确定是否接收。这种方式很容易造成网络堵塞,因为接收数据一般只有一个终端节点,而对所有节点都发送,那么绝大部分数据流量都是无效的,这样就使整个网络数据传输率很低。另一方面,由于每个节点都能侦听到所发送的数据包,那显然就不安全了,容易出现一些不安全因素。

交换机拥有一条很高带宽的背板总线和内部交换矩阵。交换机的所有端口都挂接在这条背板总线上。控制电路收到数据包以后,处理端口会查找内存中的 MAC 地址(网卡的硬件地址)对照表以确定目的 MAC 的 NIC(网卡)挂接在哪个端口上,再通过内部交换矩阵直接将数据包迅速传送到目的节点,而不是所有节点,若目的 MAC 不存在才广播到所有端口。可以明显看出,这种方式一方面效率高,不会浪费网络资源,只是对目的地址发送数据,一般来说不易产生网络堵塞;另一方面数据传输安全,因为它不是对所有节点都同时发送数据,发送时其他节点很难侦听到所发送的信息。这也是交换机会很快取代集线器的重要原因之一。

交换机还有一个重要特点,就是它不像集线器一样每个端口都共享整个带宽,而是每一端口都独享交换机的一部分总带宽,对于每个端口来说在速率上有了根本的保障。另外,使用交换机也可以把网络"分段",通过对照地址表,交换机只允许必要的网络流量通过(这就是后面将要介绍的 VLAN，虚拟局域网）。通过交换机的过滤和转发，可以有效地隔离广播风暴，减少误包和错包的出现，避免共享冲突。这样交换机就可以在同一时刻进行多个节点之间的数据传输，每一个节点都可视为独立的网段，连接在其上的网络设备独自享有固定的一部分带宽，无须同其他设备竞争使用。如当节点 A 向节点 D 发送数据时，节点 B 可同时向节点 C 发送数据，而且这两个传输都享有自己的带宽，都有自己的虚拟连接。即如果现在使用的是 10Mbps 的 8 端口以太网交换机，因每个端口都可以同时工作，所以在数据流量较大时，总流量可达到 8×10Mbps＝80Mbps，而使用 10Mbps 的共享式 HUB 时，因其属于共享带宽，所以同一时刻只能允许一个端口进行通信，即使数据流量再忙，HUB 的总流量也不会超出 10Mbps。如果是 16 端口、24 端口的交换机，这个优点会更明显。

交换机的主要功能包括物理编址、网络拓扑结构、错误校验、帧序列以及流量控制。目前一些高档交换机还具备了一些新的功能，如对虚拟局域网（VLAN）的支持、对链路汇聚的支持，甚至有的还具有路由和防火墙的功能。

交换机除了能够连接同种类型的网络之外，还可以在不同类型的网络（如以太网和快速以太网）之间起到互连作用。如今许多交换机都能够提供支持快速以太网或 FDDI 等的高速连接端口，用于连接网络中的其他交换机或者为占用高带宽的关键服务器提供附加带宽。

因此，交换机是一种基于 MAC 地址识别，完成封装转发数据包功能的网络设备。对于第一次发送到目的地址不成功的数据包，交换机会再次同时向所有节点发送，以找到这个目的 MAC 地址，找到后就会把这个地址重新加入到自己的 MAC 地址列表中，以便下次再发送到这个节点时不会发错。交换机的这种功能即"MAC 地址学习"功能。

3.1.2 交换机的工作原理

交换机和集线器在外形上非常相似，而且都遵循 IEEE 802.3 及其扩展标准，介质存取方式也均为 CSMA/CD，但是在工作原理上还有根本的区别。简单地说，由交换机构建的网络称为交换式网络，每个端口都能独享带宽，所有端口都能够同时进行通信，并且能够在全双工模式下提供双倍的传输速率。而集线器构建的网络称为共享式网络，在同一时刻只能有两个端口（接收数据的端口和发送数据的端口）进行通信，所有的端口分享固有的带宽。

1. "共享"与"交换"数据传输技术

对交换机的工作原理，最根本的是要理解"共享"（share）和"交换"（switch）这两个概念。集线器采用"共享"方式进行数据传输，而交换机则是采用"交换"方式。可以利用公路的概念来理解"共享"和"交换"。"共享"方式就是来回车辆共用一个车道的单车道公路，而"交换"方式则是来回车辆各用一个车道的双车道公路。

在交换机技术上，把这种"独享"道宽（网络上称为"带宽"）的情况称之为"交换"，这种网络环境称为"交换式网络"，交换式网络必须采用交换机（switch）来实现。交换式网络可以以"全双工"（full duplex）状态工作，即可以同时接收和发送数据，数据流是双向的。而采用集线器的"共享"方式的网络就称为"共享式网络"。显然，共享网络的效率非常低，在任一时刻只能有一个方向的数据流，即处于"半双工"（half duplex）模式，也称为"单工"模式。

另外一方面，由于单车道共享方式中来回车辆共用一个车道，也就是每次只能过一个方向的车，这样车辆一多，速度肯定会降下来，效率也就跟着下降。共享式网络的通信也与共享车道情况类似,在数据流量大时效率也肯定会降低,因为同一时刻只能进行一个数据传输任务。此外,共享方式还可能造成数据碰撞现象,就像在单车道上经常看到的撞车现象一样,因为车流量一大,就很难保证每个车辆的司机都遵守交通规则,容易出现数据碰撞、争抢车道的现象。而交换式的数据交换方式则很少出现这种情况,因为数据都有自己的信道,基本上不可能发生争抢信道的现象。但也有例外,那就是数据流量增大,而网络速度和带宽没有得到保证,这时就会在同一信道上出现碰撞现象,就像在双车道或多车道也可能发生撞车现象一样。解决这一现象的方法有两种,一种是增加车道,另一种方法就是提高车速,很显然增加车道这一方法是最基本的,但不是最终的方法。因为车道的数量肯定有限,如果所有车辆的速度上不去,效率还是会很低,对于一些心急的司机来说还是会撞车。第二种是一种比较好的方法,提速有助于车辆正常有序地快速流动,这就是高速公路出现撞车的现象反而比普通公路上少许多的原因。计算机网络也一样,虽然交换机能以全双工方式进行数据传输,但是如果网络带宽不宽、速度不快,每传输一个数据包都要花费大量的时间,则信道再多也无济于事,网络传输的效率还是高不起来,况且网络上的信道也是非常有限的,这要取决于带宽。目前最快的以太网交换机带宽可达到 10Gbps。

2. 数据传递的方式

通过前面的学习已经知道集线器的数据包传输方式是广播方式。由于集线器中只能同时存在一个广播,所以同一时刻只能有一个数据包在传输,信道的利用率较低。

而对于交换机而言,"认识"连接到自己身上的每一台计算机的方法,就是凭借每块网卡物理地址,俗称"MAC 地址"。交换机还具有 MAC 地址学习功能,它会把连接到自己身上的 MAC 地址记住,形成一个节点与 MAC 地址的对应表。凭借这样一张表,就不必再进行广播,而是在端口发过来的数据中含有目的地的 MAC 地址,交换机在自己缓存中的 MAC 地址表里寻找到与这个数据包中包含的目的 MAC 地址对应的节点,便在这两个节点间架起了一条临时性的专用数据传输通道,这两个节点便可以不受干扰地进行通信了。但要注意,交换机档次越低,交换机的缓存就越小,为保存 MAC 地址所准备的空间也就越小,也就是它能记住的 MAC 地址数也越少。通常一台交换机都具有 1024 个 MAC 地址记忆空间,一般能满足实际需求。从上面的分析来看,交换机所进行的数据传递有明确方向,而不是乱传递,也不是集线器的广播方式。同时由于交换机可以进行全双工传输,所以交换机可以同时在多对节点之间建立临时专用通道,形成立体交叉的数据传输通道结构。

3. 交换机的数据传递工作原理

当交换机从某一节点收到一个以太网帧后,会立即在其内存中的地址表(端口号-MAC地址)中进行查找,以确认该目的 MAC 网卡连接在哪一个节点上,然后将该帧转发至该节点。如果在地址表中没有找到该 MAC 地址,也就是说该目的 MAC 地址是首次出现,交换机就将数据包广播到所有节点。拥有该 MAC 地址的网卡在接收到该广播帧后,将立即做出应答,使交换机将其节点的"MAC 地址"添加到 MAC 地址表中。换言之,当交换机从某一节点收到一个帧时(广播帧除外),将对地址表执行两个动作,一是检查该帧的源 MAC 地址是否已在地址表中,如果没有,则将该 MAC 地址添加到地址表中,这样以后就知道该MAC 地址在哪一个节点;二是检查该帧的目的 MAC 地址是否已在地址表中,如果该MAC 地址已在地址表中,则将该帧发送到对应的节点即可,而不必像集线器那样将该帧发送到所有节点,以致那些既非源节点又非目的节点的节点仍然可以相互通信,从而提供了比集线器更高的传输速率。如果该 MAC 地址不在地址表中,则将该帧发送到所有其他节点(源节点除外),相当于该帧是一个广播帧。

对于新的交换机,其 MAC 地址表是空白的。那么,交换机的地址表是怎样建立起来的呢?答案是"学习"。交换机能根据以太网帧中的源 MAC 地址来更新地址表。当一台计算机打开电源后,安装在该系统中的网卡会定期发出空闲包或信号,交换机即可据此得知它的存在以及其 MAC 地址,这就是自动地址学习。由于交换机能够自动根据收到的以太网帧中的源 MAC 地址更新地址表的内容,所以交换机使用的时间越长,学习到的 MAC 地址就越多,未知的 MAC 地址就越少,因而广播的包就越少,速度就越快。

那么,交换机是否会永久性地记住所有的"端口号-MAC 地址"关系呢?答案是否定的。由于交换机中的内存毕竟有限,因此,能够记忆的 MAC 地址数量也是有限的。交换机既然不能无休止地记忆所有的 MAC 地址,那么就必须赋予其相应的忘却机制,从而吐故纳新。所以,工程师为交换机设定了一个自动老化时间(auto-aging),若某 MAC 地址在一定时间内(默认为 300 秒)不再出现,那么交换机将自动把该 MAC 地址从地址表中清除。当下一次该 MAC 地址重新出现时,将会被当作新地址处理。

综上所述,交换机作为当前局域网的主要连接设备,与集线器相比具有许多明显的优点,目前市场上交换机正全面取代集线器。

3.1.3 三种交换技术

1. 端口交换

端口交换技术最早出现在插槽集线器中,这类集线器的背板通常划分为多条以太网段(每条网段为一个广播域),若不用网桥或路由器连接,网络之间是互不相通的。端口交换用于模块端口在背板的多个网段之间进行分配、平衡。根据支持的程度,端口交换还可细分如下。

(1) 模块交换:将整个模块进行网段迁移。

(2) 端口组交换:通常模块上的端口被划分为若干组,每组端口允许进行网段迁移。

(3) 端口级交换:支持每个端口在不同网段之间进行迁移。这种交换技术是在 OSI 第一层完成的,具有灵活性和负载平衡能力等优点。如果配置得当,还可以在一定程度上实现容错,但由于没有改变共享传输介质的特点,因而不能称为真正的交换。

2. 帧交换

帧交换是目前应用最广的局域网交换技术,通过对传统传输介质进行分段,提供并行传送机制以减小冲突域,获得高的带宽。一般来讲,每个公司产品的实现技术均会有差异,但对网络帧的处理方式一般有以下两种。

(1) 直接交换:提供线速处理能力,交换机只读出网络帧的前 14 个字节,便将网络帧传送到相应的端口上。

(2) 存储转发:通过对网络帧的读取进行检错和控制。

前一种方法的交换速度非常快,但缺乏对网络帧进行更高级的控制能力,缺少智能性和安全性,同时也无法支持不同速率的交换。因此,各厂商把后一种技术作为开发重点。有的厂商甚至对网络帧进行分解,将帧分解成固定大小的信元。处理这些信元极易用硬件实现,处理速度快,同时能够完成高级控制功能,如优先级控制。

3. 信元交换

ATM(异步传输模式)技术代表了网络和通信技术未来的发展方向,也是解决目前网络通信中众多难题的一剂"良药"。

- ATM 采用固定长度 53 字节的信元交换,由于长度固定,因而便于用硬件实现。
- ATM 采用专用的无差别连接,并行运行,可以通过一个交换机同时建立多个节点,而不会影响节点之间的通信能力。
- ATM 允许在源节点和目标节点之间建立多个虚拟连接,以保障足够的带宽和容错能力。
- ATM 采用异步时分复用,因而能大大提高通道的利用率。
- ATM 的带宽可以达到 25Mbps、155Mbps、622Mbps,甚至数 Gbps 的数量级。

3.1.4 交换机的种类

按照不同的标准,可以将交换机分为许多种类。

1. 根据使用的网络技术划分

根据使用网络技术的不同,可以分为以太网交换机、ATM 交换机、FDDI 交换机和令牌环交换机。

1) 以太网交换机

以太网交换机是以太网使用的交换设备。由于以太网现在几乎已经成为局域网的代称,因此以太网交换机几乎成为"交换机"的代名词。现在所说的交换机,如果没有特殊说明,一般指的都是以太网交换机。

2) ATM 交换机

ATM 交换机是用于 ATM 网络的交换机产品。ATM 网络由于其独特的技术特性,现在还广泛用于电信的主干网,因此其交换机产品能够在市场上看到。不过普通的局域网用户一般接触不到 ATM 交换机,因为相对于物美价廉的以太网交换机,ATM 交换机的价格实在是太高了。

3) FDDI 交换机

随着技术的发展,FDDI 网络与令牌环网一样,已经失去了往日的辉煌,逐渐淡出了市场,因此,FDDI 交换机也非常少见了,在一些早期的园区网中还可以见到。

4) 令牌环交换机

在 20 世纪八九十年代,局域网中有一种叫"令牌环网"的网络,由 IBM 开发,与之相匹配的交换机产品就是令牌环交换机。由于令牌环网逐渐失去了市场,相应的令牌环交换机产品也非常少见了。

不同种类的网络使用的帧格式不同,就像不同规格的汽车其承载的货物规格是不同的一样,因此不同类型网络的交换机也不通用。如果两种类型的网络想实现互联,必须使用同时带有这两种网络类型的交换模块的交换机或路由器。

2. 根据应用的规模划分

根据应用的规模,可以将网络交换机划分为工作组交换机(也称桌面交换机)、部门交换机(也称骨干交换机)和企业交换机(也称中心交换机)等。一般支持 500 个信息点以上的大型企业应用的交换机为中心交换机,支持 300 个信息点以上的中型企业的交换机为骨干交换机,而支持 100 个信息点以内的交换机为桌面交换机。

1）工作组交换机

工作组交换机是传统集线器的理想替代产品，一般为固定配置，配有一定数目的10Base-T 或 100Base-TX 以太网口。交换机按每一个包中的 MAC 地址决策信息转发，而这种转发决策一般不考虑包中隐藏的其他更深的信息。这种交换机转发延迟很小，操作性能接近单个局域网。工作组交换机一般没有网络管理的功能。

2）部门交换机

部门交换机（也称骨干交换机）是面向部门的交换机，可以是固定配置，也可以是模块配置，一般有光纤接口。与桌面交换机相比，骨干交换机具有较为突出的智能特点；支持基于端口的 VLAN，可实现端口管理；采用全双工、半双工传输模式，可对流量进行控制；有网络管理的功能，可通过 PC 的串口或网络对交换机进行配置、监控和测试。如图 3.1 所示为D-Link DGS-6300 千兆以太网骨干交换机。

3）企业交换机

企业交换机（也称中心交换机）属于高端交换机，采用模块化的结构，可作为骨干构建高速局域网。企业交换机可以提供用户化定制、优先级队列服务和网络安全控制，并能很快适应数据增长和改变的需要，从而满足用户的需求。对于有更多需求的网络，企业交换机不仅能传送海量数据和控制信息，更具有硬件冗余和软件可伸缩性等特点，可保证网络的可靠运行。如图 3.2 所示为 D-Link DES-6000 模块化千兆以太网交换机。

图 3.1　D-Link DGS-6300
骨干交换机

图 3.2　D-Link DES-6000
企业交换机

3. 根据交换机的结构划分

交换机大致可分为两种不同的结构，即固定端口交换机和模块化交换机。

1）固定端口交换机

固定端口交换机虽然相对来说价格便宜一些，但由于它只能提供有限的端口和固定类型的接口，因此，无论从可连接的用户数量上，还是从可使用的传输介质上，均具有一定的局限性。如图 3.3 所示为 D-Link DES-3224 快速以太网交换机。

固定端口交换机又分为桌面式交换机和机架式交换机。机架式交换机易于管理，更适用于大规模的网络。而桌面式交换机，由于只能提供少量端口且不能安装于机柜内，所以通常只用于小型网络。图 3.4 所示为 D-Link DES-810E 桌面式快速以太网交换机。

图 3.3　D-Link DES-3224 快速
以太网交换机

图 3.4　D-Link DES-810E 桌面式快速
以太网交换机

2）模块化交换机

模块化交换机虽然在价格上要贵很多，但拥有更大的灵活性和可扩充性，用户可任意选择不同数量、不同速率和不同接口类型的模块，以适应千变万化的网络需求。而且，模块化交换机大多有很强的容错能力，支持交换模块的冗余备份，并且往往拥有可热拔的双电源，以保证交换机的电力供应。如图 3.5 所示为 D-Link DES-5016 模块化快速以太网交换机。

图 3.5 D-Link DES-5016 模块化快速以太网交换机

4. 根据交换机工作的协议层划分

根据工作的协议层，交换机可分为第二层交换机、第三层交换机和第四层交换机。

1）第二层交换机

第二层交换机依赖链路层中的信息（如 MAC 地址）完成不同端口数据间的线速交换，所有的交换机都能够工作在第二层。

2）第三层交换机

第三层交换机具有路由功能，将 IP 地址信息用于网络路径选择，并实现不同网段间的线速交换。当网络规模大到必须划分 VLAN 以减小广播造成的影响时，只有借助第三层交换机才能实现 VLAN 间的线速路由。因此，在大中型网络中，第三层交换机已经成为基本配置设备。

3）第四层交换机

第四层交换机则使用传输层包含在每一个 IP 包包头的服务进程/协议（例如 HTTP 用于传输 Web 网页，FTP 用于文件传输，Telnet 用于终端通信，SSL 用于安全通信等）进行交换和传输处理，实现带宽分配、故障诊断和对 TCP/IP 应用程序数据流进行访问控制等功能。由于技术尚未真正成熟且价格昂贵，所以第四层交换机在实际应用中很少。

5. 根据交换机采用的交换方式划分

按交换机在传送源和目的端口的数据包时通常采用的交换方式来分，主要有直通式交换机、存储转发式交换机和碎片隔离式交换机三种。

1）直通式（cut through）

以太网交换机在输入端口检测到一个数据包后，只检查其包头，取出目的地址，通过内部的动态查找表换算成相应的输出端口，然后把数据包转发到该端口，这样就完成了交换工作。因为只检查数据包的包头（通常只检查 14 位），所以切入方式具有延迟小、交换速度快的优点（所谓延迟，是指数据包进入一个网络设备到离开该设备所花的时间）。

直通方式的缺点是：第一，不提供错误检测能力，因为数据包的内容并没有被以太网交换机保存下来，所以无法检查到它是否有错误；第二，如果要连到高速网络上，并提供快速以太网（100BASE-T）、FDDI 或 ATM 连接，就不能简单地将输入/输出端口"接通"，因为输入/输出端口间有速度差异，因而必须提供缓存；第三，当以太网交换机的端口增加时，交换矩阵变得更复杂，实现起来就更困难。

2）存储转发式（store and forward）

存储转发是计算机网络领域使用最广泛的技术之一。以太网交换机的控制器先将输入到端口来的数据包缓存起来，再检查校验位是否正确，并过滤掉冲突包错误，确定数据包正确后,取出目的地址,通过查找表找到将要发送到的输出端口地址,然后将该包发出去。存储转发方式在处理数据包时延迟大,但可对进入交换机的数据包进行错误检测,并且支持不同速度的输入/输出端口间的交换。

3) 碎片隔离式(fragment free)

这是介于直通式和存储转发之间的一种解决方案,它检查数据包的长度是否够64B(512b)。如果小于64B,说明是假包(或称残帧),则丢弃该包;如果大于64B,则发送该包。该方式的数据处理速度比存储转发快,但比直通式慢,由于能够避免残帧的转发,所以被广泛应用于低档交换机中。

该类型交换机使用了一种特殊的缓存。这种缓存是一种先进的FIFO(First In First Out)缓存,帧从一端进入然后再以同样的顺序从另一端出来。当帧被接收时,它被保存在FIFO缓存中。如果帧以小于512b的长度结束,那么FIFO缓存中的内容(残帧)就会被丢弃,因此不存在残帧转发问题,是一个非常好的解决方案,也是目前大多数交换机使用的方式。包在转发之前将被缓存,从而确保碰撞碎片不通过网络传播,能够在很大程度上提高网络传输速率。

3.1.5 交换机选型

局域网交换机是组成网络系统的核心设备。对用户而言,局域网交换机最主要的指标是端口的配置、数据交换能力、包交换速度等。下面对交换机的一些重要技术参数做一简要介绍,以便于在设计网络拓扑结构和购置交换机时,可以根据网络的实际需要做出正确的选择。

1. 转发方式

转发方式主要分为直通式转发(现为准直通式转发)和存储式转发。由于不同的转发方式适应不同的网络环境,因此,应根据自己的需要做出相应的选择。低端交换机通常只拥有一种转发模式,存储转发模式,或直通模式。往往只有中高端产品才兼有两种转发模式,并具有智能转发功能,可根据通信状况自动切换转发模式。通常情况下,如果网络对数据的传输速率要求不是太高,可选择存储转发式交换机;如果网络对数据的传输速率要求较高,可选择直通转发式交换机。

2. 延时

交换机延时(latency)也称延迟时间,是指从交换机接收数据包到开始向目的端口复制数据包之间的时间间隔。采用的转发技术等因素均会影响延时,延时越小,数据的传输速率越快,网络的效率也就越高。特别是对于多媒体网络而言,较大的数据延迟,会导致多媒体的短暂中断。

3. 转发速率

转发速率是交换机的一个重要参数。目前,最流行的交换机称为线速交换机。所谓线速交换机,是指交换速度达到传输线上的数据传输速度,能最大限度地消除交换瓶颈的交换机。

4. 管理功能

交换机的管理功能(management)是指交换机如何控制用户访问交换机,以及用户对交换机的可视程度如何。几乎所有中、高档交换机都是可网管的,几乎所有的厂商都随机提供

交换机与路由器

一份本公司开发的交换机管理软件，几乎所有的交换机都能被第三方管理软件所管理。

5. MAC 地址数

不同交换机每个端口能够支持的 MAC 数量不同。在交换机的每个端口，都有足够内存(buffer)记忆多个 MAC 地址，从而"记住"该端口所连接站点的情况。由于 buffer 容量的大小限制了这个交换机所能提供的交换地址容量，所以当该端口所容纳的计算机数量超过地址容量时，目的站点的 MAC 地址很可能没有保存在该交换机端口的 MAC 地址表中，那么该帧会以广播方式发向交换机的每个端口。当这种情况频频发生时，将在很大程度上影响网络中数据的传输效率。在中型网络中，由于计算机和网络设备的数量有限，所以，交换机只需能够记忆 1024 个 MAC 地址，而一般的交换机通常都能做到这一点。

6. 扩展树

当一个交换机有两个或两个以上的端口与其他交换机相连接时，会产生冗余回路，从而导致"拓扑环"问题(topology loops)。即当某个网段的数据包通过某台交换机传输到另一个网段时，返回的数据包通过另一台交换机返回源地址的现象。一般情况下，交换机采用扩展树(spanning tree，也称生成树)协议算法让网络中的每一个桥接设备互相知道，以防止拓扑环现象的发生。交换机通过将检测到的"拓扑环"中的某个端口断开，达到消除"拓扑环"的目的，维持网络中的拓扑树的完整性。在网络设计中，"拓扑环"常被用于关键数据链路的冗余备份链路选择，所以带有扩展树协议的交换机可以用于连接网络中关键资源的交换冗余。骨干交换机和中心交换机必须支持扩展树，否则将无法搭建具有冗余机制的网络拓扑。

7. 背板带宽

由于所有端口间的通信都需要通过背板完成，所有背板所能提供的带宽就成为端口间并发通信时的瓶颈。带宽越大，能给各通信端口提供的可用带宽越大，数据交换速度越快；带宽越小，则能给各通信端口提供的带宽越小，数据交换速度也就越慢。因此，在端口带宽、延迟时间相同的情况下，背板带宽越大，交换机的传输速率越快。所以，背板带宽越大越好，特别是对于那些骨干交换机和中心交换机。

8. 端口

从端口的带宽来看，目前主要包括 10Mbps、100Mbps 和 1000Mbps 三种。这三种带宽的端口往往以不同形式和数量进行搭配，满足不同类型网络的需要。最常见的搭配形式包括 n×100Mbps＋m×10Mbps、n×10/100Mbps、n×1000Mbps＋m×100Mbps 和 n×1000Mbps 4 种。

3.1.6 交换机基本配置

交换机的配置一直都是非常神秘的，不仅对于一般用户，对于绝大多数网管人员来说也是如此，同时也是衡量网管水平高低的一个重要而又基本的标志。这主要在于两个原因，一是，绝大多数企业所配置的交换机都是桌面而非网管型交换机，根本不需要任何配置，纯属"傻瓜"型，与集线器一样，接上电源、插好网线就可以正常工作；二是，多数中、小企业老总对自己的网管员不是很放心，所以即使购买的交换机是网管型，也不让自己的网管人员来配置，而是请厂商工程师或者其他专业人员来配置，所以这些中、小企业网管员也就很难有机会真正自己动手来配置一台交换机。

交换机的详细配置过程比较复杂，而且具体的配置方法会因不同品牌、不同系列的交换机而有所不同。本文介绍的只是通用配置方法,有了这些通用配置方法,配置人员就能举一反三,融会贯通。

通常网管型交换机可以通过两种方法进行配置,一种是本地配置,另一种是远程网络配置。注意,后一种配置方法只有在前一种配置成功后才可进行,下面分别讲述。

1. 本地配置方式

交换机的本地配置方式是通过计算机与交换机的 Console 端口直接连接的方式进行通信的,连接图如图 3.6 所示。

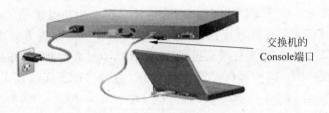

图 3.6　本地配置方式连接图

可进行网络管理的交换机上一般都有一个 Console 端口,它是专门用于对交换机进行配置和管理的。通过 Console 端口连接并配置交换机,是配置和管理交换机必须经过的步骤。虽然除此之外还有其他若干种配置和管理交换机的方式(如 Web 方式、Telnet 方式等),但是,这些方式必须依靠对 Console 端口进行基本配置后才能进行。因为其他方式往往需要借助于 IP 地址、域名或设备名称才可以实现,而新购买的交换机显然不可能内置这些参数,所以通过 Console 端口连接并配置交换机是最常用、最基本也是网络管理员必须掌握的管理和配置方式。

不同类型交换机的 Console 端口所处的位置并不相同,如图 3.7 所示,有的位于前面板(如 Catalyst 3200 和 Catalyst 4006),而有的则位于后面板(如 Catalyst 1900 和 Catalyst 2900XL)。通常模块化交换机位于前面板,而固定配置交换机则位于后面板。一般情况下在该端口的上方或侧方都会有类似 Console 字样的标识。

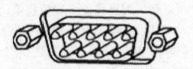

图 3.7　Console 接口

除位置不同之外,Console 端口的类型也有所不同,绝大多数(如 Catalyst 1900 和 Catalyst 4006)都采用 RJ-45 端口,但也有少数采用 DB-9 串口端口(如 Catalyst 3200)或 DB-25 串口端口(如 Catalyst 2900)。

无论交换机采用 DB-9 或 DB-25 串行接口,还是采用 RJ-45 接口,都需要通过专门的 Console 线连接至配置用计算机(通常称作终端)的串行口。与交换机的不同 Console 端口相对应,Console 线也分为两种:一种是串行线,即两端均为串行接口(两端均为母头),可以分别插至计算机的串口和交换机的 Console 端口;另一种是两端均为 RJ-45 接头(RJ-45-to-RJ-45)的扁平线。由于扁平线两端均为 RJ-45 接口,无法直接与计算机串口进行连接,因此

交换机与路由器

还必须同时使用一个如图 3.8 所示的 RJ-45-to-DB-9(或 RJ-45-to-DB-25)的串行线。通常情况下,在交换机的包装箱中,都会随机赠送这样一条 Console 线和相应的 DB-9 或 DB-25 适配器。

图 3.8   RJ-45-to-DB-9 串行线

2. 远程配置方式

交换机除了可以通过 Console 端口与计算机直接连接外,还可以通过交换机的普通端口进行连接。如果是堆叠型的,也可以把几台交换机堆在一起进行配置,因为这时它们是一个整体,一般只有一台具有网管能力。通过普通端口对交换机进行管理时,就不再使用超级终端了,而是以 Telnet 或 Web 浏览器的方式实现与被管理交换机的通信。因为在本地配置方式中已为交换机配置好了 IP 地址,所以可通过 IP 地址与交换机进行通信,不过要注意,同样只有网管型的交换机才具有这种管理功能。这种远程配置方式又可以通过两种不同的方式来进行,下面将分别进行介绍。

1) Telnet 方式

Telnet 协议是一种远程访问协议,可以用它登录到远程计算机、网络设备或专用 TCP/IP 网络。Windows 95/98 及其以后的 Windows、UNIX/Linux 等操作系统中都内置了 Telnet 客户端程序,可以用它来实现与远程交换机的通信。

在使用 Telnet 连接至交换机前,应当确认已经做好以下准备工作。

- 用于管理的计算机中安装有 TCP/IP 协议,并配置好了 IP 地址信息。
- 被管理的交换机上已经配置好 IP 地址信息。如果尚未配置 IP 地址信息,则必须通过 Console 端口进行设置。
- 被管理的交换机上建立了具有管理权限的用户账户。如果没有建立新的账户,则 Cisco 交换机默认的管理员账户为 Admin。

在计算机上运行 Telnet 客户端程序(这个程序在 Windows、UNIX 和 Linux 系统中都有,而且用法基本兼容,这里是 Windows 2000 系统中的 Telnet 程序),并登录至远程交换机。如果已经设置交换机的 IP 地址为 58.192.1.5,下面只介绍进入配置界面的方法,至于如何配置要视具体情况而定,不做具体介绍。进入配置界面步骤很简单,只需两步。

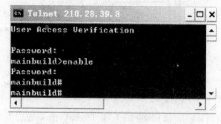

图 3.9   Telnet 登录到 Catalyst
3500 的界面

(1) 选择“开始”→“运行”命令,然后在对话框中输入“telnet 58.192.1.5”(当然也可先不输入 IP 地址,在进入 Telnet 主界面后再进行连接,但是这样多了一步,直接在后面输入要连接的 IP 地址更好些)。

(2) 输入完成后,单击“确定”按钮,或按 Enter 键,建立与远程交换机的连接。如图 3.9 所示为与计算机通过 Telnet 与 Cisco Catalyst 3500 交换机建立连接时显示的界面。

2) Web 浏览器的方式

当利用 Console 端口为交换机设置好 IP 地址信息并启用 HTTP 服务后,即可通过支持 Java 的 Web 浏览器访问交换机,并可通过 Web 浏览器修改交换机的各种参数及对交换机进行管理。事实上,通过 Web 界面可以对交换机的许多重要参数进行修改和设置,并可实时查看交换机的运行状态。不过在利用 Web 浏览器访问交换机之前,应当确认已经做好以下准备工作。

- 在用于管理的计算机中安装 TCP/IP 协议,且在计算机和被管理的交换机上都已经配置好 IP 地址信息。
- 用于管理的计算机中安装了支持 Java 的 Web 浏览器,如 Internet Explorer 4.0 及以上版本、Netscape 4.0 及以上版本,以及 Oprea with Java。
- 在被管理的交换机上建立了拥有管理权限的用户账户和密码。
- 被管理交换机的 Cisco IOS 支持 HTTP 服务,并且已经启用了该服务。否则,应通过 Console 端口升级 Cisco IOS 或启用 HTTP 服务。

通过 Web 浏览器的方式进行配置的方法如下。

（1）把计算机连接在交换机的一个普通端口上,在计算机上运行 Web 浏览器。在浏览器的"地址"栏中输入被管理交换机的 IP 地址(如 58.192.1.5)或为其指定的名称。按 Enter 键,弹出如图 3.10 所示对话框。

（2）分别在"用户名"和"密码"框中,输入拥有管理权限的用户名和密码。"用户名/密码"应当事先通过 Console 端口进行设置。

（3）单击"确定"按钮,即可建立与被管理交换机的连接,在 Web 浏览器中显示交换机的管理界面。图 3.11 所示页面为与 Cisco Catalyst 3500 建立连接后,显示在 Web 浏览器中的配置界面。

图 3.10　连接对话框

接下来,就可以通过 Web 界面中的提示,一步步查看交换机的各种参数和运行状态,并可根据需要对交换机的某些参数做必要的修改。

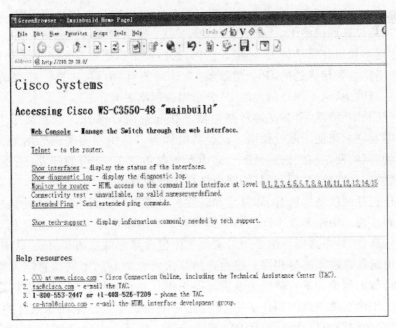

图 3.11　Web 界面下的配置界面

交换机与路由器

3.2 路 由 器

路由器位于 ISO/OSI 模型的网络层,其原理与技术比交换机和网桥复杂得多。路由器是连接多个网络或网段,将一个网络上的信息转发到另一个网络的设备。当路由器发送信息时,会找一条最佳路径,以最快速度传送信息。即当信息在网络中传输时,路由器本身会选择最佳传输路径,当发现网络拥挤时,会自动跳到其他路径来完成传输。

路由器能将不同网络或网段之间的数据信息进行"翻译",以使它们能够相互理解对方的数据,从而构成一个更大的网络。如果连接的是协议相同的网络或网段,路由器会将数据直接发送到目的端口,即只处理需要路由的分组。如果连接两个不同传输协议的网络,路由器则进行信息"翻译"。路由器使各种各样的通信子网融为一体,形成一个更大范围的网络。从宏观的角度看,通信子网实际上可以看作是由路由器组成的网络,路由器之间的通信则通过各种通信子网的通信能力予以实现。

3.2.1 路由器的作用

当 IP 子网中的一台主机发送 IP 分组给同一 IP 子网的另一台主机时,路由器将直接把 IP 分组送到网络上,对方就能收到。而要送给不同 IP 子网上的主机时,该主机要选择一个能到达目的子网的路由器,把 IP 分组送给该路由器,由路由器负责把 IP 分组送到目的地。如果没有找到这样的路由器,主机就把 IP 分组送给一个称为"默认网关(default gateway)"的路由器上。"默认网关"是每台主机上的一个配置参数,是接在同一个网络上的某个路由器端口的 IP 地址。

路由器转发 IP 分组时,只根据 IP 分组目的地址的网络号部分来选择合适的端口,并将 IP 分组送出去。同主机一样,路由器也要判定端口所连接的是否是目的子网,如果是,就直接把分组通过端口送到网络上,否则,也要选择下一个路由器来传送分组。路由器也有默认网关,用来传送不知道往哪送的 IP 分组。这样,通过路由器把知道如何传送的 IP 分组正确转发出去,把不知道如何传送的 IP 分组送给"默认网关"路由器,这样一级级地传送,IP 分组最终将到达目的地,送不到目的地的 IP 分组则被网络丢弃了。

目前的 TCP/IP 网络,全部是通过路由器互联起来的,Internet 就是成千上万个 IP 子网通过路由器互联起来的国际性网络。这种网络称为以路由器为基础的网络,形成了以路由器为节点的"网间网"。在"网间网"中,路由器不仅负责 IP 分组的转发,还要负责与别的路由器进行联络,共同确定"网间网"的路由选择和维护路由表。

路由动作包括两项基本内容,即寻径和转发。寻径即判定到达目的地的最佳路径,由路由选择算法来实现。由于涉及不同的路由选择协议和路由选择算法,寻径要相对复杂一些。为了判定最佳路径,路由选择算法必须启动并维护包含路由信息的路由表,其中路由信息由于所用的路由选择算法而不尽相同。路由选择算法将收集到的不同信息填入路由表中,根据路由表可将目的网络与下一跳的关系告诉路由器。路由器间互通信息进行路由更新,维护路由表使之正确反映网络的拓扑变化,并由路由器根据量度值来决定最佳路径。这就是路由选择协议,例如路由信息协议(RIP)、开放式最短路径优先协议(OSPF)和边界网关协议(BGP)等。

转发即沿寻径好的最佳路径传送信息分组。路由器首先在路由表中查找,判明是否知道如何将分组发送到下一个站点(路由器或主机),如果路由器不知道如何发送分组,通常将该分组丢弃,否则就根据路由表的相应表项将分组发送到下一个站点。如果目的网络直接与路由器相连,路由器就把分组直接送到相应的端口上。这就是路由转发协议。

路由转发协议和路由选择协议是既相互配合又相互独立的概念,前者使用后者维护的路由表,同时后者要利用前者提供的功能来发布路由协议数据分组。下文中提到的路由协议,除非特别说明,都是指路由选择协议,这也是普遍的习惯。

3.2.2 路由器的结构

从体系结构上看,路由器可以分为第一代单总线单 CPU 结构路由器、第二代单总线主从 CPU 结构路由器、第三代单总线对称式多 CPU 结构路由器、第四代多总线多 CPU 结构路由器、第五代共享内存式结构路由器、第六代交叉开关体系结构路由器和基于机群系统的路由器等多类。

路由器具有 4 个要素,即输入端口、交换开关、输出端口和路由处理器。

(1) 输入端口是物理链路和输入包的进口处。端口通常由线卡提供,一块线卡一般支持 4、8 或 16 个端口。每个输入端口具有许多功能。第一个功能是进行数据链路层的封装和解封装。第二个功能是在路由表中查找输入包目的地址从而决定目的端口(称为路由查找),路由查找可以使用一般的硬件来实现,或者通过在每块线卡上嵌入一个微处理器来实现。第三,为了提供 QoS(服务质量),端口要将收到的包分成几个预定义的服务级别。第四,端口可能需要运行诸如 SLIP(串行线网际协议)和 PPP(点对点协议)这样的数据链路级协议或者诸如 PPTP(点对点隧道协议)这样的网络级协议。一旦路由查找完成,必须用交换开关将包送到其输出端口。如果路由器有输入端加入队列,则由几个输入端共享同一个交换开关。这样输入端口的最后一项功能是对公共资源(如交换开关)的仲裁协议。

(2) 交换开关可以使用多种不同的技术来实现。迄今为止使用最多的交换开关技术是总线、交叉开关和共享存储器。最简单的开关使用一条总线来连接所有输入和输出端口,总线开关的缺点是其交换容量受限于总线的容量以及共享总线仲裁所带来的额外开销。交叉开关通过开关提供多条数据通路选择,具有 $n \times n$ 个交叉点的交叉开关可以被认为具有 $2n$ 条总线。如果一个交叉点是闭合的,则输入总线上的数据在输出总线上可用,否则不可用。交叉点的闭合与打开由调度器来控制,因此,调度器限制了交叉开关的速度。在共享存储器路由器中,进来的包被存储在共享存储器中,所交换的仅是包的指针,这提高了交换容量。但是,开关的速度受限于存储器的存取速度。尽管存储器容量每 18 个月翻一番,但存储器的存取时间每年仅降低 5%,这是共享存储器交换开关的一个固有限制。

(3) 输出端口在包被发送到输出链路之前对包进行存储,可以实现复杂的调度算法以支持优先级等要求。与输入端口一样,输出端口同样要能支持数据链路层的封装和解封装,以及许多较高级协议。

(4) 路由处理器通过计算路由表来实现路由协议,并运行对路由器进行配置和管理的软件。同时,它还处理那些目的地址不在线卡转发表中的包。

3.2.3 路由器的功能

路由器主要功能有以下几点。

(1) 转发：在网络间得到要发送到远地网段的报文，起转发的作用。

(2) 最佳路由：选择最合理的路由，引导通信。为了实现这一功能，路由器要按照某种路由通信协议查找路由表，路由表中列出整个互联网络中包含的各个节点，以及节点间的路径情况和它们相互联系的传输费用。如果到特定的节点有一条以上的路径，则基于预先确定的准则选择最优（最经济）的路径。由于各种网络段和其互相连接情况可能发生变化，因此路由情况的信息需要及时更新，这由所使用的路由信息协议规定的定时更新或者按变化情况更新来完成。网络中的每个路由器按照这一规则动态地更新它所保持的路由表，以便保持有效的路由信息。

(3) 分组：路由器在转发报文的过程中，为了便于在网络间传送报文，按照预定的规则把大的数据包分解成适当大小的小数据包，到达目的地后再把分解的数据包组装成原有形式。

(4) 网络互联：多协议的路由器可以连接使用不同通信协议的网络段，作为不同通信协议网络段间通信连接的平台。

(5) 隔离、划分子网：路由器的每一端口都是一个单独的子网。

(6) WAN 接入：支持备用网络路径，支持网状网络拓扑，提供经济合理的 WAN 接入，互联各种局域网和广域网。

3.2.4 路由器的组成部件

1. 路由器的接口

常见的路由器能支持的接口种类有以下几种。

(1) 通用串行接口：通过电缆转换成 RS232 DTE/DCE 接口、V.35 DTE/DCE 接口、X.21 DTE/DCE 接口、RS449 DTE/DCE 接口和 EIA530DTE 接口等。

(2) 以太网接口：10Mbps 以太网接口、快速以太网接口、10/100Mbps 自适应以太网接口和吉比特以太网接口等。

(3) 其他接口：ATM 接口、POS 接口(155Mbps、622Mbps 等)、令牌环接口、FDDI 接口、E1/T1 接口、E3/T3 接口和 ISDN 接口等。

2. CPU

CPU 是路由器的心脏，负责交换路由信息、查找路由表以及转发数据包。CPU 的能力直接影响路由器的吞吐量（路由表查找时间）和路由计算能力（计算路由收敛时间的能力）。由于技术的发展，路由器中许多工作都可以由硬件实现（专用芯片）。

3. 内存

路由器中可能有很多种内存，如 FLASH、RAM 等，用于存储配置、路由器操作系统、路由协议软件和路由表等内容。

4. 软件技术

路由器技术中最核心的技术是软件技术，路由软件是最复杂的软件之一。有些路由软件运行在 UNIX 操作系统上，有些路由软件运行在嵌入式操作系统上，甚至为提高效率，有些软件本身就是操作系统。全球最大的路由器厂家 Cisco 公司一度宣称是一个软件公司,可见路由器软件在路由器技术中所占据的重要地位。

路由器软件一般实现路由协议、查找路由表和管理维护及其他功能。由于互联网规模庞大,运行在互联网上的路由器中的路由表非常巨大,查表转发工作非常繁重。在高端路由器中,上述功能通常由硬件芯片实现。

3.2.5 路由器的性能指标

路由器一般位于局域网或园区网的出口处,用于连通其他网络,并智能地选择最佳传输路径,将信息发送到其他网络上。因此,判断路由器的品质,主要是考查其吞吐量、传输速度、可靠性、安全性等性能指标。

1. 全双工线速转发能力

路由器最基本且最重要的功能是数据包转发。在同样端口速率下,转发小包是对路由器包转发能力最大的考验。全双工线速转发能力是指以最小包长(以太网 64B、POS 口 40B)和最小包间隔(符合协议规定)在路由器端口上,同时双向传输不引起丢包。该指标是路由器性能的重要指标。

2. 设备吞吐量

设备吞吐量指设备整机的包转发能力,是设备性能的重要指标。路由器的工作是根据 IP 包头或者 MPLS 标记选路,所以性能指标是每秒转发的包数量。设备吞吐量通常小于路由器所有端口吞吐量之和。

3. 端口吞吐量

端口吞吐量是指端口的包转发能力,通常使用包每秒(pps)来衡量,通常采用两个相同速率的接口测试。但是测试可能与接口位置及关系相关,例如,同一插卡上端口间测试的吞吐量可能与不同插卡上端口吞吐量值不同。

4. 背靠背帧数

背靠背帧数是指以最小帧间隔发送最多数据包而且不引起丢包时的数据包数量。该指标用于测试路由器缓存能力。有全双工线速转发能力的路由器的该指标值比较大。

5. 路由表能力

路由器通常依靠所建立及维护的路由表来决定如何转发。路由表能力是指路由表内所容纳路由表项数量的极限。由于 Internet 上执行 BGP 协议的路由器通常拥有数十万条路由表项,所以该项目也是路由器能力的重要体现。

6. 背板能力

背板能力是路由器的内部实现,体现在路由器吞吐量上。背板能力通常大于依据吞吐量和测试包所计算的值,但只能在设计中体现,一般无法测试。

7. 丢包率

丢包率是指测试中所丢失数据包占所发送数据包的比率,通常在吞吐量范围内测试。丢包率与数据包长度以及包发送频率相关。在一些环境下可以加上路由抖动、大量路由后进行测试。

8. 时延

时延是指数据包第一个比特进入路由器到最后一个比特从路由器输出的时间间隔。在

交换机与路由器

测试中通常使用测试仪表发出测试包到收到数据包的时间间隔。时延与数据包长相关,通常在路由器端口吞吐量范围内测试,超过吞吐量测试则该指标没有意义。

9. 时延抖动

时延抖动是指时延变化。数据业务对时延抖动不敏感。但由于 IP 上多种业务的出现,包括语音、视频业务,该指标才有测试的必要性。

10. 无故障工作时间

该指标按照统计方法指出设备无故障工作的时间。一般无法测试,可以通过主要器件的无故障工作时间计算或者通过大量相同设备的工作情况计算。

11. 内部时钟精度

有 ATM 端口做仿真电路或者有 POS 口的路由器互连,通常需要同步。如使用内部时钟,则其精度会影响误码率。内部时钟精度级别定义以及测试方法,可参见相应同步标准。

3.2.6 路由协议

典型的路由协议有两种,即静态路由协议和动态路由协议。

静态路由是在路由器中设置的固定的路由表,静态路由表不会发生变化。由于静态路由不能对网络的改变作出反应,一般用于网络规模不大、拓扑结构固定的网络中。静态路由的优点是简单、高效、可靠。在所有的路由中,静态路由优先级最高。当动态路由与静态路由发生冲突时,以静态路由为准。

动态路由是网络中的路由器之间相互通信、传递路由信息、利用收到的路由信息更新路由表的过程,它能实时地适应网络结构的变化。如果路由更新信息表明发生了网络变化,路由选择软件就会重新计算路由,并发出新的路由更新信息。这些信息通过各个网络,使各路由器重新启动其路由算法,并更新各自的路由表以动态地反映网络拓扑变化。动态路由适用于网络规模大、网络拓扑复杂的网络。当然,各种动态路由协议会不同程度地占用网络带宽和路由器的 CPU 资源。

静态路由和动态路由有各自的特点和适用范围,因此在网络中动态路由通常作为静态路由的补充。当一个分组在路由器中寻径时,路由器首先查找静态路由,如果查到则根据相应的静态路由转发分组,否则再查找动态路由。

根据是否在一个自治系统中使用,动态路由协议分为内部网关协议(IGP)和外部网关协议(EGP)。自治系统(Autonomous System,AS,也叫自治域)是一个具有统一管理机构、统一路由策略的网络。自治系统内部采用的路由选择协议称为内部网关协议,常用的有RIP、OSPF。外部网关协议主要用于多个自治系统之间的路由选择,常用的是 EGP 和BGP。内部路由协议在自治系统内部路由,而外部路由协议则在自治系统间路由。

1. 外部路由协议

最常见的外部路由协议是外部网关协议(External Gateway Protocol,EGP)和边界网关协议(Border Gateway Protocol,BGP),BGP 是较新的协议,已逐渐取代 EGP。

2. 内部路由协议

内部路由协议主要有路由信息协议(Route Information Protocol,RIP)和开放式最短路径优先协议(Open Shortest Path First,OSPF)。

1) RIP

RIP 是一种简单的内部路由协议,已经存在很久,被广泛地应用于路由器上。它使用距离向量算法,其路由选择只是基于两点间的"跳"数,穿过一个路由器认为是一跳,过多的跳数会使路由器认为该目的主机不可到达,规定最多 15 跳。主机和网关都可以运行 RIP,但主机只接收信息,并不发送信息。路由信息可以指定网关请求,但通常是每隔 30 秒广播一次以保证正确性。RIP 使用 UDP 通过端口 520 在主机和网关间通信,网关间传送的信息用于建立路由表。由 RIP 选定的路由总是距离目的主机跳数最少。

RIP 并没有任何链路质量的概念,所有的链路都被认为是相同的,即低速的串行链路被认为与高速的光纤链路是同样的。RIP 以最小的跳数来选择路由,没有链路流量等级的概念。例如对于两条以太网链路,其中一个很繁忙,另一个根本没有数据流,RIP 可能会因为其跳数少而选择繁忙的那条链路。

在很大的自治系统中,跳数很可能超过 15,因此使用 RIP 是不现实的。RIP v1 不支持子网,交换的信息中不含子网掩码,对给定路由确定子网掩码的方法各不相同。RIP v2 弥补了此缺点,它每隔 30 秒才进行信息更新,路由信息的稳定时间可能更长,并且在这段时间内可能产生路由环路。所以 RIP 是一个简单的路由协议,但有其局限性。

2) OSPF

OSPF 是一套链路状态路由协议,路由选择的变化基于网络中路由器物理连接的状态与速度,并且变化被立即广播到网络中的每一个路由器。OSPF 可以弥补 RIP 协议的缺点。1991 年,在 RFC 1247 中它被第一次标准化,最新的版本在 RFC 2328 中。

当一个 OSPF 路由器第一次被激活时,它使用 OSPF 的"hello 协议"来发现与它连接的邻节点,然后用 LSA(链路状态广播信息)和这些路由器交换链路状态信息。每个路由器都创建了由每个接口、对应相邻节点和接口速度组成的数据库。每个路由器从邻近路由器收到的 LSA 被继续向各自的邻接路由器传递,直到网络中每个路由器都收到了所有其他路由器的 LSA。

链路状态数据库不同于路由表,根据数据库中的信息,每个路由器计算到网络的每一目标的一条路径,创建以它为根的路由拓扑结构树,其中包含了形成路由表的最短路径优先树(SPF 树)。LSA 每 30 分钟被交换一次,除非网络拓扑结构有变化。例如,如果接口变化,信息立即通过网络广播,如果有多余路径,将重新计算 SPF 树。计算 SPF 树所需要的时间取决于网络规模的大小。由于这些计算,路由器运行 OSPF 需要占有更多 CPU 资源。

虽然 OSPF 协议是 RIP 强大的替代品,但是它执行时需要更多的路由器资源。如果网络中正在运行的是 RIP,并且没有发生任何问题,仍然可以继续使用。但若想在网络中利用基于标准协议的冗余链路,OSPF 协议是更好的选择。

3.2.7 路由器的种类

1. 按处理能力划分

从能力上分,路由器可分高端路由器和中低端路由器。但各厂家划分标准并不完全一致,通常将背板交换能力大于 40GB 的路由器称为高端路由器,背板交换能力在 40GB 以下的路由器称为中低端路由器。以市场占有率最大的 Cisco 公司为例,12000 系列为高端路由器,7500 以下系列路由器为中低端路由器。如图 3.12 所示是 Cisco 的高、中、低端的路由器产品。

图 3.12　Cisco 的高、中、低端的路由器产品

2. 按结构划分

从结构上分,路由器可分为模块化结构与非模块化结构。通常中高端路由器为模块化结构,低端路由器为非模块化结构。模块化结构可以灵活地配置路由器,以适应企业不断增加的业务需求,非模块化结构就只能提供固定的端口。图 3.13 所示分别为非模块化结构和模块化结构路由器产品。

图 3.13　非模块化结构和模块化结构路由器产品

3. 按所处网络位置划分

从网络位置上分,路由器可分为核心路由器与接入路由器。核心路由器位于网络中心,通常是使用高端路由器,要求有快速的包交换能力与高速的网络接口,通常是模块化结构。接入路由器位于网络边缘,通常使用中低端路由器,有相对低速的端口以及较强的接入控制能力。

4. 按功能划分

从功能上分,路由器可分为通用路由器与专用路由器。通常所说的路由器为通用路由器。专用路由器通常为实现某种特定功能,对路由器接口、硬件等做专门优化。如接入服务器用于拨号用户以增强 PSTN 接口及信令能力,VPN 路由器增强隧道处理能力以及硬件加密,宽带接入路由器强调宽带接口数量及种类等。

5. 按性能划分

从性能上分,路由器可分为线速路由器以及非线速路由器。通常线速路由器是高端路由器,能以媒体速率转发数据包,中低端路由器是非线速路由器。但是一些新的宽带接入路由器也有线速转发能力。

3.2.8　路由器的选型

1. 性能及冗余、稳定性

路由器的工作效率决定了它的性能,也决定了网络的承载数据量及应用。路由器的路由方式有软件方式与硬件方式两种。软件方式一般采用的是集中式路由,硬件方式可分成集中式与分布式的硬件转发方式,后者是新一代网络的代表。硬件转发方式可以有效改善数据传输中的延迟,提高网络的效率。

路由器的软件稳定性及硬件冗余性也是必须考虑的因素,一个完全冗余设计的路由器可以大大提高设备运行中的可靠性,同时软件系统的稳定也能确保用户应用的开展。

2. 路由器的几种接口

企业的网络建设必须要考虑带宽、连续性和兼容性,核心路由器的接口必须考虑在一个设备中可以同时支持的接口类型,例如各种铜芯缆及光纤接口的百兆/千兆以太网、ATM接口和高速 POS 接口等。

3. 端口数的确定

选择一款适用的路由器必然要考虑路由的端口数,市场上的选择很多,从几个端口到数百个端口都有,用户必须根据自己的实际需求及将来的扩展等多方面来考虑。一般而言,家用路由器的端口数多在 5 个以下,但对中小企业来说,几十个端口一般都能满足企业的需求,真正重要的是大型企业对端口数的选择,一般要先根据网段的数目做出统计,并对企业网络今后可能的发展做出预测,然后再选择端口数。

4. 路由器支持的标准协议及特性

在选择路由器时,必须要考虑路由器支持的各种开放标准协议。开放标准协议是设备互联的良好前提,所支持的协议则说明设计上的灵活与高效。例如看其是否支持完全的组播路由协议、MPLS 和冗余路由协议 VRRP 等。此外,在考虑常规 IP 路由的同时,有些企业还会考虑路由器是否支持 IPX、AppleTalk 路由。

有的设备厂商为提高路由的效率会开发出若干私有协议,用户在对这些特性的选择上最好先明确自己的需要,同时也要注意在核心技术上避免采用这类技术,因为不标准的协议说明不同设备厂商之间产品的不兼容,它会把用户困死在某一个设备厂商上,而且不标准的协议也常常被新型的开放协议所替代。

5. 确定管理方法的难易程度

路由器的管理特别重要,目前路由器的主流配置有 5 种。一种是傻瓜型路由器,不需要配置,主要用户群是家庭或者 SOHO。第二种是采用最简单 Web 配置界面的路由器,主要用户群是低端中小型企业,因为面向的是普通非专业人士,所以它的配置不能太复杂。第三种方式是借助终端通过专用配置线连接到路由器端口上做直接配置,因为刚买的路由器的配置文件还没有内容,所以用户购入路由器后都要先用这种方式做基本的配置,这种路由器的用户群是大型企业及专业用户,所以在设置上要比低端路由器复杂得多,而且现在的高端路由器都采用了全英文的命令式配置,应该由经过专门培训的专业化人士来进行管理、配置。

3.2.9 路由器的配置

1. 路由器的结构

路由器具有非常强大的网络连接和路由功能,可以与各种各样的不同网络进行物理连接,这就决定了路由器的接口技术的复杂性,越高档的路由器其接口种类也越多,因为它所能连接的网络类型也越多。路由器的端口主要分局域网端口、广域网端口和配置端口三类,下面分别进行介绍。

1) 局域网接口

常见的以太网接口主要有 AUI、BNC 和 RJ-45 接口,FDDI、ATM、千兆以太网等都有相应的网络接口,下面分别介绍主要的几种局域网接口。

(1) AUI 端口。

AUI 端口是用来与粗同轴电缆连接的接口,是一种 D 型 15 针接口,这在令牌环网或总线型网络中是一种比较常见的端口。路由器可通过粗同轴电缆收发器实现与 10Base-5 网络的连接,但更多的是借助于外接的收发转发器(AUI-to-RJ-45),实现与 10Base-T 以太网的连接。当然,也可借助于其他类型的收发转发器实现与细同轴电缆(10Base-2)或光纤(10Base-F)的连接。AUI 接口示意图如图 3.14 所示。

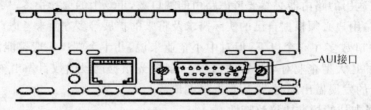

图 3.14 AUI 接口

(2) RJ-45 端口。

RJ-45 端口是最常见的端口,是双绞线以太网端口。因为在快速以太网中也主要采用双绞线作为传输介质,所以根据端口的通信速率不同,RJ-45 端口又可分为 10Base-T 网 RJ-45 端口和 100Base-TX 网 RJ-45 端口两类。10Base-T 网的 RJ-45 端口在路由器中通常标识为 ETH,而 100Base-TX 网的 RJ-45 端口则通常标识为 10/100BTX,如图 3.15 和图 3.16 所示。

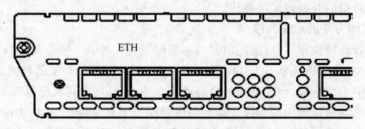

图 3.15 10Base-T 网 RJ-45 端口

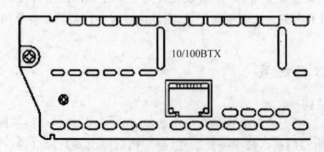

图 3.16 100Base-TX 的 RJ-45 端口

这两种 RJ-45 端口仅就端口本身而言是完全一样的,但端口中对应的网络电路结构是不同的,所以不能随便接。

(3) SC 端口。

SC 端口就是常说的光纤端口,用于与光纤的连接。光纤端口通常不直接用光纤连接至工作站,而是通过光纤连接到快速以太网或千兆以太网等具有光纤端口的交换机。这种端口一般高档路由器才有,都以 100B FX 标注,如图 3.17 所示。

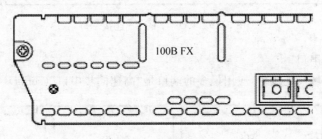

图 3.17　SC 端口

2) 广域网接口

路由器不仅能实现局域网之间的连接,更重要的应用还在于局域网与广域网、广域网与广域网之间的连接。但是因为广域网规模大,网络环境复杂,也就决定了路由器用于连接广域网的端口的速率要求非常高,在以太网中一般都要求在 100Mbps 快速以太网以上。下面介绍几种常见的广域网接口。

(1) RJ-45 端口。

利用 RJ-45 端口也可以建立广域网与 VLAN 以及与远程网络或 Internet 的连接。如果使用路由器为不同 VLAN 提供路由,可以直接利用双绞线连接至不同的 VLAN 端口,但要注意,这里的 RJ-45 端口所连接的网络一般都不是 10Base-T,而是 100Mbps 快速以太网以上。如果必须通过光纤连接至远程网络,或连接的是其他类型的端口,则需要借助于收发转发器才能实现彼此之间的连接。图 3.18 所示为快速以太网端口。

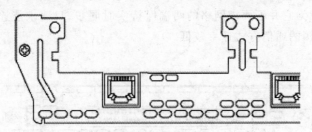

图 3.18　快速以太网端口

(2) AUI 端口。

AUI 端口在局域网中也提到过,用于与粗同轴电缆连接的网络接口。其实 AUI 端口也常被用于与广域网的连接,但是这种接口类型在广域网中应用得比较少。在 Cisco 2600 系列路由器上,提供了 AUI 与 RJ-45 两个广域网连接端口,如图 3.19 所示,用户可以根据自己的需要选择适当的类型。

交换机与路由器

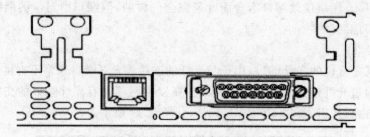

图 3.19　AUI 与 RJ-45 连接端口

（3）高速同步串口。

在路由器的广域网连接中，应用最多的端口是"高速同步串口"（serial），如图 3.20 所示。

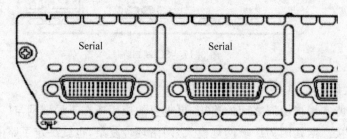

图 3.20　高速同步串口

这种端口主要用于连接目前应用非常广泛的 DDN、帧中继（frame relay）、X.25、PSTN（模拟电话线路）等网络连接模式。在企业网之间有时也通过 DDN 或 X.25 等广域网连接技术进行专线连接。这种同步端口一般要求速率非常高，因为一般来说通过这种端口所连接的网络的两端都要求实时同步。

（4）异步串口。

异步串口（ASYNC）主要是应用于 Modem 或 Modem 池的连接，如图 3.21 所示。主要用于实现远程计算机通过公用电话网接入网络。这种异步串口相对于同步串口来说，在速率上要求低许多，因为它并不要求网络的两端保持实时同步，只要求能连续即可，这主要是因为这种接口所连接的通信方式速率较低。

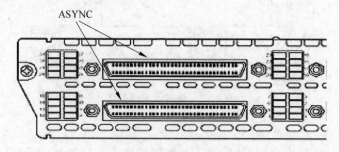

图 3.21　异步串口

（5）ISDN BRI 端口。

因 ISDN 这种互联网接入方式在连接速度上有其独特的一面，所以 ISDN 刚兴起时在互联网的连接方式上得到了充分的应用。ISDN BRI 端口用于 ISDN 线路通过路由器实现与 Internet 或其他远程网络的连接,可实现 128KBps 的通信速率。ISDN 有两种速率连接端口,一种是 ISDN BRI(基本速率接口),另一种是 ISDN PRI(基群速率接口)。ISDN BRI 端口采用 RJ-45 标准,与 ISDN NT1 的连接使用 RJ-45-to-RJ-45 直通线。如图 3.22 所示的 BRI 为 ISDN BRI 端口。

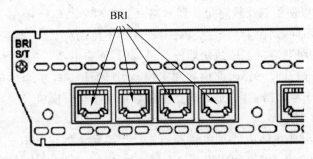

图 3.22　ISDN BRI 端口

3) 路由器配置端口

路由器的配置端口有两个,分别是 Console 和 AUX 端口。Console 端口通常是在进行路由器的基本配置时通过专用连线与计算机连接的,而 AUX 用于路由器的远程配置连接。

(1) Console 端口。

Console 端口使用专用连线直接连接至计算机的串口,利用终端仿真程序(如 Windows 下的“超级终端”)进行路由器本地配置。路由器的 Console 端口多为 RJ-45 端口。如图 3.23 所示就包含了一个 Console 配置端口。

(2) AUX 端口。

AUX 端口为异步端口,主要用于远程配置,也可用于拨号连接,还可通过收发器与 Modem 进行连接。AUX 端口与 Console 端口通常同时提供,因为它们各自的用途不一样。接口图示仍参见图 3.23。

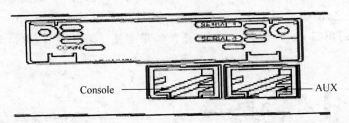

图 3.23　Console 配置端口

2. 路由器的硬件连接

路由器的接口类型非常多,它们各自用于不同的网络连接。下面通过讲解路由器的几种网络连接形式来进一步理解各种端口的连接应用环境。路由器的硬件连接根据端口类型,主要分为与局域网设备之间的连接、与广域网设备之间的连接以及与配置设备之间的连接三类。

1) 路由器与局域网接入设备之间的连接

局域网设备主要是指集线器与交换机,交换机通常使用的端口只有 RJ-45 和 SC,而集

交换机与路由器

线器使用的端口则通常为 AUI、BNC 和 RJ-45。下面介绍路由器和集线器各种端口之间是如何进行连接的。

（1）RJ-45-to-RJ-45。

这种连接方式就是路由器所连接的两端都是 RJ-45 接口，如果路由器和集线器均提供 RJ-45 端口，那么可以使用双绞线将集线器和路由器的两个端口连接在一起。需要注意，与集线器之间的连接不同，路由器和集线器之间的连接不使用交叉线，而是使用直通线。还要注意，集线器之间的级联通常是通过级联端口进行的，而路由器与集线器或交换机之间的互连是通过普通端口进行的。另外，路由器和集线器端口通信速率应当尽量匹配，否则应使集线器的端口速率高于路由器，并且最好将路由器直接连接至交换机。

（2）AUI-to-RJ-45。

这种情况主要出现在路由器与集线器相连。如果路由器仅拥有 AUI 端口，而集线器提供的是 RJ-45 端口，那么，必须借助于 AUI-to-RJ-45 收发器才可实现两者之间的连接。当然，收发器与集线器之间的双绞线跳线也必须使用直通线，连接示意图如图 3.24 所示。

（3）SC-to-RJ-45 或 SC-to-AUI。

这种情况一般是路由器与交换机之间的连接。如交换机只拥有光纤端口，而路由设备提供的是 RJ-45 端口或 AUI 端口，那么必须借助于 SC-to-RJ-45 或 SC-to-AUI 收发器才可实现两者之间的连接。收发器与交换机之间的双绞线跳线同样必须使用直通线，但实际交换机为纯光纤接口的情况非常少。

2）路由器与 Internet 接入设备的连接

路由器主要应用于因特网的连接，路由器与因特网接入设备的连接情况主要有以下几种。

（1）异步串行口。

异步串行口主要是用来与 Modem 设备连接，用于实现远程计算机通过公用电话网接入局域网。除此之外，也可用于连接其他终端。当路由器通过电缆与 Modem 连接时，必须使用 AYSNC-to-DB25 或 AYSNC-to-DB9 适配器来连接。路由器与 Modem 或终端的连接如图 3.25 所示。

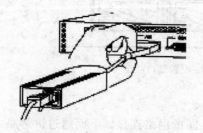
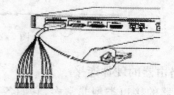

图 3.24　AUI-to-RJ-45 连接示意图　　　　图 3.25　异步串行口连接

（2）同步串行口。

路由器能支持的同步串行端口类型比较多，如 Cisco 系统就可以支持 5 种不同类型的同步串行端口，分别是 EIA/TIA-232 接口、EIA/TIA-449 接口、V.35 接口、X.21 串行电缆和 EIA-530 接口，所对应的适配器如图 3.26 所示。

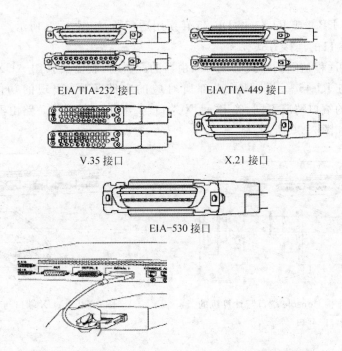

EIA/TIA-232 接口　　　　　EIA/TIA-449 接口

V.35 接口　　　　　X.21 接口

EIA-530 接口

图 3.26　同步串行口与 Internet 接入设备连接的示意图

（3）ISDN BRI 端口。

Cisco 路由器的 ISDN BRI 模块一般可分为两类，一是 ISDN BRI S/T 模块，二是 ISDN BRI U 模块。前者必须与 ISDN 的 NT1 终端设备一起才能实现与 Internet 的连接，因为 S/T 端口只能接数字电话设备，不适于现状，但通过 ISDN NT1 就可连接现有的模拟电话设备了，连接方法如图 3.27 所示。而后者由于内置有 NT1 模块（称为"NT1＋"）的终端设备，它的 U 端口可以直接连接模拟电话外线，因此无须再外接 ISDN NT1，可以直接连接至电话线墙板插座，如图 3.28 所示。

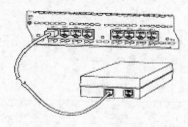

图 3.27　通过 NT1 连接

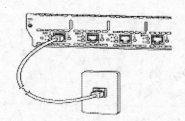

图 3.28　直接连接至电话线墙板插座

3）配置端口连接方式

与前面讲的一样，路由器的配置端口依据配置方式的不同，所采用的端口也不一样，主要的仍是两种，一种是本地配置所采用的 Console 端口，另一种是远程配置时采用的 AUX 端口，下面将分别讲述各自的连接方式。

（1）Console 端口的连接方式。

当使用计算机配置路由器时，必须使用翻转线将路由器的 Console 端口与计算机的串口/并口连接在一起，这种连接线一般需要特制，根据计算机端所使用的是串口还是并口，选择制作 RJ-45-to-DB-9 或 RJ-45-to-DB-25 转换用适配器,如图 3.29 所示。

(2) AUX 端口的连接方式。

当需要通过远程访问的方式实现对路由器的配置时,就需要采用 AUX 端口。AUX 的接口结构其实与 RJ-45 一样,只是内部所对应的电路不同,实现的功能也不同。根据 Modem 所使用的端口情况不同,确定 AUX 端口与 Modem 的连接。路由器的 AUX 端口与 Modem 的连接如图 3.30 所示。

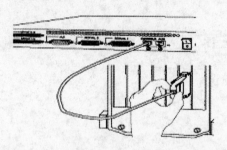 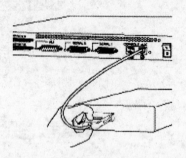

图 3.29　连接 Console 端口与计算机的　　　图 3.30　AUX 端口与 Modem 的连接
　　　　　串口/并口

第4章　路由器、交换机配置基础

教学目标

(1) 理解路由器、交换机的配置方式。

(2) 理解命令行方式的特点。

(3) 掌握网络设备的不同配置模式。

(4) 掌握帮助功能的使用方法。

(5) 了解编辑命令的使用方法。

(6) 掌握模式切换命令和查看命令的使用方法。

(7) 掌握常用配置命令的使用方法。

4.1　路由器、交换机的配置方式

作为互联网和局域网的关键设备，路由器和交换机需要进行配置后，才能按照指定的方式工作。如果没有进行配置，路由器将发挥不了任何作用，交换机也无法完成任何管理功能。路由器和交换机的常用配置方式有以下 5 种。

1) 本地终端配置方式

2) 拨号配置方式

3) Telnet 命令配置方式

4) 使用文件服务器配置方式

5) 使用 SNMP 协议配置方式

6) 以上 5 种配置方式的网络环境如图 4.1 所示。

在以上 5 种配置方式中，本地终端配置方式是最基本的配置方式。在对路由器和交换机进行首次配置时，都要使用这种方式。使用本地终端方式进行路由器配置的线缆连接方式如图 4.2 所示。

在图 4.2 中，计算机的串口通过串口到 RJ-45 适配器和全反线缆与路由器的控制台端口进行连接。需要说明的是，虽然全反线缆的两端使用 RJ-45 接口，但全反线缆并不属于以太网线缆的范畴。因此，本地终端方式不支持远程配置，只能在路由器或交换机的附近进行设备配置。

使用本地终端方式进行设备配置时，完成配置功能的计算机必须有相应的终端软件，例如 Windows 平台中自带的超级终端(hyper terminal)软件。使用超级终端软件进行路由器配置包含以下步骤。

(1) 将计算机的串口通过适配器和全反线缆与路由器的控制台端口进行连接。

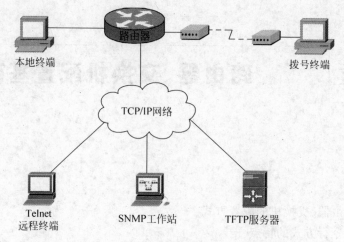

图 4.1　常用配置方式

图 4.2　本地终端方式的线缆连接

（2）运行超级终端软件、新建超级终端连接并进行命名。如图 4.3 所示给出的新建名称为 RouterA。

（3）选择串行接口 1，如图 4.4 所示。

（4）设置参数，端口参数设置如下。

每秒位数：9600 位；数据位：8 位；奇偶校验：无；停止位：1；数据流控制：无。具体形式如图 4.5 所示。

（5）启动路由器。

启动路由器后，超级终端软件窗体中将给出路由器的启动信息，如图 4.6 所示。

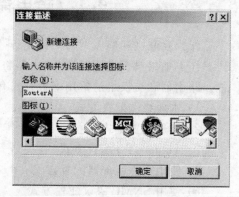

图 4.3　运行超级终端软件

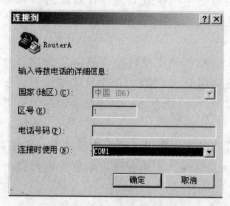

图 4.4　选择串行接口 1

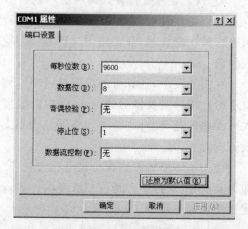

图 4.5　参数设置

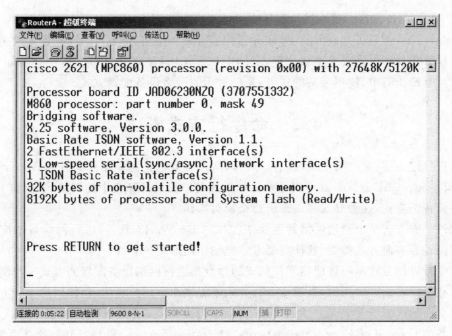

图 4.6　路由器的启动信息

（6）按 Enter 键进入路由器。

超级终端软件窗体中给出"Press RETURN to get started!"信息后,按 Enter 键即可进入路由器,实现对路由器的配置,如图 4.7 所示。

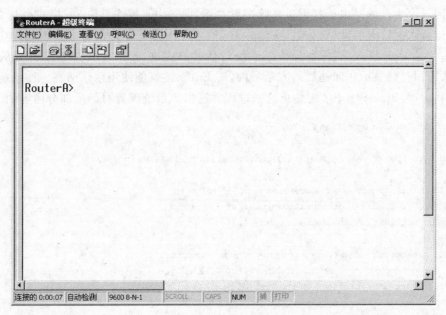

图 4.7　进入路由器

在 5 种设备配置方式中,除了本地终端方式外,其他 4 种配置方式都支持远程操作,其中拨号配置方式需要用到传统的电话网,将计算机通过调制解调器经电话网与路由器的辅

路由器、交换机配置基础

助端口 AUX 端口连接。现在拨号配置方式已经很少使用。

Telnet 命令配置方式、使用文件服务器配置方式和使用 SNMP 协议配置方式的共同之处在于计算机与路由器或交换机之间都使用 TCP/IP 网络进行连接。其中 Telnet 命令配置方式具有操作简单、使用灵活的优点，是最常用的网络设备配置方式。

4.2　命令行方式概述

在进行路由器、交换机配置时，有三种操作方式，分别是浏览器界面方式、软件界面方式和命令行界面(CLI)方式。其中浏览器界面方式是指使用计算机中的浏览器(例如 IE)来配置网络设备的方式，这种方式多用来进行交换机操作。

软件界面方式是指通过网络管理软件(例如 CiscoWorks 软件)进行网络设备配置的方式。与浏览器界面方式类似，软件界面方式也使用图形用户界面。

命令行界面方式是一种使用字符构成的命令来进行网络设备配置的方式。与浏览器界面方式和软件界面方式相比，虽然命令行方式不提供图形用户界面，但使用命令行方式能够实现更全面的配置管理功能。命令行方式是进行路由器、交换机配置的根本方式。Cisco 网络设备的 Cisco IOS(Cisco Inter-network Operating System，思科互联网操作系统)软件和华为网络设备的 VRP(Versatile Routing Platform，通用路由平台)软件等主流网络设备制造商的控制平台都使用命令行界面。

4.2.1　系统配置对话

不同厂家生产的路由器都提供系统配置对话，即 Setup 模式。Setup 模式也是 Cisco 路由器进行首次配置时的默认模式。Setup 模式的主要用途是在路由器上快速地建立一个基本配置。在 Setup 模式下，配置操作以系统对话的方式进行，对于许多系统配置的提示问题，默认的回答都显示在问题后的方括号内，按 Enter 键就能使用默认回答。在系统配置对话的过程中，可以按 Ctrl+C 键终止这一过程并退出。系统配置对话的部分内容如下。

```
    --- System Configuration Dialog ---

Would you like to enter the initial configuration dialog [yes/no]: y

At any point you may enter a question mark '?' for help.
Use ctrl-c to abort configuration dialog at any prompt.
Default settings are in square brackets '[]'.

Basic management setup configures only enough connectivity
for management of the system, extended setup will ask you
to configure each interface on the system

Would you like to enter basic management setup? [yes/no]: y
Configuring global parameters:

    Enter host name [Router]:
```

实际的系统配置对话内容较多，这里只给出了开始的部分。在系统配置对话过程中，需要依次对当前设备的名称、口令、网络协议、路由协议、接口参数等内容进行配置。配置对话过程结束后,屏幕将会显示所创建的配置并询问是否将配置保存到 NVRAM。

4.2.2 CLI 命令模式

路由器、交换机根据操作权限和内容的不同将命令行方式进行分级。需要说明的是,不同厂家网络设备对于命令行方式的分级在级别数量和级别名称上有所差别。Cisco 网络设备的分级方式是将命令行方式划分成 4 个不同的模式,华为网络设备的分级方式是将命令行方式分成 3 个不同的视图。网络管理人员使用命令行方式进行交换机、路由器配置时,将会根据所做操作的不同而选择进入不同的 CLI 命令模式或视图。

Cisco 网络设备的 4 种 CLI 命令模式如下。

1) 用户模式
2) 特权模式
3) 全局配置模式
4) 特定配置模式

用户模式是低权限的模式。登录网络设备后将首先进入用户模式,用户模式仅允许基本的监测命令,在这种模式下不能改变路由器的配置。

特权模式是高权限的模式。特权模式下可以使用更多的命令,特权模式主要用于对网络设备进行详细的检查。如果需要对网络设备进行具体的配置,则需要进入相应的配置模式。

全局配置模式用于进行全局性的配置。在这种模式下所做的配置将对整个设备产生全局性的影响。进行配置时,必须先进入特权模式,然后才能进入全局配置模式。

特定配置模式用于对当前设备的某个部件、某项功能或某种协议进行配置。例如,对路由器的接口、路由协议进行配置,对交换机的虚拟局域网(VLAN)进行配置等。根据具体配置内容的不同,特定配置模式有多种不同的形式。

在命令行方式下,不同的模式具有不同的提示符。假设当前 Cisco 路由器的名称为 RouterA。表 4.1 给出了用户模式、特权模式和全局配置模式分别对应的提示符,表 4.2 给出了常用的不同特定配置模式分别对应的提示符。

表 4.1 用户模式、特权模式和全局配置模式对应的提示符

CLI 命令模式	提 示 符
用户模式	RouterA>
特权模式	RouterA#
全局配置模式	RouterA(config)#

表 4.2 常用的特定配置模式和对应的提示符

特定配置模式	提 示 符
接口(Interface)	RouterA(config-if)#
子接口(Subinterface)	RouterA(config-subif)#
控制器(Controller)	RouterA(config-controller)#
线终端(Line)	RouterA(config-line)#
路由协议(Router)	RouterA(config-router)#

华为网络设备的 3 种 CLI 命令视图如下。

1）用户视图

2）系统视图

3）接口视图

华为网络设备用户视图的功能与权限类似于 Cisco 网络设备的用户模式。华为网络设备系统视图的功能与权限相当于 Cisco 网络设备的特权模式和全局配置模式功能与权限的集合。华为网络设备接口视图的功能与权限类似于 Cisco 网络设备的特定配置模式。

与 Cisco 网络设备一样，华为网络设备的不同 CLI 命令视图也具有不同的提示符。假设当前华为路由器的名称为 Quidway，表 4.3 给出了用户视图、系统视图和接口视图分别对应的提示符。

表 4.3 华为网络设备的用户视图、系统视图和接口视图及对应的提示符

CLI 命令视图	提 示 符
用户视图	<Quidway>
系统视图	[Quidway]
接口视图	[Quidway -Ethernet0/0]

4.2.3　帮助功能

使用命令行方式进行路由器、交换机的配置时，需要掌握具体的配置命令。不同的配置命令在所处模式、语法结构、参数形式上各不相同，因此，命令行配置方式掌握起来有一定难度。为此，Cisco 网络设备的 Cisco IOS 软件和华为网络设备的 VRP 软件等主流网络设备制造商的控制平台都提供了强大的帮助功能。正确地使用帮助功能将对学习命令行配置方式提供极大的帮助。下面以配置 Cisco 路由器的时间信息为例，介绍 Cisco IOS 软件平台提供的帮助功能。

任何模式下，在提示符后输入一个问号，就能够获得当前模式下可以使用的所有命令和这些命令的功能介绍。

例如，在路由器 RouterA 的特权模式下直接输入一个问号，这时系统将会把特权模式下的所有命令以列表的形式给出。

```
RouterA#?
Exec commands:
    access - enable      Create a temporary Access - List entry
    access - profile     Apply user - profile to interface
    access - template    Create a temporary Access - List entry
    archive              manage archive files
    bfe                  For manual emergency modes setting
    cd                   Change current directory
    clear                Reset functions
    clock                Manage the system clock
    configure            Enter configuration mode
    connect              Open a terminal connection
```

```
      copy              Copy from one file to another
      debug             Debugging functions (see also 'undebug')
      delete            Delete a file
      dir               List files on a filesystem
      disable           Turn off privileged commands
      disconnect        Disconnect an existing network connection
      enable            Turn on privileged commands
      erase             Erase a filesystem
      exit              Exit from the EXEC
      help              Description of the interactive help system
      isdn              Run an ISDN EXEC command on a BRI interface
 -- More --
```

这里只给出了特权模式下第一页的命令。在命令行方式下,如果当前模式下命令较多,终端将会分页显示这些命令。如果用户按 Enter 键,将多显示一行的内容;如果用户按空格键,将显示下一页的内容。

除了能够查看命令外,命令行方式还可以在配置过程中为用户提供更多的帮助。下面以配置路由器时间为例,介绍命令行方式的帮助功能。

若用户需要设定路由器 RouterA 的时间,但将配置时间的命令 clock 错误地写成 clok,由于 clok 不是当前模式下的任何命令,系统将会认为 clok 是当前路由器可访问的某台计算机或网络节点的名称并试图进行访问。

```
RouterA#clok
Translating "clok"…domain server (255.255.255.255)

Translating "clok"…domain server (255.255.255.255) (255.255.255.255)
 % Unknown command or computer name, or unable to find computer
address
RouterA#
```

若用户只知道配置路由器时间命令的前两个字母是 cl,并不知道命令的具体拼写形式,可以在输入字母 cl 后直接输入问号。这样,系统将给出当前模式下所有以 cl 开头的命令。

```
RouterA#cl?
clear clock
```

用户根据系统提供的帮助信息可知配置时间的命令的拼写形式是 clock。用户输入 clock 并按 Enter 键后,系统将会提示命令不完整。这时,可以在命令 clock 的后面先输入空格,然后再输入问号,系统将给出 clock 之后应当输入的内容。

```
RouterA#clock
 % Incomplete command.

RouterA#clock ?
    set Set the time and date
```

继续采用上面给出的方法可以不断地获得系统的帮助和提示信息。如果输入了错误的命令、关键字或参数,系统也会给出提示并指出错误的位置以帮助改正。直到将当前路由器

路由器、交换机配置基础

的时间设定成功。

```
RouterA # clock set
% Incomplete command.

RouterA # clock set ?
    hh:mm:ss Current Time

RouterA # clock set 10:20:30
% Incomplete command.

RouterA # clock set 10:20:30 ?
    < 1 - 31 > Day of the month
  MONTH Month of the year

RouterA # clock set 10:20:30 3 5 2009
                        ^

% Invalid input detected at '^' marker.

RouterA # clock set 10:20:30 3 ?
  MONTH   Month of the year

RouterA # clock set 10:20:30 3 may ?
    < 1993 - 2035 >   Year

RouterA # clock set 10:20:30 3 may 2009 ?
  < cr >

RouterA # clock set 10:20:30 3 may 2009
RouterA #
```

此外,配置路由器、交换机的时候,允许对输入的命令或参数进行缩写处理,即使用某命令或参数的前几个字母来表示这个命令或参数,其原则是给出的前几个字母能唯一地表示这个命令或参数而不会产生二义性。

例如,如果将设定路由器时间的命令按下面方式输入,系统将给出错误信息。

```
RouterA # cl set 10:20:30 3 may 2009
% Ambiguous command: "cl set 10:20:30 3 may 2009 "
RouterA #
```

这是由于在当前模式下以字符串 cl 开头的命令有 clear 和 clock 两个,因此字符串 cl 不足以表示 clock 命令。如果用字符串 clo 将可以表示 clock 命令。所以,按下面方式输入,可以设定成功。

```
RouterA # clo set 10:20:30 3 may 2009
RouterA #
```

表 4.4 给出了不同位置输入问号可以获得的帮助信息。表 4.5 给出了系统各种提示信息的含义。

表 4.4　不同位置输入问号可以获得的帮助信息

输入问号的位置	帮 助 信 息
模式提示符后直接输入问号	当前模式下所有命令的列表
给定字母后输入问号	当前模式下以给定字母开头的所有命令
给定命令后输入空格再输入问号	给定命令应当输入的后续内容或参数

表 4.5　系统各种提示信息的含义

系统提示信息	含　　义
% Unknown command or computer name, or unable to find computer	未知的命令或主机,或不能找到主机地址
% Ambiguous command	不够明确的模糊命令
% Incomplete command	不完整的命令
% Invalid input detected at '^' marker	错误的输入在'^'指出的位置

需要说明的是,不同厂家或不同软件平台版本的路由器、交换机所给出帮助提示信息的具体形式和含义存在一定的差别。

4.2.4　编辑命令

在使用命令行方式进行路由器、交换机的配置过程中,系统提供了对命令行的编辑功能。具体包括移动光标在命令行中的位置、调用使用过的命令等。合理地使用编辑功能将有效地提高配置操作的效率。表 4.6 给出了 Cisco IOS 软件的编辑命令。

表 4.6　编辑命令

编 辑 命 令	功　　能
Backspace	删除光标左边的一个字符
Ctrl + d	删除光标所在的一个字符
Ctrl + k	删除光标右边的内容
Ctrl + u	删除光标左边的内容
Ctrl + a	光标移至命令行开头
Ctrl + e	光标移至命令行末尾
Ctrl + f	光标前移一个字符
Ctrl + b	光标后移一个字符
Esc + f	光标前移一个词
Esc + b	光标后移一个词
Ctrl + p 或向上箭头	调用前一条命令
Ctrl + n 或向下箭头	调用后一条命令
Tab	快捷方式

作为快捷方式,用户输入命令时,可以输入能够表示该命令的唯一字符串,然后按 Tab 键,系统界面会自动给出命令的完整拼写形式。

路由器、交换机配置基础

4.3 常用基本命令

4.3.1 模式切换命令

配置路由器、交换机时,需要经常根据所做操作的不同而在不同的模式(或视图)间切换。Cisco 网络设备有 4 种 CLI 命令模式。Cisco 网络设备上实现模式切换的常用命令如表 4.7 所示。

表 4.7 Cisco 网络设备上实现模式切换的常用命令

命　令	功　能
enable	从用户模式进入特权模式
configure terminal	从特权模式进入全局配置模式
interface	从全局配置模式进入接口配置模式
exit	返回到上一级模式
end/Ctrl＋Z	从全局配置模式或接口配置模式返回到特权模式
disable	从特权模式返回到用户模式

例如,在 Cisco 路由器 RouterA 上进行模式切换的过程如下:

```
RouterA＞enable
RouterA♯configure terminal
Enter configuration commands, one per line. End with CNTL/Z.
RouterA(config)♯interface fastEthernet 0/1
RouterA(config-if)♯exit
RouterA(config)♯exit
RouterA♯
00:14:35: ％SYS-5-CONFIG_I: Configured from console by console
RouterA♯disable
RouterA＞
```

华为网络设备有 3 种 CLI 命令视图。华为网络设备上实现模式切换的常用命令如表 4.8 所示。

表 4.8 华为网络设备上实现模式切换的常用命令

命　令	功　能
system-view	从用户视图进入全局视图
interface	从全局视图进入接口视图
quit	返回到上一级视图

例如,在华为路由器 Quidway 上进行视图切换的过程如下。

```
＜Quidway＞
＜Quidway＞system-view
System View: return to User View with Ctrl+Z.
[Quidway]
[Quidway]interface Ethernet 0/0
```

```
[Quidway-Ethernet0/0]quit
[Quidway]quit
<Quidway>
```

4.3.2 查看类命令

进行路由器、交换机配置和管理时，最常用到的一类命令就是查看类命令。在输入具体的配置命令前需要查看设备的信息，配置命令输入完成后需要查看配置命令是否生效。熟悉和掌握各种查看类命令能够显著提高网络设备配置和管理的效率和成功率。Cisco 网络设备上的 show 命令用来实现查看的功能。表 4.9 给出了常用的 show 命令。

表 4.9　常用的 show 命令

命　　令	功 能 说 明
show version	显示 Cisco IOS 软件映像的版本信息
show startup-configuration	显示 NVRAM 中的配置文件
show running-configuration	显示当前在 RAM 中运行的配置
show interface	显示接口的信息
show protocol	显示网络层协议的相关信息
show clock	显示时间信息
show vlan	显示交换机上虚拟局域网的信息

例如，在 Cisco 路由器 RouterA 上使用 show version 命令。

```
RouterA # show version
Cisco Internetwork Operating System Software
IOS (tm) C2600 Software (C2600-I-M), Version 12.2(5d), RELEASE SOFTWARE (fc1)
Copyright (c) 1986 - 2002 by cisco Systems, Inc.
Compiled Sat 02 - Feb - 02 03:36 by kellythw
Image text - base: 0x80008088, data - base: 0x80989870
ROM: System Bootstrap, Version 12.2(6r), RELEASE SOFTWARE (fc1)
RouterA uptime is 16 minutes
System returned to ROM by power - on
System restarted at 10:10:22 UTC Sun May 3 2009
System image file is "flash:c2600 - i - mz.122 - 5d.bin"
cisco 2621 (MPC860) processor (revision 0x00) with 27648K/5120K bytes of memory.
Processor board ID JAD06230NZQ (3707551332)
M860 processor: part number 0, mask 49
Bridging software.
X.25 software, Version 3.0.0.
Basic Rate ISDN software, Version 1.1.
2 FastEthernet/IEEE 802.3 interface(s)
2 Low - speed serial(sync/async) network interface(s)
1 ISDN Basic Rate interface(s)
32K bytes of non - volatile configuration memory.
8192K bytes of processor board System flash (Read/Write)
Configuration register is 0x2102
```

上述显示信息依次给出了当前 Cisco 路由器 IOS 软件的版本号 12.2(5d)，ROM 中启动程序的版本号 12.2(6r),路由器的运行时间 16minutes,路由器上次启动的原因 power-on,IOS 软件的文件名 c2600-i-mz.122-5d.bin,路由器 CPU 的型号和 RAM 的容量,接口类型和数量,NVRAM 的容量 32K,flash 的容量 8192K,配置寄存器的值 2102H。

在 Cisco 路由器 RouterA 上使用 show startup-configuration 命令。

```
RouterA# show startup-config
Using 688 out of 29688 bytes
!
! Last configuration change at 10:24:54 UTC Sun May 3 2009
! NVRAM config last updated at 10:29:06 UTC Sun May 3 2009
!
version 12.2
service timestamps debug uptime
service timestamps log uptime
no service password-encryption
!
hostname RouterA
!
ip subnet-zero
!
interface FastEthernet0/0
 no ip address
 shutdown
 --More--
```

在 Cisco 路由器 RouterA 上使用 show running-configuration 命令。

```
RouterA# show running-config
Building configuration…

Current configuration : 629 bytes
!
! Last configuration change at 10:24:54 UTC Sun May 3 2009
!
version 12.2
service timestamps debug uptime
service timestamps log uptime
no service password-encryption
!
hostname RouterA
!
ip subnet-zero
!
interface FastEthernet0/0
 no ip address
 shutdown
 --More--
```

从两条命令输出的结果可以看到,虽然 show startup-configuration 命令和 show running-configuration 命令都用来输出配置信息,但由于 show startup-configuration 命令

用来显示 NVRAM 中的配置文件,而 show running-configuration 命令用来显示当前在 RAM 中运行的配置,因此输出结果上有所差别。此外,show startup-configuration 命令输出信息的第一行给出了 NVRAM 的总容量和配置文件所占用的容量。

华为网络设备上的 display 命令用来实现查看的功能。表 4.10 给出了常用的 display 命令。

表 4.10 常用的 display 命令

命 令	功 能 说 明
display version	显示 VRP 软件版本信息
display saved-configuration	显示 NVRAM 中的配置文件
display current-configuration	显示当前在 RAM 中运行的配置
display interface	显示接口的信息
display version vlan all	显示交换机上虚拟局域网的信息

例如,在华为路由器 Quidway 上使用 display current-configuration 命令。

```
[Quidway] display current - configuration
#
 sysname Quidway
#
 FTP server enable
#
 l2tp domain suffix - separator @
#
radius scheme system
#
domain system
#
local - user admin
   password
cipher . ]@USE = B, 53Q = ^Q`MAF4 <<"TX $ _S#6. NM(0 = 0\) * 5WWQ = ^Q`MAF4 <<"TX $ _S#6. N
 service - type telnet terminal
 level 3
 service - type ftp
#
interface Aux0
 async mode flow
#
interface Ethernet0/0
 ip address dhcp - alloc
#
  ---- More ----
```

4.3.3 常用全局配置命令

1. 配置设备名称

配置设备名称是路由器、交换机配置时最初的操作之一。通过为设备命名,能唯一地标识网络中的每台设备,以便更好地管理网络。Cisco 网络设备在全局配置模式下使用 hostname 命令完成对网络设备的命名,hostname 命令生效后设备的名称将立刻改变。

例如,将 Cisco 路由器命名为 Center。

```
Router(config) # hostname Center
Center(config) #
```

华为网络设备在系统视图下使用 sysname 命令进行网络设备的命名,命令生效后设备的名称将立刻改变。

例如,将华为路由器命名为 Remote。

```
[Quidway]sysname Remote
[Remote]
```

2. 配置登录横幅

登录横幅(login banner)是显示在登录时的信息,实际上是一些说明性的信息。尝试登录设备的任何人都可以看到登录横幅,因此,登录横幅的信息应该是对非授权登录尝试的警告。这样可以通知访问者,任何进一步的入侵尝试都是不希望发生和违法的。例如,可以配置下面的登录横幅。

```
This is a secure system. Authorized access only!
```

在全局配置模式下配置登录横幅,命令是 banner motd。具体配置时,在 banner motd 命令后的两个"#"间输入的信息将作为登录横幅。

例如,配置 Cisco 路由器的登录横幅。

```
Center(config) # banner motd #
This is a secure system. Authorized access only! #
```

4.3.4　接口基本配置

1. 接口的打开与关闭

虽然接口是物理设备,但网络管理人员可以使用相关的命令来实现接口的打开与关闭。在 Cisco 网络设备上,使用 shutdown 命令来实现接口的关闭,使用 no shutdown 命令来实现接口的打开。实际上,对于某些厂家的路由器,在初始配置文件中,所有用来和网络相连的接口都因为包含了 shutdown 命令而处于关闭状态。在网络设备配置的过程中,可以在接口上相继使用 shutdown 命令和 no shutdown 命令来实现接口的重新启动。

例如,在 Cisco 路由器 RouterA 的 fastethernet 0/1 接口上使用关闭与打开命令。

```
RouterA(config) # interface fastethernet 0/1
RouterA(config- if) # shutdown
RouterA(config- if) # no shutdown
```

需要说明的是,在 Cisco 网络设备上,类似于 shutdown 命令和 no shutdown 命令,各种配置类命令前加上 no 后,都可以实现相反的功能。华为网络设备的配置过程中,undo 的功能相当于 Cisco 网络设备 no 的功能。与 Cisco 网络设备一样,华为网络设备上关闭接口的命令也是 shutdown,不同的是华为网络设备上打开接口的命令是 undo shutdown。

例如,在华为路由器 Quidway 的 ethernet 0/1 接口上使用关闭与打开命令。

```
[Quidway]interface ethernet 0/1
[Quidway-ethernet0/1]shutdown
[Quidway-ethernet0/1] undo shutdown
```

2. 配置串行接口时钟频率和带宽

作为网络互连设备,路由器提供了用来与局域网相连的以太网接口,也提供了用来与广域网相连的串行接口。在实验室环境里可以用两台路由器间的对接串行接口线缆来模拟广域网环境。连接形式如图 4.8 所示,两台对接的串行接口线缆中必然有一条是 DCE 线缆,而另一条是 DTE 线缆。

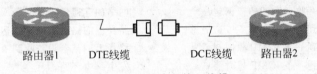

图 4.8　对接串行接口线缆

两台路由器和对接串行接口线缆连接完成后,需要在 DCE 线缆相连的接口配置时钟频率,否则线路将无法正常工作。使用 clockrate 命令配置时钟频率。此外,还可以在串行接口上使用 bandwidth 命令来配置带宽。

例如,在 Cisco 路由器 RouterA 的串行接口 serial 0/1 上配置时钟频率和带宽。

```
RouterA(config)# interface serial 0/1
RouterA(config-if)# clockrate 64000
RouterA(config-if)# bandwidth 128
RouterA(config-if)# no shutdown
```

在上面的命令中,路由器 RouterA 的串行接口 serial 0/1 的时钟频率配置为 64kHz,带宽配置为 128Kbps。

3. 配置接口 IP 地址

Cisco 网络设备和华为网络设备上配置接口 IP 地址的命令都是 ip address。具体配置时,需要给出接口的 IP 地址和子网掩码。

例如,给 Cisco 路由器 RouterA 的串行接口 serial 0/1 配置 IP 地址。

```
RouterA(config)# interface serial 0/1
RouterA(config-if)# ip address 192.168.1.1 255.255.255.0
```

4. 配置接口描述

给网络设备的接口配置描述信息可以方便网络管理,有助于提高网络管理工作的效率。Cisco 网络设备上使用 description 命令配置接口描述信息。

例如,给 Cisco 路由器 RouterA 的串行接口 serial 0/1 配置接口描述信息。

```
RouterA(config)# interface serial 0/1
RouterA(config-if)# description Link to remote network
```

经过上面的配置后,字符串 Link to remote network 将成为串行接口 serial 0/1 的接口描述信息。

路由器、交换机配置基础

5. 链路测试命令

与计算机系统一样,路由器和交换机也提供了用于进行网络连通性测试的 ping 命令。网络设备中 ping 命令的原理与计算机中的 ping 命令相同,都是使用 ICMP 协议中的 echo request 和 echo reply 命令来测试网络的连通性。网络设备中 ping 命令的用法也与计算机中的 ping 命令基本相同,但网络设备中使用 ping 命令后的返回信息与计算机有较大的差别。表 4.11 给出了 Cisco 网络设备上 ping 命令的返回代码和含义。

表 4.11   Cisco 网络设备上 ping 命令返回代码和含义

代码	含　义	可能的原因
!	收到了返回的数据包	当前设备到目的地间网络的连通性正常
.	没有收到返回的数据包	网络的连通性存在问题
U	收到一条 ICMP 不可达消息	路径上的路由器没有到达目的主机的路由
C	收到一条 ICMP 源抑制消息	路径上的某台设备收到了过多的流量
&	收到一条 ICMP 超时消息	发生路由环路

例如,在 Cisco 路由器 RouterA 上使用 ping 命令。

```
RouterA#ping 192.168.1.2
Type escape sequence to abort.
Sending 5, 100-byte ICMP Echos to 192.168.1.2, timeout is 2 seconds:
!!!!!
Success rate is 100 percent (5/5), round-trip min/avg/max = 28/28/32 ms
RouterA#ping 192.168.1.3
Type escape sequence to abort.
Sending 5, 100-byte ICMP Echos to 192.168.1.3, timeout is 2 seconds:
...
Success rate is 0 percent (0/5)
RouterA#
```

在上面的两条 ping 命令中,第一条命令的返回信息是 5 个叹号,代表发出 5 个 echo request 数据包后成功地收到了 5 个 echo reply 应答消息,即成功率为百分之百,说明当前设备到目的主机间的连通性正常。第二条命令的返回信息是 5 个点号,代表发出 5 个 echo request 数据包后,在规定时间内没有收到与之对应的 echo reply 应答消息,即成功率为零,说明当前设备到目的主机间的网络连通性不正常。

华为网络设备上 ping 命令的返回信息与 Windows 操作系统的计算机类似。

例如,在华为路由器 Quidway 上使用 ping 命令。

```
[Quidway]ping 172.16.1.2
    PING 172.16.1.2: 56   data bytes, press CTRL_C to break
    Reply from 172.16.1.2: bytes = 56 Sequence = 1 ttl = 64 time = 2 ms
    Reply from 172.16.1.2: bytes = 56 Sequence = 2 ttl = 64 time = 2 ms
    Reply from 172.16.1.2: bytes = 56 Sequence = 3 ttl = 64 time = 2 ms
    Reply from 172.16.1.2: bytes = 56 Sequence = 4 ttl = 64 time = 2 ms
    Reply from 172.16.1.2: bytes = 56 Sequence = 5 ttl = 64 time = 2 ms
    --- 172.16.1.2 ping statistics ---
    5 packet(s) transmitted
    5 packet(s) received
```

```
    0.00% packet loss
    round-trip min/avg/max = 2/2/2 ms

[Quidway]ping 172.16.1.3
 PING 172.16.1.3: 56   data bytes, press CTRL_C to break
    Request time out
    Request time out
    Request time out
    Request time out
    Request time out
 --- 172.16.1.3 ping statistics ---
    5 packet(s) transmitted
    0 packet(s) received
    100.00% packet loss
```

上面两条 ping 命令中,第一条 ping 命令的返回信息显示连通性正常,第二条 ping 命令的返回信息显示无法连通。

6. 检查接口状态

对于路由器和交换机这样的网络设备来说,接口是用来与其他网络和设备连接的关键部件,在网络管理的过程中需要经常检查接口的状态。show interface 是 Cisco 网络设备检查接口状态的最常用命令,在实际操作过程中,经常在 show interface 后面给出具体的接口,以便检查特定接口的状态。

例如,在 Cisco 路由器 RouterA 上检查特定接口 serial 0/1 的状态。

```
RouterA# show interface serial 0/1
Serial0/1 is up, line protocol is up
  Hardware is PowerQUICC Serial
  Internet address is 192.168.1.1/24
  MTU 1500 bytes, BW 128 Kbit, DLY 20000 usec,
      reliability 255/255, txload 1/255, rxload 1/255
  Encapsulation HDLC, loopback not set
  Keepalive set (10 sec)
  Last input 00:00:02, output 00:00:00, output hang never
  Last clearing of "show interface" counters never
  Input queue: 0/75/0/0 (size/max/drops/flushes); Total output drops: 0
  Queueing strategy: weighted fair
  Output queue: 0/1000/64/0 (size/max total/threshold/drops)
    Conversations   0/2/32 (active/max active/max total)
    Reserved Conversations 0/0 (allocated/max allocated)
    Available Bandwidth 96 kilobits/sec
  5 minute input rate 0 bits/sec, 0 packets/sec
  5 minute output rate 0 bits/sec, 0 packets/sec
    30 packets input, 3081 bytes, 0 no buffer
    Received 19 broadcasts, 0 runts, 0 giants, 0 throttles
    0 input errors, 0 CRC, 0 frame, 0 overrun, 0 ignored, 0 abort
    35 packets output, 3704 bytes, 0 underruns
    0 output errors, 0 collisions, 5 interface resets
    0 output buffer failures, 0 output buffers swapped out
    8 carrier transitions
```

路由器、交换机配置基础

```
        DCD = up   DSR = up   DTR = up   RTS = up   CTS = up
RouterA#
```

上面命令中给出了路由器 RouterA 上接口 serial 0/1 的很多重要信息和参数。其中第一行给出了接口物理线路和数据链路协议的状态,后面相继给出了接口的硬件类型、IP 地址(192.168.1.1/24),最大传输单元(MTU,1500B)、带宽(BW,128kBps)、延迟(DLY,20000 usec)、可靠度(reliability,255/255)、负载度(txload,1/255;rxload,1/255),封装方式(HDLC)等重要的信息,在这些信息之后还给出了大量的数据包统计信息。

show interface 命令所给出的第一行信息直接体现了接口的工作状态,表 4.12 给出了该信息的不同形式和含义。

表 4.12 接口状态信息

show interface serial 0/1 命令的第一行信息	含 义
Serial 0/1 is up, line protocol is up	物理层和数据链路层工作正常
Serial 0/1 is up, line protocol is down	物理层工作正常,数据链路层存在问题
Serial 0/1 is down, line protocol is down	接口未连接或物理层工作不正常
Serial 0/1 is administratively down, line protocol is down	接口被 shutdown 命令关闭

除了 show interface 命令,show ip interface brief 命令也可以有效地检查网络设备的接口状态。show ip interface brief 命令用来显示当前设备所有接口的主要信息,包括物理层和数据链路层的状态、接口 IP 地址等。

例如,在 Cisco 路由器 RouterA 上使用 show ip interface brief 命令。

```
RouterA# show ip interface brief
Interface          IP-Address      OK?  Method   Status                  Protocol
FastEthernet0/0    12.0.0.1        YES  NVRAM    up                      down
Serial0/0          unassigned      YES  NVRAM    down                    down
FastEthernet0/1    unassigned      YES  NVRAM    administratively down   down
Serial0/1          192.168.1.2     YES  manual   up                      up
Serial0/2          unassigned      YES  NVRAM    administratively down   down
Serial0/3          unassigned      YES  NVRAM    administratively down   down
Loopback1          1.1.1.1         YES  NVRAM    up                      up
RouterA#
```

华为网络设备使用 display interface 命令检查接口状态,其显示的信息与 Cisco 网络设备的 show interface 命令相似。同样,华为网络设备中的 display ip interface brief 命令具有与 Cisco 网络设备 show ip interface brief 命令相同的功能。

第 5 章 交换机配置

教学目标

(1) 通过对交换机的学习,加深对交换机工作原理的认识,掌握其在各种网络环境下的应用。

(2) 通过对交换机各项应用及其配置方法的学习,加强对交换机相关概念和基本原理的认识,增强动手能力和分析实验结果的能力。

5.1 交换机 VLAN 的端口划分及配置

5.1.1 常见的交换机类型

按照不同的标准,交换机可被分为许多种类。

1. 按交换机的结构划分

1) 固定端口交换机

固定端口交换机就是交换机所带有的端口数量是固定的,不能添加或减少,这种固定端口的交换机最为常见。端口数量标准有 8 端口、16 端口和 24 端口。还有些交换机端口数是非标准的,主要有 4 端口、5 端口、10 端口、12 端口、20 端口、22 端口和 32 端口等。

固定端口交换机较便宜,一般适用于小型网络、桌面交换环境,但其使用也具有一定的局限性,即只能提供数量有限、类型固定的端口,连接的用户数量及使用的传输介质有一定的局限性。

2) 模块化交换机

相比固定端口交换机,使用模块化交换机,用户可任意选择不同数量、不同速率和不同端口类型的模块,具有更大的灵活性和可扩充性,可以适应不同的网络需求,但其价格比固定端口交换机贵得多。

2. 按使用的网络技术划分

1) 以太网交换机

以太网交换机就是以太网中使用的交换机。带宽可分为 10Mbps、100Mbps 及 1000Mbps。这类交换机在网络中应用最多。

2) ATM 交换机

ATM 交换机是用于 ATM 网络的交换机产品。ATM 网络主要用于电信网的主干网段,因此一般网络用户接触不到 ATM 交换机,在市场上也很少能见到。

3）FDDI 交换机

FDDI 交换机是用于 FDDI 网络的交换机，随着快速以太网技术的广泛应用，FDDI 技术也就失去了原有的市场。如今 FDDI 交换机已很少见，其接口形式为光纤接口。

3. 按应用的规模划分

1）工作组交换机

工作组交换机一般为固定端口配置，配有一定数目的 10Base-T 或 100Base-TX 以太网端口。工作组交换机一般不具备网络管理的功能，其支持的信息点一般限制在 100 个以内。

2）部门交换机

部门交换机是面向部门级网络应用的，它支持的信息点一般限制在 300 个以内。这类交换机既可以是固定端口配置，也可以是模块化配置，其接口除了 RJ-45 接口，一般还带有光纤接口。部门交换机具有较为突出的智能性特点，能够支持基于端口的 VLAN，还可以实现端口管理，任意采用全双工或半双工传输模式，能够对流量进行控制，还具备网络管理的功能。

3）企业交换机

企业交换机属于高端交换机，采用模块化的结构，可作为企业网络骨干构建高速局域网，所以通常用于企业网络的最顶层。

企业交换机可以提供用户化定制、优先级队列服务和网络安全控制，并能很快适应数据增长和改变的需要，从而满足用户的需求。对于有更多需求的网络，企业级交换机不仅能传送海量数据和控制信息，更具有硬件冗余和软件可伸缩性特点，保证网络的可靠运行。它在带宽、传输速率以及背板容量上要比一般交换机高出许多，所以要求企业级交换机是千兆以上以太网交换机，并且可以支持 500 个以上信息点。为了保证交换机的高传输速率，企业交换机所采用的端口一般都为光纤接口。

4. 按交换机工作的协议层划分

1）第 2 层交换机

第 2 层交换机工作在数据链路层（在 OSI/RM 中处于第 2 层），依靠 MAC 地址完成各端口之间的数据交换，所有的交换机都可以工作在这一层。

2）第 3 层交换机

第 3 层交换机工作在网络层（在 OSI/RM 中处于第 3 层），具有路由功能，将 IP 地址信息提供给网络进行路径选择，并实现不同网段间数据的线速交换。这类交换机采用模块化结构，以适应灵活配置的需要。在进行 VLAN 划分时，可以借助 3 层交换机实现 VLAN 的线速路由。

3）第 4 层交换机

第 4 层交换机工作在传输层（在 OSI/RM 中处于第 4 层），直接面向具体应用。它支持传输层以下的所有协议，可根据 TCP/UDP 端口号来区分数据包的应用类型，从而实现应用层的访问控制和服务质量。

5.1.2 交换机系统与用户视图

1. 交换机的系统组成

尽管交换机有各种各样的类型，但其组成和普通计算机很相似，也包括中央处理器、输入接口、输出接口、存储器等部件,如图 5.1 所示,其主要部件如下。

1) 中央处理器

中央处理器也称中央处理单元,主要负责执行 IOS 指令,以及解释、执行用户输入的命令。不同型号和种类的交换机,其 CPU 也不尽相同。

2) 存储器

和计算机一样,交换机的硬件组成也包括存储器。根据存放的内容及使用性质不同,主要包括以下种类的存储器。

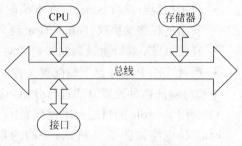

图 5.1 交换机系统结构图

（1）只读存储器 ROM：存放着交换机的引导或启动程序、开机自检程序以及 IOS 的精简版本。

（2）随机存储器 RAM：提供临时信息的存储,同时保存着交换机当前的配置信息,即平常所说的运行配置。

（3）闪存 FLASH：主要用来保存 IOS,维持路由器的正常工作。

（4）易失性随机存储器 NVRAM：主要作用是保存 IOS 以及在交换机启动时读入的配置数据。当交换机启动时,首先在 NVRAM 中寻找配置文件,如果该配置文件存在,该配置文件中的配置数据就成了"运行配置",当修改运行配置并执行存储后,运行配置就被复制到 NVRAM 中,当下次交换机加电启动后,该配置就会被自动调用。

3) 端口

根据不同的使用,端口主要包括以下几种。

（1）数据端口。

所有交换机都有数据端口（interface）,每个接口都有自己的名字和编号。一个接口的全名由它的类型标志与数字编号构成,编号自 0 开始。

① 对于端口固定的交换机,只采用一个数字,并根据它们在路由器（交换机）上的物理顺序进行编号,例如 ethernet0 表示第 0 个以太网接口。

② 对于采用模块化接口的交换机在接口的全称中至少包含两个数字,中间用斜杠"/"分割。其中,第 1 个数字代表插槽编号,第 2 个数字代表接口卡内的端口编号。如 ethernet0/1 是指 0 号插槽上第 1 个端口。

（2）console 端口。

可进行网络管理的交换机上都配备有一个 console 端口,专门供用户对交换机进行配置和管理。虽然也有其他的方式对交换机进行配置,但对新购置的交换机必须使用 console 端口进行配置。

不同的交换机可能有不同的 console 接口形式,主要有 RJ-45 端口、DB-9 串口端口或 DB-25 串口端口。

（3）AUX 端口。

异步端口,主要用于远程配置,也可用于拨号连接,还可通过收发器与 Modem 进行连接。

2. 交换机的用户视图

对于具有网络管理功能的交换机,需要进行相应的配置才能让其更好地实现功能,可以通过多种方式对交换机进行配置,主要有以下几种方式。

- 利用控制台端口 console 在本地配置。
- 利用远程终端协议 Telnet 登录到交换机进行配置。
- 利用 AUX 端口通过调制解调器对交换机进行远程配置。
- 通过 TFTP 服务器下载配置文件。

下面将对前两种配置方式进行介绍,这两种方式也是最常用的配置方式。

1) 利用 console 端口进行本地配置

console 电缆如图 5.2 所示,一端为串行口接终端(一般为 PC)的串行口 COM1 或 COM2,另一端为 RJ-45 接口接交换机的 console 端口。

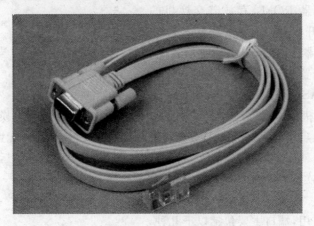

图 5.2   console 电缆

(1) 如图 5.3 所示,将 console 电缆接好,一端接计算机的串行口,如 COM1,另一端接到交换机的 console 端口上。

(2) 在工作站上启动超级终端,步骤如下。

① 执行"程序"|"附件"|"通信"|"超级终端"命令,出现如图 5.4 所示的界面,在此输入所连设备的名字(该名字可以是任意的),单击"确定"按钮进入下一步。

图 5.3   console 线连接图

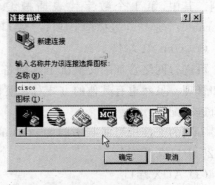

图 5.4   输入设备名称

② 如图 5.5 所示的界面,可选择连接时使用的接口,选择 COM1,单击"确定"按钮进入下一步。

③ 在如图 5.6 所示界面中,可选择数据传输速率、数据位、奇偶检验、停止位位数、数据流的控制等,根据需要进行合适的选择,单击"确定"按钮进入下一步。

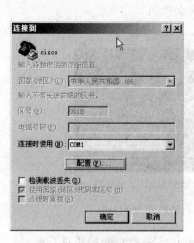

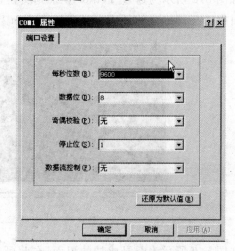

图 5.5 选择连接接口　　　　　　　　　　图 5.6 设置属性

④ 如图 5.7 所示就是交换机的配置界面,在此可输入 IOS 命令,对交换机进行管理和配置。

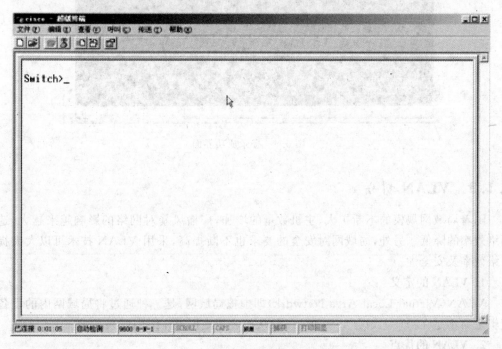

图 5.7 配置界面

2) 利用远程终端协议 Telnet 登录到交换机进行配置

Telnet 是一种远程登录协议,可以用来登录到远程的计算机或网络设备,用它实现计算机与交换机的通信,以实现对交换机的配置。在利用 Telnet 登录到交换机之前,计算机和交换机要配置 IP 地址,并且交换机上要添加具有管理权限的用户。

如图 5.8 所示为通过 Telnet 登录到交换机的界面,其中 10.10.3.1 为交换机的 IP 地址。可以选择网络中的任何主机通过 Telnet 登录到交换机。

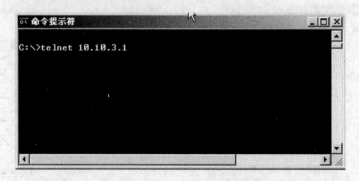

图 5.8　Telnet 登录到交换机的界面

如图 5.9 所示为登录成功的界面,在此可以输入 IOS 命令对交换机进行配置。

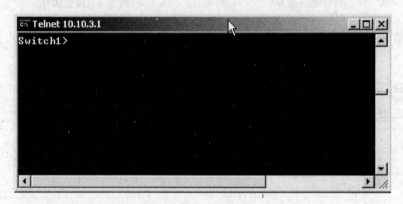

图 5.9　登录成功界面

5.1.3　VLAN 划分

随着局域网规模的不断扩大、主机数量的增加,广播风暴对网络的影响越来越大,造成网络效率的降低。另外,局域网对安全的要求也不断提高,采用 VLAN 技术可以大大提高网络效率及安全性。

1. VLAN 的定义

VLAN(Virtual Local Area Network)即虚拟局域网,是一种通过将局域网内的设备在逻辑上而不是在物理上划分出不同的网段从而实现虚拟工作组的新兴技术。

2. VLAN 的优点

1) 提高网络效率

通过划分 VLAN,可以把广播限制在各个虚拟局域网的范围内,从而减少整个网络范围内广播包的传输,提高了网络的传输效率。

2) 增加网络安全性

各虚拟局域网之间不能直接进行通信,必须通过路由器转发,为高级的安全控制提供了可能性,增强了网络的安全性。

VLAN 可以位于单台交换机内,如一个交换机有 24 个端口 f0/1~f0/24,端口 f0/1~f0/5 位于 VLAN 10 中,f0/6~f0/8 位于 VLAN 20 中,其他端口也可以位于其他 VLAN 中,在此提到的 10 和 20 是 VLAN 的编号,取值范围为 1~4094,但 VLAN 1 是交换机默认的,不用创建,也不能删除,其他编号的 VLAN 都可以创建和删除。

VLAN 也可以位于不同的交换机内,这些交换机可以在同一幢建筑物内,也可以分布在不同的建筑内。如图 5.10 所示为某校园局部网络拓扑图,教务处或学生处的计算机位于不同的楼层,连接于不同的交换机,但处于同一个 VLAN 中。

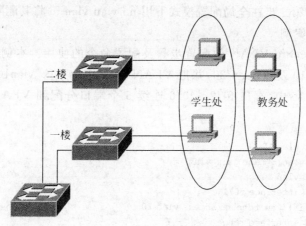

图 5.10 某校园局部网络拓扑图

5.1.4 配置步骤

1. Cisco 交换机配置 VLAN 的命令

1) 创建 VLAN

使用全局配置模式命令 vlan 可以创建 VLAN。格式如下。

```
(config)# vlan vlan-id
(config-vlan)#name vlan-name
```

命令 vlan 可以用来创建编号为 vlan-id 的 VLAN,同时可以用命令 name 给新建的 VLAN 命名,如果在创建 VLAN 时没有给新创建的 VLAN 命名,系统会自动为其命名,名字为 VLAN××××(其中 ×××× 为 VLAN 的编号,不足 4 位时,前面补 0)。

2) 分配交换机的端口到 VLAN 中

(1) 把交换机的单个端口分配到 VLAN 中,在该端口的端口配置模式下,使用下述命令。

```
(config-if)# switchport access vlan vlan-id
```

(2) 把连续的多个端口分配到 VLAN 中,可以使用下述命令,该命令在 Cisco IOS 12.1 以上的版本中才支持。

```
(config)# interface range int-range
(config-if)#switchport access vlan vlan-id
```

3）确认 VLAN 是否正确配置

可以利用特权模式下的 show vlan 命令来检查，格式如下。

```
# show vlan [vlan#]
```

在此命令中 VLAN# 是可选项，如果指定 VLAN 号，就会显示指定 VLAN 的信息，否则显示的是所有 VLAN 的信息。

4）VLAN 的删除

VLAN 的删除要分两步，第一步在端口配置模式下用 no switchport access vlan 把 VLAN 中端口删除，第二步在全局配置模式下用 no vlan vlan-id 将其删除。

5）VLAN 配置案例

下面通过实例来介绍 VLAN 的配置步骤及配置命令的使用。本例在交换机 SwitchA 中分别创建 VLAN 10 及 VLAN 20，并把 VLAN 10 命名为 jsjx_vlan10，把交换机的端口 f0/1 分配到 VLAN 10 中，端口 f0/2～f0/6 连续 5 个端口分配到 VLAN 20 中，配置命令如下。

```
SwitchA(config)# vlan 10
SwitchA(config-vlan)# name jsjx_vlan10
SwitchA(config)# vlan 20
SwitchA(config)# interface f0/1
SwitchA(config-if)# switchport access vlan 10
SwitchA(config)# interface range f0/2 - 6
SwitchA(config-if-range)# switchport access vlan 20
```

通过上述命令完成了 VLAN 的配置，如果要检查配置是否正确，可以用 show vlan 命令，本例中执行 show vlan 的结果如下。

```
SwitchA# show vlan
VLAN  Name                      Status   Ports
----  ------------------------  -------- ---------------------------
1     default                   active   Fa0/7, Fa0/8, Fa0/9,Fa0/10
                                         Fa0/11, Fa0/12, Fa0/13, Fa0/14
                                         Fa0/15,Fa0/16, Fa0/17, Fa0/18
                                         Fa0/19,Fa0/20, Fa0/21, Fa0/22
                                         Fa0/23,Fa0/24
10    jsjx_vlan10               active   Fa0/1
20    VLAN0020                  active   Fa0/2, Fa0/3, Fa0/4, Fa0/5
                                         Fa0/6
```

上面是执行 show vlan 命令后显示的主要信息，可以看出，VLAN 10 及 VLAN 20 都创建成功，在 VLAN Name 列显示的是其名字，其中 jsjx_vlan10 是在创建 VLAN 10 时命名的，而 VLAN0020 是 VLAN 20 默认的名字。在 Ports 列可以看出，交换机的端口 f0/1 已分配到 VLAN 10 中，端口 f0/2～f0/6 连续 5 个端口已分配到 VLAN 20 中。交换机剩余的端口都在默认的 VLAN 1 中。

2. 华为交换机配置 VLAN 的命令

（1）创建 VLAN，在系统视图下执行 VLAN 命令，命令格式如下。

```
[huawei]vlan  vlan-id
```

执行本命令,可以进入 vlan 视图,如果不存在指定的 vlan 就先创建它。其中 vlan-id 为
VLAN 的 ID,取值范围为 1~4000。

(2) 给 VLAN 分配端口(在 VLAN 视图),命令格式如下。

```
[huawei - vlan]port interface - list
```

此命令可把端口分配到 VLAN 中,其中 interface-list 是一连续的端口系列。

(3) 给端口指定 VLAN(在端口视图),命令格式如下。

```
[huawei - Ethernet]port access vlan vlan - id
```

把端口分配到 VLAN 中。

(4) VLAN 的删除。

VLAN 的删除也要分两步,第一步在端口视图或 VLAN 端口视图中用 undo 命令把
VLAN 中的端口删除,第二步在系统视图中用 undo vlan vlan-id 命令将其删除。

(5) 查看 VLAN 配置。

```
[huawei]display vlan[vlan - id|all]
```

在此命令中如果指定 vlan-id,就会显示指定 VLAN 的信息。如果选项是 all,显示的是
所有 VLAN 的信息。

(6) 华为交换机 VLAN 配置案例。

下面通过实例来介绍华为交换机 VLAN 的配置步骤及配置命令的使用。本例在交换
机 Quidway 中分别创建 VLAN 10 及 VLAN 20,把端口 Ethernet 0/1 至 Ethernet 0/5 分配到
VLAN 10 中,端口 Ethernet 0/6 至 Ethernet 0/10 分配到 VLAN 20 中,配置命令如下。

```
[Quidway]vlan 10
[Quidway - vlan10]port Ethernet 0/1 to Ethernet 0/5
[Quidway]vlan 20
[Quidway - vlan20]port Ethernet 0/6 to Ethernet 0/10
```

通过上述命令可以创建 VLAN 10 及 VLAN 20,并把端口指定到相应的 VLAN 中,配
置结果可以用 display vlan 命令检查 VLAN 的配置情况。

```
[Quidway]display vlan all
VLAN ID: 10
 VLAN Type: static
 Route Interface: not configured
 Description: VLAN 0010
Untagged Ports:
            Ethernet0/1          Ethernet0/2          Ethernet0/3
            Ethernet0/4          Ethernet0/5
VLAN ID: 20
 VLAN Type: static
 Route Interface: not configured
 Description: VLAN 0020
Untagged Ports:
            Ethernet0/6          Ethernet0/7          Ethernet0/8
            Ethernet0/9          Ethernet0/10
```

上面显示的是执行 display vlan 命令后显示的主要信息,可以看出,VLAN 10 及 VLAN 20 都创建成功,static 表示两者都是静态 VLAN,而 VLAN0010 及 VLAN0020 是两者的默认名字,从 Untagged Ports 部分可以看出,端口 Ethernet 0/1 至 Ethernet 0/5 已分配到 VLAN 10,端口 Ethernet 0/6 至 Ethernet 0/10 已分配到 VLAN 20 中。

5.2　交换机 VLAN 间路由协议配置

VLAN 技术将局域网划分为不同的逻辑网段,将不同网段的广播域隔离开,提高了网络效率。但是,VLAN 的划分也隔离了不同网段间用户的其他数据。如何实现 VLAN 间的数据传送需要使用外接路由器或路由模块来实现 VLAN 间的路由选择。

5.2.1　背景知识介绍

路由器是用来在不同网络之间进行通信的网络设备,这部分知识将在以后的章节中介绍,利用路由器的这种功能就可以实现交换机在不同 VLAN 间的数据传送。具体实现方法有以下两种:

1. 利用多个路由器端口实现 VLAN 间路由选择

这种方法是最简单的一种实现方法,如图 5.11 所示。

在每个 VLAN 中选择一个端口,分别通过双绞线接入路由器的以太网端口中,在交换机端不需要进行任何配置,在路由器上进行相应的路由设置。并且在每个 VLAN 中每台主机的默认网关为该 VLAN 所接入路由器的以太网接口的 IP 地址。

2. 单臂路由

当交换机上的 VLAN 数量很多时,利用多个路由器端口实现 VLAN 间路由选择是不可能的,因为路由器没有足够数量的以太网接口。同时,这种解决方案将会使每个端口的成本很高。为此,可以使用单臂路由的解决方案,在这种解决方案中只需要将交换机的一个主干端口接入到路由器的单个快速以太网端口即可,如图 5.12 所示。

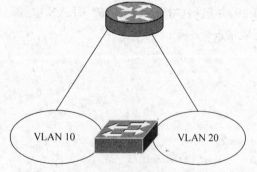

图 5.11　利用多个路由器端口实现 VLAN 间路由示意图

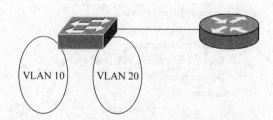

图 5.12　单臂路由实现 VLAN 间路由示意图

5.2.2　配置步骤

如何利用多个路由器端口实现 VLAN 间的路由在此不作介绍,下面着重介绍利用单臂路由实现 VLAN 间路由选择的配置方法。

在此方法中,路由器每接收到一个 VLAN 的分组,要将其转发给其他 VLAN,路由器必须知道如何到达所有的 VLAN,对每个 VLAN,路由器必须有独立的连接,并且还要在这些连接上启用 802.1Q 中继协议,同时还必须把此端口划分为多个可编址的逻辑端口,这种逻辑端口称为子端口。要求每个 VLAN 对应一个子端口,如图 5.13 所示。

图 5.13　单臂路由配置图

如果在 VLAN 间配置路由,需要为每个子端口配置 IP 地址,该 IP 作为其所对应 VLAN 的网关,并且子端口上要用 encapulation 封装 802.1Q 协议。

1. Cisco 配置步骤

(1) 在对应端口的端口配置模式下,设置其 IP 地址。

Router (config - if)♯ ip address ip - address mask

(2) 进入相应的子接口配置模式,设置 IP 地址,命令格式如下。

(config - subif)♯ ip address ip - address mask

(3) 封装 802.1Q 协议,命令格式如下。

(config - subif)♯ encapulation dot1q vlan - id

其中 vlan-id 为此子端口所对应 VLAN 的 id 号。

(4) 单臂路由配置案例。

在图 5.13 中实现单臂路由,在交换机上创建 VLAN 10 和 VLAN 20,具体创建方法见5.1 节,在交换机上选一端口作为主干端口,用双绞线和路由器的主干端口连接,其方法见5.3 节,在此主要介绍路由器端的配置方法,其配置步骤如下。

RouterA(config)♯ interface fastEthernet 0/0
RouterA(config - if)♯no shutdown
RouterA(config - if)♯ interface fastEthernet 0/0.1
RouterA(config - subif)♯ ip address 192.168.10.1 255.255.255.0
RouterA(config - subif)♯ encapsulation dot1q 10
RouterA(config)♯ interface　fastEthernet 0/0.2
RouterA(config - subif)♯ ip address 192.168.20.1 255.255.255.0
RouterA(config - subif)♯encapsulation dot1q 20

2. 华为配置步骤

(1) 由系统视图执行 interface 进入端口的端口配置视图,命令格式如下。

[Router]interface Ethernet

(2) 进入相应的子接口配置模式,设置 IP 地址,命令格式如下。

[Router - Ethernet]ip address ip - address mask

（3）封装 802.1Q 协议，命令格式如下。

[RouterA - Ethernet] vlan - type dot1q vid vlan - id

其中 vlan-id 为此子端口对应 VLAN 的 id 号。

（4）单臂路由配置案例。

在图 5.13 配置单臂路由，具体内容见 Cisco 配置案例，在此主要介绍路由器端的配置方法，其配置步骤如下。

```
[RouterA]int Ethernet 0/0
[RouterA - Ethernet0/0]interface ethernet0/0.1
[RouterA - Ethernet0/0.1]ip address 192.168.10.1 255.255.255.0
[RouterA - Ethernet0/0.1]vlan - type dot1q vid 10
[RouterA - Ethernet0/0]interface ethernet0/0.2
[RouterA - Ethernet0/0.2]ip address 192.168.20.1 255.255.255.0
[RouterA - Ethernet0/0.2]vlan - type dot1q vid 20
```

5.3 交换机端口 TRUNK 属性配置

在交换机上划分 VLAN 实现其功能的同时，VLAN 还可以通过交换机进行扩展，即不同交换机上可以定义相同的 VLAN。如果要实现处于不同交换机，但具有相同 VLAN 的主机之间相互通信，就要把具有相同 VLAN 的交换机通过主干道（TRUNK）端口互连。如图 5.14 所示，在交换机 SwitchA、SwitchB 上各配置了 VLAN 10 和 VLAN 20，在没有配置 TRUNK 前，SwitchA 的 VLAN 10 和 SwitchB 的 VLAN 10 之间是不能通信的，同样两者的 VLAN 20 之间也不能通信。如果要实现处于不同交换机的相同 VLAN 之间的通信，就必须在两交换机增加 TRUNK 线。

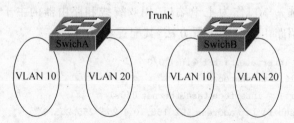

图 5.14 交换机之间配置 TRUNK 线示意图

5.3.1 背景知识介绍

不同交换机的相同 VLAN 之间要相互通信，除了需要用 TRUNK 线在交换机上相互连接外，还需要启动相应的中继协议，中继协议主要包括以下两种。

1. ISL 中继协议

交换机间链路（ISL）是 Cisco 专用的 VLAN 中继协议。ISL 将收到的以太网帧原封不动地封装在自己的 ISL 报文中进行传送，其帧格式如表 5.1 所示。

表 5.1 ISL 帧格式

40位	4位	4位	48位	16位	24位	24位	15位	1位	16位	16位	Variable Length	32位
DA	TYPE	USER	SA	LEN	AAAA03	HSA	VALN	BPDU	INDEX	RES	数据	FCS

各字段的含义如表 5.2 所示。

表 5.2 ISL 各字段的含义

字　　段	意　　义
DA	组播目标地址
TYPE	封装帧的类型：0000 表示 ethernet,0001 表示 Token Ring,0010 表示 FDDI,0011 表示 ATM
USER	用户帧被分配的优先级
SA	传送此帧的源交换机的 MAC 地址
LEN	封装帧的长度,不包括 ISL 头及 FSC
AAAA03	固定值
HSA	源地址的高位(MAC 地址的前 3 字节)
VLAN	VLAN_ID,用低 10 位来表示
BPDU	1 表示 BPDU 帧,0 表示 CDP 帧
INDEX	传送此帧的交换机的源端口的索引
RES	保留字段
数据	从交换机端口收到的原始数据帧
FCS	帧校验

2. 802.1Q 中继协议

IEEE 802.1Q 是国际标准协议,被几乎所有的网络设备生产商所共同支持。它使用一种内部标记机制,该机制在原始以太网帧的源地址和类型字段间插入一个 4 字节的标记字段。如图 5.15 所示,由于 802.1Q 对帧进行了修改,因此中继设备将根据修改后的帧重新计算 FCS。

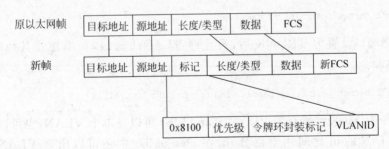

图 5.15 802.1Q 帧结构图

标记字段第一部分长度为 2 个字节,其值固定为 0x8100。接下来 3 位是优先级字段。令牌环封装标记长度为 1 位,1 表明此帧为令牌环帧,0 表明是以太网帧。最后一部分为 VLAN ID。

5.3.2 配置步骤

1. TRUNK 线的连接

TRUNK 线使用交叉双绞线,把事先准备好的 TRUNK 线连接到两个不同交换机的 TRUNK 端口上,TRUNK 端口为不在任何用户定义 VLAN 中的交换机端口。

2. Cisco 环境下的配置

(1) 在 TRUNK 端口的端口配置模式下,执行下述命令。

```
(config - if)# switchport trunk encapsulation ISL
```

该命令在此端口下封装 ISL 中继协议,本协议用在纯 Cisco 设备的网络中,如果网络中有非 Cisco 设备,就需要封装 802.1Q 协议,命令格式如下。

```
(config - if)# switchport trunk encapsulation dot1q
```

(2) 设置端口为 TRUNK 端口。

```
(config - if)# switchport mode trunk
```

(3) 配置 TRUNK 案例。

下面举例说明 TRUNK 的配置过程,本例中把端口 f0/24 作为 TRUNK 端口,配置命令如下。

```
Switch1(config)# interface f0/24
Switch1(config - if)# switchport trunk encapsulation isl
Switch1(config - if)# switchport mode trunk
```

在本例中假设是在纯 Cisco 环境下,如果有非 Cisco 交换机存在,上面第二句中的 isl 要更改为 dot1q,在 TRUNK 线的另一端的交换机上也要配置上述语句,TRUNK 线两端的端口号不一定一致。

3. 华为交换机 TRUNK 配置命令

(1) 进入相应的端口配置模式,执行下面的命令。

```
[huawie - Ethernet]port link - type trunk
```

(2) 当把端口设置为 TRUNK 后,只允许 VLAN 1 通过,如果想让其他的 VLAN 通过,使用下述命令。

```
[huawie - Ethernet]port trunk permit vlan {vlan - id - list|all}
```

在此命令中,all 表示所有的 VLAN,vlan-id-list 可以是单个 VLAN,也可以是多个离散的 VLAN,VIAN 的 id 之间用空格分开,在 vlan-id-list 中还可以出现 VLAN 的范围,用 "~"连接。

(3) 配置 TRUNK 案例。

下面举例说明华为交换机 TRUNK 的配置过程,本例中把端口 Ethernet0/12 作为 TRUNK 端口,配置命令如下。

```
[Quidway]interface Ethernet0/12
```

```
[Quidway - Ethernet0/12]port link - type trunk
[Quidway - Ethernet0/12]port trunk permit vlan all
```

在华为交换机中,配置 TRUNK 默认封装了 802.1Q 协议,所以在配置过程中,不用执行封装 802.1Q 协议的命令,同样,在 TRUNK 线的另一端也要进行上述配置。

5.4 三层转发交换机 VLAN 与路由器接口配置

在默认情况下 VLAN 之间是不能通信的,要在 VLAN 间通信可以使用路由器,但是路由器是三层设备,不但涉及硬件设计还需对其进行相应的设置,而且路由器价格昂贵,相对于 LAN 的速度来说,路由器把每一个数据包转发时,都要将其目的地址与自己的路由表项进行对比,处理速度很缓慢,要在大型的网络中使用路由器来进行 VLAN 的数据通信会使整个网络的效率大大降低,于是人们将交换机的快速交换能力和路由器的路由寻址能力结合起来,出现了三层交换的概念。

5.4.1 背景知识介绍

第三层交换工作在 OSI 7 层网络模型中的第三层即网络层,在对第一个数据流进行路由后,三层交换机将会产生一个 MAC 地址与 IP 地址的映射表,当同样的数据流再次通过时,将根据此表直接通过二层而不是再次路由,从而消除了路由器进行路由选择而造成的网络延迟,提高了数据包转发的效率。

三层交换与路由器的最大区别在于路由器要对每一个数据包进行路由转发,而三层交换只对每次通信的连接进行路由查找,对数据包只进行二层转发,速度也就大大加快。另外,三层交换机与路由器的软件也不相同,只保留了对于 VLAN 有用的部分功能,省略了很多控制功能,所以其路由效率得到了大大提高。

三层交换机具有路由功能,也就可以支持常用的路由协议,例如静态路由、RIP、OSPF 等路由协议,但是,三层交换机虽然能够解决不同 VLAN 之间的互联问题,如果需要连接互联网,还是需要路由器的。

5.4.2 配置步骤

1. Cisco 三层交换机配置命令

(1) 开启交换机的路由功能,充当三层交换,命令如下。

```
Switch (config) # ip routing
```

(2) 在三层交换机上划分 VLAN,命令见前。

(3) 将相应的端口加入相应的 VLAN,命令见前。

(4) 为每个 VLAN 设置 IP 地址,命令如下。

```
Switch (config) # interface vlan vlan - id
SwitchB(config - if) # ip addresss ip - address mask
```

(5) 把各 VLAN 中的主机的网关设为三层交换机中相应 VLAN 的 IP 地址。

(6) 配置三层交换机案例。

如图 5.16 所示,在交换机 SwitchA 上划分 VLAN 10 及 VLAN 20,SwitchB 为三层交换机,两者通过 TRUNK 线相连,在 SwitchB 上启动路由功能,实现 VLAN 10 及 VLAN 20 之间的通信。

① SwitchB 配置。

```
SwitchB(config)#vlan 10
SwitchB(config)#vlan 20
SwitchB(config)#interface f0/1
SwitchB(config-if)#switchport access vlan 10
SwitchB(config)#interface f0/2
SwitchB(config-if)#switchport access vlan 20
SwitchB(config)#interface f0/24
SwitchB(config-if)#switchport trunk encapsulation dot1q
SwitchB(config-if)#switchport mode trunk
SwitchB(config)#ip routing
SwitchB(config)#interface vlan 10
SwitchB(config-if)#ip address 192.168.11.1 255.255.255.0
SwitchB(config-if)#exit
SwitchB(config)#interface vlan 20
SwitchB(config-if)#ip address 192.168.12.1 255.255.255.0
```

② SwitchA 配置。

```
SwitchA(config)#vlan 10
SwitchA(config)#vlan 20
SwitchA(config)#interface range f0/1 - 5
SwitchA(config-if-range)#switchport access vlan 10
SwitchA(config)#interface f0/6 - 10
SwitchA(config-if-range)#switchport access vlan 20
SwitchA(config)#interface f0/24
SwitchA(config-if)#switchport trunk encapsulation dot1q
SwitchA(config-if)#switchport mode trunk
```

在 SwitchA 中,VLAN 10 中的主机 IP 地址设为 192.168.11.0 网段中的 IP 地址,网关为 192.168.11.1,VLAN 20 中的主机的 IP 地址设为 192.168.12.0 网段中的 IP 地址,网关为 192.168.12.1,当完成所有配置后,可用 ping 命令验证两个 VLAN 之间的主机是否能够相互通信。

2. 华为三层交换机配置命令

1) 创建/进入 VLAN 接口视图

```
[Switch]interface VLAN-Interface vlan-id
```

2) 给 VLAN 分配端口(在 VLAN 视图)

```
[Switch-vlan] port interface-list
```

3) 进入 VLAN 的端口配置模式

```
[Switch]interface vlan VLAN-id
```

4）给 VLAN 指定/删除 IP 地址和掩码

```
[Switch-Vlan-interface]ip address ip_address{mask|mask_length}
```

5）把各 VLAN 中的主机的网关设为三层
交换机中相应 VLAN 的 IP 地址

6）配置三层交换机案例

本例中按照图 5.16 所示实现华为三层交换
机的配置，具体要求见 Cisco 配置案例。

（1）SwitchB 的配置。

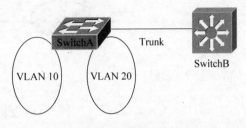

图 5.16　三层交换机配置案例图

```
[SwitchB]vlan 10
[SwitchB-vlan10]port Ethernet 0/1 to Ethernet 0/5
[SwitchB]vlan 20
[SwitchB-vlan20]port Ethernet 0/6 to Ethernet 0/10
[SwitchB]interface Ethernet0/12
[SwitchB-Ethernet0/12]port link-type trunk
[SwitchB-Ethernet0/12]port trunk permit vlan all
[SwitchB]interface vlan 10
[SwitchB-Vlan-interface10]ip address 192.168.2.1 255.255.255.0
[SwitchB-Vlan-interface10]quit
[SwitchB]interface vlan 20
[SwitchB-Vlan-interface20]ip address 192.168.3.1 255.255.255.0
```

（2）SwitchA 的配置。

```
[SwitchA]vlan 10
[SwitchA-vlan10]port Ethernet 0/1 to Ethernet 0/5
[SwitchA]vlan 20
[SwitchA-vlan20]port Ethernet 0/6 to Ethernet 0/10
[SwitchB]interface Ethernet0/12
[SwitchB-Ethernet0/12]port link-type trunk
[SwitchB-Ethernet0/12]port trunk permit vlan all
```

在 SwitchA 中，VLAN 10 中的主机 IP 地址设为 192.168.2.0 网段中的 IP 地址，网关
为 192.168.2.1，VLAN 20 中的主机的 IP 地址设为 192.168.3.0 网段中的 IP 地址，网关为
192.168.3.1，当完成所有配置后，可用 ping 命令验证两个 VLAN 之间的主机是否能够相
互通信。

5.5　交换机 STP 配置

在网络使用过程中，当某设备或链路出现故障时，为了不影响网络的正常通信，通常要
对设备进行冗余备份，即对网络中关键设备或关键链路进行备份，如图 5.17 所示，交换机
SwitchA、SwitchB 分别连接网段 A 和网段 B，当其中一个交换机出现故障时，另一个交换机
仍可保障网络的畅通。但是，这些冗余设备及链路构成的环路可能会引发以下的问题，导致
网络设计失败。

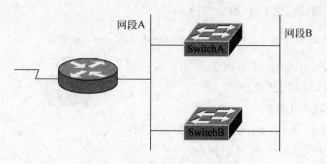

图 5.17　交换机冗余链路示意图

1. 广播风暴

在图 5.18 中,网段 A 有一台主机 PC1,网段 B 有一台主机 PC2,当 PC1 发出一个广播帧,交换机 SwitchA 收到后,会向除收到此帧的端口以外的所有端口转发,这就是广播泛洪,此广播帧在网段 B 上传播,到达交换机 SwitchB,SwitchB 也会将此帧广播泛洪,通过网段 A 到达 SwitchA,SwitchA 收到后继续进行广播泛洪,形成循环,如图 5.18 的外层箭头所示。同时,主机 PC1 发出的广播帧,到达交换机 SwitchB 后,也会形成上述循环,如图 5.18 的内层箭头所示。这种循环会一直持续下去,直到交换机瘫痪或重启,这种现象就是广播风暴,广播风暴是采取冗余拓扑结构的网络所产生的最严重的问题。

2. 单帧的多次递交

如图 5.19 所示,当交换机 SwitchA、SwitchB 刚刚启动时,其桥接表为空。这时 PC1 向 PC2 发一个单播数据包,PC2 会收到此数据包,同时 SwitchA 也收到此数据包,其一方面将 PC1 的 MAC 地址和所连接的端口加入到桥接表,同时把此数据包通过其他所有端口进行转发,即泛洪,SwitchB 也会收到此数据包并泛洪,PC2 会再次收到此数据包。同时这种同一数据包的多个副本通过不同端口进入同一交换机,还会导致桥接表不稳定。

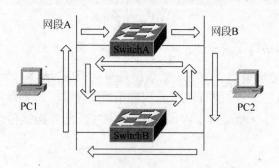

图 5.18　交换机环路产生广播风暴示意图

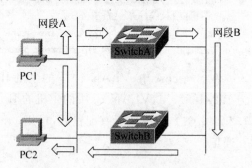

图 5.19　交换机单帧多次递交示意图

5.5.1　生成树协议概述

生成树协议 STP 是一个第 2 层的管理协议,它允许存在冗余链路,但不让存在的环路产生上述负面问题,其目标就是在物理环路上建立一个无环的逻辑链路。

如图 5.20 所示,STP 通过阻断某些端口防止数据包在环路上循环传送,当网络出现故障后,被阻断的端口会自动生效,以实现冗余链路的备份功能。

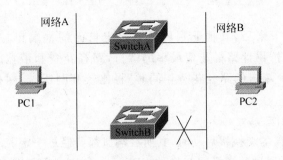

图 5.20　生成树协议示意图

1. 生成树协议中用到的术语

1）网桥协议数据单元（Bridge Protocol Data Unit，BPDU）

在生成树协议中，网络上的交换机通过周期性（周期为 2 秒）地发送 BPDU 来发现环路，并阻断某些端口来断开环路。

2）网桥号（Bridge ID）

网络中的交换机是用网桥号来标识的，网桥号由两部分组成，第一部分为网桥的优先级，长度为两个字节，范围为 0～65 535，默认值为 32 768，第二部分为交换机的 MAC 地址。

3）根网桥（Root bridge）

根网桥是网络中的交换机通过交换 BPDU 来选举产生的，其网桥号在网络中最小。根网桥的所有端口都处于开放状态，整个网络中只有一个根网桥。

4）指定网桥（Designated bridge）

网络上的每个网段都要选举出一个指定网桥，指定网桥到根网桥的总路径成本在本网段中最小，指定网桥的作用是负责本网段数据包的接收和发送。

5）根端口（Root port）

网络中的所有非根网桥都要选出一个根端口，选举的策略是选择交换机上根网桥累计路径花费最小的端口，交换机通过根端口和根网桥通信。

6）指定端口（Designated port）

每个非根网桥还要为所处的网段选出一个指定端口，指定端口为本网段到根网桥中累计路径花费最小的端口，本网段通过指定端口和根网桥通信。对根网桥来说，其所有端口都是指定端口。

7）非指定端口（NonDesignated port）

除了指定端口，网络中所有其他端口都是非指定端口，非指定端口处于阻塞状态。

2. 根网桥的选举

在开始阶段，需要决定哪个交换机是根网桥，选举过程中每个交换机周期性发送 BPDU 数据包，该数据包中包括自己的网桥号。开始时每个交换机假设自己就是根网桥，当收到其他交换机发来的 BPDU 时，就把自己的网桥号和对方的网桥号进行比较，如果对方的网桥号更小，就不再认为自己是根网桥，而把对方的网桥号写入 BPDU 的根网桥字段，当网络中的交换机都完成了这样的比较后，最终确定网桥号最小的交换机为本网络的根网桥。

3. 生成树代价

在根网桥被确定下来后,其他非根网桥要决定自己的根端口。根据定义,根端口是指非根网桥上到根网桥累计路径花费最小的端口,路径花费和带宽成反比,带宽越高,路径花费就越小,当两个端口的路径花费相同时,将比较其网桥号,网桥号小的端口为指定端口。

4. 生成树协议操作

当运行生成树协议的交换机启动时,其所有端口都要经过一定的端口状态变化,在这个过程中,生成树协议要通过交换机间交换的 BPDU 消息决定网桥角色、端口角色以及端口状态。

5. 交换机上的端口可能处于 5 种状态

1)阻塞状态

当交换机启动时,其各端口均处于阻塞状态,这时的端口可以发送和接收 BPDU 数据包,用来确定谁是根网桥,这时不能发送用户数据,此状态大约持续 20 秒,然后转入侦听状态。

2)侦听状态

在这个状态中,交换机还不能发送数据,仍将继续发送和接收 BPDU 数据包,以确定交换机的根端口及指定端口。本过程结束时,非指定端口将返回到阻塞状态,根端口和指定端口将转入学习状态,此状态大约持续 15 秒。

3)学习状态

在此状态下,交换机只接收用户数据,并根据用户数据建立桥接表,此状态大约持续 15 秒。

4)转发状态。

处于转发状态的端口将接收和发送用户数据包。

5)禁止状态

当端口没有外接链路时,它将处于禁止状态,处于此状态的端口不接收 BPDU。

5.5.2 STP 常用配置命令

1. Cisco STP 配置命令

1)启动 STP

Cisco 交换机默认是启动的,不需要作任何配置。最多可开启 128 个生成树实例,优先级为 32 768,STP 端口优先级为 124,STP 端口开销 1Gbps＝4、100Mbps＝19、10Mbps＝100。

2)关闭 STP

当确认某 VLAN 中没有回路时,为了减少生成树在开启时所花费交换机的 CPU 和内存的开销,可以关闭 STP,其命令格式如下。

```
Switch(config) # no spanning-tree vlan vlan-id
```

用此命令可以关闭一个或多个 VLAN 生成树,多个连续的 VLAN 可用连接号,不连续的多个 VLAN 可用逗号分开。

3）将交换机指定为根网桥

这时需要减小该交换机优先级的值,命令格式如下。

Switch(config)# spanning - tree vlan vlan - id root primary

该命令执行后,该交换机将指定的 VLAN 的优先级设置为 24 567,如果还不能够使交换机成为该 VLAN 的根网桥,即该 VLAN 中还有其他交换机的优先级比 24 567 更小,该命令将继续修改该交换机指定 VLAN 的优先级,使其比 VLAN 中最低优先级的值还小 4096,以保证使其成为该 VLAN 的根网桥。

4）辅助根网桥配置命令

当根网桥出现故障时,辅助根网桥会自动成为根网桥,命令格式如下。

Switch(config)# spanning - tree vlan vlan - id root secondary

在某交换机上执行该命令后,其优先级将从默认值修改为 28 672,如果 VLAN 中其他交换机的优先级还都使用默认值,当根网桥出现故障时,其将成为根网桥。

5）show spanning-tree

用来显示生成树协议中的交换机及端口的信息。

6）show spanning-tree blockdeports

用来显示处于阻塞状态的端口。

7）show spanning-tree detail

用来显示生成树协议详细信息。

8）show spanning-tree interface

用来显示生成树中某端口相关信息。

9）show spanning-tree vlan

当系统中有多个 VLAN 时,交换机将为每个 VLAN 生成一个生成树。该命令用来显示指定 VLAN 的生成树内容。

2. 华为 STP 配置命令

（1）启动 STP,命令格式如下。

[huawei]stp enable

（2）关闭 STP,命令格式如下。

[huawei]stp disable

（3）配置某交换机的优先级。

[huawei]stp priority priority

（4）配置某端口的优先级。

[huawei]stp port priority priority

5.6　交换机配置典型案例

以下通过一个案例来说明具体配置步骤。

如图 5.21 所示,在交换机 SwitchA 及 SwitchB 上分别创建 VLAN 10、VLAN 20,

SwitchC 为三层交换机,通过 TRUNK 线与 SwitchA 及 SwitchB 相连,要求在 SwitchC 启动三层交换,实现 VLAN 间的数据通信。

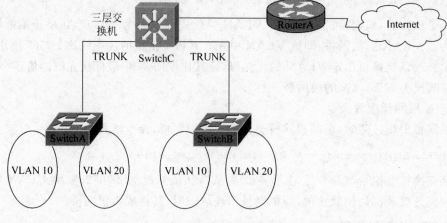

图 5.21　综合案例图

1. Cisco 配置步骤

1) SwitchA 的配置

```
SwitchA # configure terminal
SwitchA(config) # vlan 10
SwitchA(config - vlan) # exit
SwitchA(config) # vlan 20
SwitchA(config) # interface range fa0/1 - 5
SwitchA(config - if - range) # switchport access vlan 10
SwitchA(config - if - range) # exit
SwitchA(config) # interface range fa0/6 - 10
SwitchA(config - if - range) # switchport access vlan 20
SwitchA(config) # interface fa0/19
SwitchA(config - if) # switchport trunk encapsulation dot1q
SwitchA(config - if) # switchport mode trunk
SwitchA(config - if) # switchport trunk allowed vlan all
```

2) SwitchB 的配置

```
SwitchB # configure terminal
SwitchB(config) # vlan 10
SwitchB(config - vlan) # exit
SwitchB(config) # vlan 20
SwitchB(config) # interface range fa0/1 - 5
SwitchB(config - if - range) # switchport access vlan 10
SwitchB(config - if - range) # exit
SwitchB(config) # interface range fa0/6 - 10
SwitchB(config - if - range) # switchport access vlan 20
SwitchB(config) # interface fa0/19
SwitchB(config - if) # switchport trunk encapsulation dot1q
SwitchB(config - if) # switchport mode trunk
SwitchB(config - if) # switchport trunk allowed vlan all
```

3）SwitchC 的配置

```
SwitchC#configure terminal
SwitchC(config)#vlan 10
SwitchC(config-vlan)#exit
SwitchC(config)#vlan 20
SwitchC(config)#interface range fa0/1 - 5
SwitchC(config-if-range)#switchport access vlan 10
SwitchC(config-if-range)#exit
SwitchC(config)#interface range fa0/6 - 10
SwitchC(config-if-range)#switchport access vlan 20
SwitchC(config)#ip routing
SwitchC(config)#interface vlan 10
SwitchC(config-if)#ip address 192.168.1.1 255.255.255.0
SwitchC(config-if)#exit
SwitchC(config)#interface vlan 20
SwitchC(config-if)#ip address 192.168.2.1 255.255.255.0
SwitchC(config)#int fa0/19
SwitchC(config-if)#switchport trunk encapsulation dot1q
SwitchC(config-if)#switchport mode trunk
SwitchC(config-if)#switchport trunk allowed vlan all
SwitchC(config)#int fastEthernet 0/17
SwitchC(config-if)#switchport trunk encapsulation dot1q
SwitchC(config-if)#switchport mode trunk
SwitchC(config-if)#switchport trunk allowed vlan all
```

2. 华为配置步骤

1）SwitchA 的配置

```
[HuaweiA]vlan 10
[HuaweiA-vlan10]port Ethernet 0/1 to Ethernet 0/4
[HuaweiA-vlan10]quit
[HuaweiA]vlan 20
[HuaweiA-vlan20]port Ethernet 0/5 to Ethernet 0/8
[HuaweiA-vlan20]quit
[HuaweiA]interface Ethernet 0/10
[HuaweiA-Ethernet0/10]port link-type trunk
[HuaweiA-Ethernet0/10]port trunk permit vlan all
```

2）SwitchB 的配置

```
[HuaweiB]vlan 10
[HuaweiB-vlan10]port Ethernet 0/1 to Ethernet 0/4
[HuaweiB-vlan10]quit
[HuaweiB]vlan 20
[HuaweiB-vlan20]port Ethernet 0/5 to Ethernet 0/8
[HuaweiB-vlan20]quit
[HuaweiB]interface Ethernet 0/10
[HuaweiB-Ethernet0/10]port link-type trunk
[HuaweiB-Ethernet0/10]port trunk permit vlan all
```

3）SwitchC 的配置

```
[HuaweiC]vlan 10
[HuaweiC - vlan10]port Ethernet 1/0/1
[HuaweiC - vlan10]quit
[HuaweiC]vlan 20
[HuaweiC - vlan20]port Ethernet 1/0/2
[HuaweiC - vlan20]quit
[HuaweiC]interface Vlan - interface 10
[HuaweiC - Vlan - interface10]ip address 192.168.1.1 255.255.255.0
[HuaweiC - Vlan - interface10]quit
[HuaweiC]interface Vlan - interface 20
[HuaweiC - Vlan - interface20]ip address 192.168.2.1 255.255.255.0
[HuaweiC]interface Ethernet 1/0/10
[HuaweiC - Ethernet1/0/10]port link - type trunk
[HuaweiC - Ethernet1/0/10]port trunk permit vlan all
[HuaweiC]interface Ethernet 1/0/20
[HuaweiC - Ethernet1/0/20]port link - type trunk
[HuaweiC - Ethernet1/0/20]port trunk permit vlan all
```

5.7 练 习

如图 5.22 所示，在交换机 SwitchA 上创建 VLAN 10 和 VLAN 20，在 SwitchB 上创建 VLAN 30，SwitchC 为三层交换机，与 SwitchA 和 SwitchB 分别通过 TRUNK 线相连，要求实现：

（1）在 SwitchC 启动三层路由。

（2）使三个 VLAN 中的主机能相互通信。

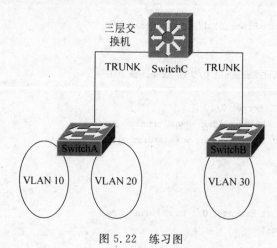

图 5.22 练习图

第6章 广域网协议原理及配置

教学目标

(1) 理解广域网协议的基本工作原理。

(2) 掌握 HDLC 协议的配置。

(3) 理解 PPP 协议身份验证的方法,理解 PAP 与 CHAP 的主要区别。

(4) 掌握 PPP 协议的配置,掌握 PPP 协议身份验证的配置。

(5) 理解帧中继的相关基本概念。

(6) 掌握帧中继协议的配置。

(7) 掌握广域网协议链路的查看和测试方法。

6.1 广域网技术概述

广域网(Wide Area Network,WAN)也称远程网。通常跨接很大的物理范围,所覆盖的范围超过了局域网和城域网。广域网通常可以实现各种各样的通信类型,如语音、数据和视频传输。电话和数据服务是最常用的广域网服务。公用传输网络如公共电话交换网(Public Switched Telephone Network,PSTN)、数字数据网(Digital Data Network,DDN)、帧中继(Frame Relay,FR)、综合业务数字网(Integrated Services Digital Network,ISDN)等都是广域网的实例。

广域网通常使用电信运营商提供的数据链路在广域范围内实现网络访问。在实际的应用中,需要类似调制解调器这样用于传输数据的设备,即数据电路端接设备或数据通信设备(Data Circuit-terminating Equipment,DCE),在客户端需要数据终端设备(Data Terminal Equipment,DTE),如图 6.1 所示。

DTE   DCE   DCE   DTE

图 6.1 DCE 设备和 DTE 设备

电信运营商可以提供各种速率的广域网链路。表 6.1 给出了常用的广域网链路类型和数据传输率。

表 6.1　常用的广域网链路类型

广域网链路类型	信令标准	数据传输率
56	DS0	56 kb/s
64	DS0	64 kb/s
T1	DS1	1.544 Mb/s
E1	ZM	2.048 Mb/s
J1	Y1	2.048 Mb/s
E3	M3	34.064 Mb/s
T3	DS3	44.736 Mb/s
OC-1	SONET	51.840 Mb/s
OC-3	SONET	155.520 Mb/s
OC-9	SONET	466.560 Mb/s
OC-12	SONET	622.08 Mb/s
OC-18	SONET	933.12 Mb/s
OC-24	SONET	1244.16 Mb/s
OC-36	SONET	1866.24 Mb/s
OC-48	SONET	2488.32 Mb/s
OC-96	SONET	4976.640 Mb/s
OC-192	SONET	9953.280 Mb/s

在实验室环境里,使用对接的串行接口电缆将两台路由器连接后,如图 6.2 所示,可以建立配置广域网协议的实验环境,常见的广域网协议均可在这个环境中实现。

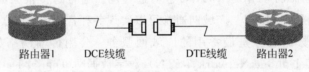

路由器1　　DCE线缆　　　DTE线缆　　路由器2

图 6.2　对接串行接口线缆

对接的串行接口电缆由一条 DCE 电缆和一条 DTE 电缆构成,这样,与 DCE 电缆相连的路由器相当于 DCE 设备,与 DTE 电缆相连的路由器相当于 DTE 设备。进行具体连接时,有多种物理层标准的串行接口电缆可供选择。表 6.2 给出了常用的广域网物理层标准。

表 6.2　常用的广域网物理层标准

标　准	描　述
EIA/TIA 232	即 RS-232,最高数据传输率 64kb/s
EIA/TIA 449	EIA/TIA 232 的高速版本,最高数据传输率 2Mb/s
EIA/TIA 612/613	高速串行接口(HSSI),最高数据传输率 52 Mb/s
V.35	高速同步数据交换的标准,主要用于美国
X.21	同步数据交换的标准,主要用于欧洲和日本

广域网的数据链路层协议定义了数据封装方式和传输规程。具体实现时,有多种协议可供选择,包括 HDLC、PPP、帧中继、ISDN 等。根据路由器间连接方式的不同,可以将这些协议的作用环境分为专用点到点连接、分组交换网和电路交换网三类,如图 6.3 所示。

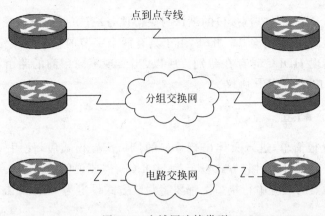

图 6.3　广域网连接类型

各种协议的简介如下。

(1) HDLC：即高级数据链路控制，是国际标准化组织 ISO 定义的 Cisco 路由器串行接口的默认封装协议。

(2) PPP：即点到点协议，因特网工程部 IETF 制定的标准，是目前在点到点链路上应用最广泛的数据链路层协议。

(3) 帧中继：使用无差错校验机制的简化技术进行高质量传输的数据链路层协议，与其他广域网协议相比，具有速度上的优势。

(4) ISDN：在现有电话线上传送语音和数据的数字业务。

6.2　HDLC 协议配置

6.2.1　HDLC 概述

高级数据链路控制(High-Level Data Link Control，HDLC)是国际标准化组织 ISO 定义的数据链路层协议，可用于同步或异步串行链路。HDLC 的帧格式如图 6.4 所示。

帧头标志	地 址	控 制	私 有	数 据	帧校验序列	帧尾标志

图 6.4　HDLC 的帧格式

各字段含义如下。

(1) 帧头标志：表示 HDLC 帧的开始，占用一个字节，其形式为 6 个连续的二进制位"1"，也可以用十六进制数 7E 表示。

(2) 地址：用于点对点的网络环境中对目的设备寻址，占用一个或两个字节。

(3) 控制：用于标明当前帧的类型，还提供控制功能，占用一个字节。

(4) 私有：不同厂商的专有类型编码，占用两个字节。

(5) 数据：当前帧封装的数据，长度可变。

(6) 帧校验序列：用于保证当前帧的正确性和完整性，占用两个字节或 4 个字节。

(7) 帧尾标志：表示 HDLC 帧的结束，与帧头标志一样，占用一个字节，其形式为 6 个连续的二进制位"1"，也可以用十六进制数 7E 表示。

HDLC 是 Cisco 路由器串行接口的默认封装协议,没有窗口或流量控制,只允许点到点连接,其地址字段总是设定为全 1。此外,由于具有两个字节的专有类型编码,因此,不同厂商的网络设备在实现 HDLC 时存在差别。所以,当实现不同厂商的路由器互连时,不应使用 HDLC 协议,而应使用 PPP 协议。

6.2.2 HDLC 配置

HDLC 的配置很简单,进入具体串行接口的接口配置模式后,使用 encapsulation hdlc 命令即可实现将串行接口的封装方式设定为 HDLC。需要说明的是,在一条对接串行接口电缆相连两个路由器的对应串行接口上都要将封装方式设定为 HDLC 协议。否则,这条链路将无法正常工作。

HDLC 配置命令如下。

(1) 命令形式: encapsulation hdlc。

(2) 命令模式: 接口配置模式。

(3) 命令功能: 将串行接口的封装方式设定为 HDLC。

例如,在图 6.5 所示的网络中配置 HDLC 协议,使 Cisco 路由器 RouterA 和 RouterB 能够连通。

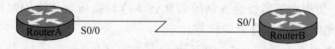

图 6.5 例中的网络环境

配置命令如下。

```
RouterA(config)# interface serial 0/0
RouterA(config-if)# encapsulation hdlc
RouterB(config)# interface serial 0/1
RouterB(config-if)# encapsulation hdlc
```

配置完成后,可以使用 show interface 命令查看配置情况,在路由器 RouterA 上使用 show interface serial 0/0 命令查看到接口的主要信息如下。

```
RouterA# show interface serial 0/0
Serial0/0 is up, line protocol is up
  Hardware is PowerQUICC Serial
  MTU 1500 bytes, BW 128 Kbit, DLY 20000 usec,
     reliability 255/255, txload 1/255, rxload 1/255
  Encapsulation HDLC, loopback not set
  Keepalive set (10 sec)
...
```

从以上信息可以看到,路由器 RouterA 的接口 serial 0/0 工作状态正常,接口封装方式是 HDLC。在以上配置的基础上,将两台路由器相连的串行接口的 IP 地址配置在同一个网段内,即可实现两台路由器的通信。

华为路由器也提供了配置 HDLC 协议的命令,在华为路由器某串行接口的接口视图下使用 link-protocol hdlc 命令即可实现将串行接口的封装方式设定为 HDLC。

例如,将华为路由器 Quidway 的 serial 1/0 接口的封装方式设定为 HDLC。

```
[Quidway] interface serial 1/0
[Quidway - serial1/0] link - protocol hdlc
```

配置完成后,可以使用 display interface 命令查看配置情况。

6.3 PPP 协议配置

6.3.1 PPP 协议概述

1. PPP 的特点

点到点协议(Point-to-Point Protocol,PPP)是 IETF 在 1992 年制定的,经过修订后,现在的 PPP 协议已经成为因特网的正式标准。PPP 协议在设计时考虑到了透明性、多协议支持、身份认证链路监控等多方面的需求,这使得 PPP 协议成为目前在点到点链路上应用最广泛的广域网数据链路层协议。

PPP 协议提供了在同步和异步链路上的路由器间、主机与网络间的连接。PPP 协议使用分层体系结构。PPP 协议提供了在一条点到点链路上封装多种协议数据包的方法。PPP 协议有三个组成部分。

(1)将 IP 数据包封装到串行链路的方法。

(2)用来建立、配置和测试数据链路的链路控制协议 LCP(Link Control Protocol)。

(3)网络控制协议 NCP(Network Control Protocol),NCP 由多个协议构成,其中的每一个协议支持不同的网络层协议,如 IP、IPX、DECnet、AppleTalk 等。

2. PPP 的帧格式

PPP 协议的帧格式与 HDLC 类似,如图 6.6 所示。

帧头标志	地址	控制	协议	数据	帧校验序列	帧尾标志

图 6.6 PPP 协议的帧格式

各字段含义如下。

(1)帧头标志:表示 PPP 帧的开始,占用一个字节,其形式为 6 个连续的二进制位"1",也可以用十六进制数 7E 表示。

(2)地址:占用一个字节,规定为 8 个二进制位"1",即 11111111,十六进制形式为 FF。

(3)控制:占用一个字节,规定取值为 00000011B,十六进制形式为 03。

(4)协议:用于表示当前帧所封装的协议,占用两个字节。例如,当协议字段取值为 0x0021 时,表示数据字段封装了 IP 协议;当协议字段取值为 0xC021 时,表示数据字段是链路控制协议 LCP 的数据。

(5)数据:当前帧封装的数据,长度可变。

(6)帧校验序列:用于保证当前帧的正确性和完整性,占用两个字节。

(7)帧尾标志:表示 PPP 帧的结束,与帧头标志一样,占用一个字节,其形式为 6 个连续的二进制位"1",也可以用十六进制数 7E 表示。

广域网协议原理及配置

6.3.2 PPP 身份验证

1. PPP 会话过程

一条点到点的链路上的 PPP 会话经过以下 4 个阶段。

（1）链路的建立和配置协商。在这个阶段，通信的发起方发送 LCP 帧来检测和配置数据链路。

（2）链路质量检测。在这个阶段，链路将被检测，从而判断链路的质量是否能够携带网络层信息。

（3）网络层协议的配置协商。在这个阶段，通信的发起方发送 NCP 帧，用于选择和配置网络层协议，网络层协议配置完毕后，通信双方可以发送各自的网络层协议分组。

（4）链路终止。通信方使用 LCP 或 NCP 帧关闭链路。

在 PPP 会话的链路建立和协商阶段，可以增加身份验证功能。在链路建立并且启动了身份验证功能后，对等的两端可以相互鉴别。身份验证功能需要呼叫的发起方输入验证信息（用户名和密码），这个信息用来确定网络管理员赋予用户的呼叫许可。在配置 PPP 验证时，有 PAP 和 CHAP 两种协议可供选择。

2. PAP 协议

密码验证协议（Password Authentication Protocol，PAP）是一种相对简单的身份验证协议。PAP 使用两次握手机制，为远程节点提供了简单的身份验证方法。在 PPP 链路建立阶段完成后，远程节点将不停地在链路上反复发送验证信息（用户名和密码），直到身份验证通过或者连接被终止，在这个过程中，中心路由器将收到的验证信息与自身掌握的信息进行比较，如果两种信息匹配，身份验证将通过，否则连接将立即终止。PAP 身份验证协议的过程如图 6.7 所示。

图 6.7　PAP 身份验证协议的过程

PAP 的优点是简单容易实现。PAP 的缺点也很明显，首先，身份验证的用户名和密码在链路上以明文的形式发送，这样身份验证信息容易被窃取；其次，由于验证重试的频率和次数由远程节点来控制，因此不能防止回放攻击和重复尝试攻击。

3. CHAP 协议

询问握手协议（Challenge Handshake Authentication Protocol，CHAP）是一种严谨的身份验证协议。CHAP 使用 3 次握手机制来进行远程节点的身份验证。在 PPP 链路建立阶段完成后，由中心路由器发送一个询问（challenge）信息到远程节点，远程节点使用加密后的验证信息来回应，中心路由器将收到的验证信息与自身掌握的信息进行比较，如果两种信息匹配，身份验证通过，否则连接立即终止。CHAP 身份验证协议的过程如图 6.8

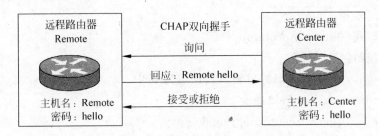

图 6.8 CHAP 身份验证协议的过程

所示。

CHAP 使用不可预知的、唯一的、可变的询问信息来防止回放攻击。CHAP 的连接是由中心路由器发起身份验证,因此可以防止重复尝试攻击。此外,CHAP 的身份验证信息经过了加密处理,因此可以防止身份验证信息被窃取。与 PAP 相比,CHAP 是一种具有较好健壮性的身份验证协议,因此是 PPP 首选的验证协议。

6.3.3 PPP 协议配置

1. PPP 配置命令

由于 PPP 协议涉及身份验证的问题,因此与 HDLC 协议相比,PPP 协议的配置相对复杂,与 PPP 协议配置有关的命令也更多。

对于 Cisco 路由器,PPP 协议配置的有关命令如下。

1) hostname 命令

(1) 命令形式:hostname hostname。

(2) 命令模式:全局配置模式。

(3) 命令功能:配置主机名,这个主机名与另一端路由器的用户名相匹配。

2) username username password password 命令

(1) 命令形式:username username password password。

(2) 命令模式:全局配置模式。

(3) 命令功能:配置用户名和密码,这个用户名与另一端路由器的主机名相匹配。进行身份验证的两台路由器的密码要相同。

3) encapsulation ppp 命令

(1) 命令形式:encapsulation ppp。

(2) 命令模式:接口配置模式。

(3) 命令功能:将串行接口的封装方式设定为 PPP。

4) ppp authentication 命令

(1) 命令形式:ppp authentication {chap | chap pap | pap chap | pap}。

(2) 命令模式:接口配置模式。

(3) 命令功能:选定 PPP 协议的身份验证协议。如果同时启动了两种身份验证协议,那么第一种验证协议作为首选的方式。

华为路由器上进行 PPP 协议配置的命令与 Cisco 路由器存在一些差别。对于华为路由器,PPP 协议配置的有关命令如下。

1）link-protocol ppp 命令

（1）命令形式：link-protocol ppp。

（2）命令视图：接口视图。

（3）命令功能：将串行接口的封装方式设定为 PPP。

2）ppp authentication-mode 命令

（1）命令形式：ppp authentication-mode {pap | chap}。

（2）命令视图：接口视图。

（3）命令功能：选定 PPP 协议的身份验证协议。

3）local-user username password {simple | cipher} password 命令

（1）命令形式：local-user username password {simple | cipher} password。

（2）命令视图：全局视图。

（3）命令功能：验证方使用这条命令配置验证所需要的用户名和密码。参数 simple 表示以明文的方式显示后面的密码；参数 cipher 表示以密文的方式显示后面的密码。

4）ppp pap local-user username password {simple | cipher} password 命令

（1）命令形式：ppp pap local-user username password {simple | cipher} password。

（2）命令视图：全局视图。

（3）命令功能：PAP 的被验证方使用这条命令将用户名和密码送给验证方，验证方通过查找本地用户列表（user 列表）来检查对方送来的用户名和密码是否正确，根据结果决定通过验证或拒绝对方。

5）ppp chap user username 命令

（1）命令形式：ppp chap user username。

（2）命令视图：接口视图。

（3）命令功能：配置 chap 验证的本地名称。

2. PPP 配置举例

例如，在如图 6.9 所示网络的两台 Cisco 路由器上配置 PPP 协议并配置 CHAP 身份验证协议，使两台路由器能够进行双向身份验证并通信。

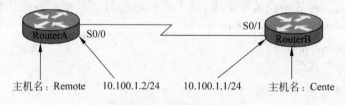

图 6.9　例中的网络环境

配置命令如下。

```
RouterA(config)# hostname Remote
Remote (config)# username Center password sameone
Remote (config)# interface serial 0/0
Remote (config-if)# encapsulation ppp
Remote (config-if)# ppp authentication chap
Remote (config-if)# ip address 10.100.1.2 255.255.255.0
```

```
RouterB(config) # hostname Center
Center (config) # username Remote password sameone
Center (config) # interface serial 0/1
Center (config - if) # encapsulation ppp
Center (config - if) # ppp authentication chap
Center (config - if) # ip address 10.100.1.1 255.255.255.0
```

在上面的配置过程中,将两台路由器的主机名分别配置为 Remote 和 Center,两台路由器的用户名分别是对方的主机名,密码都是 sameone,PPP 身份验证协议是 CHAP。

配置完成后,可以使用 show interface 命令查看接口情况。在路由器 Remote 上使用 show interface serial 0/0 命令查看到接口的主要信息如下。

```
Remote # show interface serial 0/0
Serial0/0 is up, line protocol is up
  Hardware is PowerQUICC Serial
  Internet address is 10.100.1.2/24
  MTU 1500 bytes, BW 128 Kbit, DLY 20000 usec,
    reliability 255/255, txload 1/255, rxload 1/255
  Encapsulation PPP, loopback not set
  Keepalive set (10 sec)
  LCP Open
  Open: IPCP, CDPCP
...
```

从以上信息可以看到,路由器 Remote 的接口 serial 0/0 工作状态正常,接口封装方式是 PPP。

也可以使用 ping 命令测试链路的连通性。在路由器 Remote 上使用 ping 10.100.1.1 命令的情况如下。

```
Remote # ping 10.100.1.1
Type escape sequence to abort.
Sending 5, 100 - byte ICMP Echos to 10.100.1.1, timeout is 2 seconds:
!!!!!
Success rate is 100 percent (5/5), round - trip min/avg/max = 28/28/32 ms
Remote #
```

从以上信息可以看到,路由器 Remote 与路由器 Center 间的连通性正常,这也说明两台路由器间的 PPP 身份验证已经通过。

例如,在如图 6.10 所示网络的两台华为路由器上配置 PPP 协议并配置 CHAP 身份验证协议,使路由器 Quidway1 用 CHAP 方式验证路由器 Quidway2。

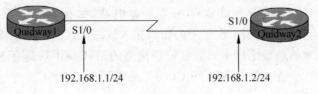

图 6.10 例中的网络环境

配置命令如下。

```
[Quidway1] local-user quidway2 password cipher hello
[Quidway1] interface serial 1/0
[Quidway1-serial1/0] link-protocol ppp
[Quidway1-serial1/0] ppp chap user quidway1
[Quidway1-serial1/0] ppp authentication-mode chap
[Quidway1-serial1/0] ip address 192.168.1.1 255.255.255.0

[Quidway2] local-user quidway1 password cipher hello
[Quidway2] interface serial 1/0
[Quidway2-serial1/0] link-protocol ppp
[Quidway2-serial1/0] ppp chap user quidway2
[Quidway2-serial1/0] ppp authentication-mode chap
[Quidway2-serial1/0] ip address 192.168.1.2 255.255.255.0
```

配置完成后,可以使用 display interface 命令查看接口情况。也可以使用 ping 命令测试链路的连通性。

6.4　帧中继配置

6.4.1　帧中继概述

1. 帧中继的特点

帧中继(Frame-Relay,FR)是国际电信联盟制定的标准,是一种高性能高速率的广域网数据链路技术。在帧中继出现之前,广域分组交换网的代表是 X.25 网络,但 X.25 网络的体系结构不适合高速交换。因此,需要研制一种支持高速交换的网络体系结构,帧中继就是为了达到这一目的而提出的。

与 X.25 网络相比,帧中继的最大特点就是减少了节点的处理时间。在帧中继网络上,帧中继不使用差错恢复和流量控制机制。帧中继交换机收到一个帧的首部时,查到目的地址后立即转发。当检测到帧存在错误时,将立即中止这次传输。出错帧的重传功能需要高层协议来完成。由此可见,帧中继适合在性能好、误码率低的网络中使用。

2. 帧中继的虚电路

帧中继网络提供面向连接的虚电路服务。虚电路可以分为交换虚电路(Switched Virtual Circuit,SVC)和永久虚电路(Permanent Virtual Circuit,PVC)两种。帧中继网络通常为相隔较远的用户提供永久虚电路服务。永久虚电路的优点是在通信时可以省去建立连接的过程。当帧中继网络为两个用户提供帧中继虚电路服务时,帧中继提供的虚电路相当于两个用户间的一条专用直通链路。

在同一帧中继物理网络上可能存在多条虚电路,数据链路连接标识符(Data-link Connection Identifier,DLCI)用来在单一的物理接入线路上区分不同的虚电路。DLCI 存储于每个帧中继数据帧的地址字段中。需要特别注意的是,DLCI 只具有本地意义,虚电路每一端的 DLCI 值可能不同。虚电路和 DLCI 的关系如图 6.11 所示。

3. 帧中继地址映射

帧中继地址映射是把虚电路的对端设备的协议地址(如 IP)与该设备的帧中继地址(本地 DLCI)关联起来,以便高层协议用对端设备的协议地址就能实现对该设备的寻址。

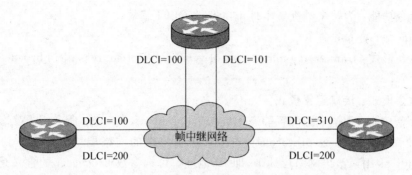

图 6.11　虚电路和 DLCI 的关系

帧中继主要用来承载 IP 协议,在发送 IP 数据包时,根据路由表可知下一跳 IP 地址。但具体发送前还应由 IP 地址确定对应的 DLCI。这个过程通过查找帧中继地址映射表来完成,因为地址映射表中存放的是对端 IP 地址和下一跳的 DLCI 的对应关系。地址映射表可以通过手工配置完成,也可以通过路由器的反向 ARP 协议进行自动的添加和删除。手工配置进行地址映射的方式称为静态地址映射,反向 ARP 协议进行自动地址映射的方式称为动态地址映射。

4. 本地管理接口

本地管理接口(Local Management Interface,LMI)是用户端设备和帧中继交换机之间的信令标准。负责管理设备之间的连接,维护设备之间的连接状态。LMI 包括对维护机制的支持,用于验证数据是否正在传输。LMI 也包括对状态机制的支持,用于报告已知 DLCI 的现行状态。进行帧中继配置时,需要确定本地管理接口的封装类型,对于 Cisco 路由器,有 cisco、ansi、q333a 三种本地管理接口封装类型可供选择。

6.4.2　帧中继的配置

1. 帧中继配置命令

帧中继的配置可分为 DCE 和 DTE 的配置。在实际应用中,路由器作为 DTE,通过线缆和相关设备接入帧中继网络。在实验环境下,如果两个路由器通过对接串行接口线缆连接,那么与 DCE 线缆连接的路由器作为帧中继的 DCE,与 DTE 线缆连接的路由器作为帧中继的 DTE。

Cisco 路由器帧中继配置的主要命令如下。

1) encapsulation frame-relay 命令

(1) 命令形式:encapsulation frame-relay {cisco | ietf}。

(2) 命令模式:接口配置模式。

(3) 命令功能:将串行接口的封装方式设定为帧中继,并指定帧中继的封装方式。帧中继的封装方式有 cisco 和 ietf 两种,其中 cisco 是 Cisco 路由器的默认封装方式,ietf 是各厂家路由器都支持的通用封装方式。

2) frame-relay interface-dlci dlci 命令

(1) 命令形式:frame-relay interface-dlci dlci。

(2) 命令模式:接口配置模式。

（3）命令功能：为帧中继配置本地虚电路的 DLCI 编号。

3）frame-relay map 命令

（1）命令形式：frame-relay map protocol-type protocol-address dlci［broadcast]{［ietf]
[｜cisco]}。

（2）命令模式：接口配置模式。

（3）命令功能：为帧中继配置静态地址映射。frame-relay map 命令用于静态地址映射
的配置。此命令中的参数 protocol-type 用来指明使用的网络层协议，即 IP 协议。参数
protocol-address 用来给出网络层地址，即 IP 地址。可选参数 broadcast 的含义是允许在帧
中继网络上传输路由广播信息。可选参数 cisco 和 ietf 表示帧中继的封装方式。

4）frame-relay inverse-arp 命令

（1）命令形式：frame-relay inverse-arp。

（2）命令模式：接口配置模式。

（3）命令功能：为帧中继配置动态地址映射。在 Cisco 路由器中，反向 ARP 协议是默
认打开的，通常情况下，动态地址映射不需要进行显式配置。在需要时，可以使用 frame-
relay inverse-arp 命令启动动态地址映射。

5）frame-relay lmi-type 命令

（1）命令形式：frame-relay lmi-type {cisco ｜ ansi ｜ q933a}。

（2）命令模式：接口配置模式。

（3）命令功能：为帧中继配置本地管理接口的封装类型。进行配置时，有 cisco、ansi、
q333a 三种封装类型可供选择。需要说明的是，Cisco IOS 11.2 级以后的版本支持本地管理
接口的自动识别，不需要显式配置。

6）frame-relay intf-type 命令

（1）命令形式：frame-relay intf-type {dte ｜ dce ｜ nni}。

（2）命令模式：接口配置模式。

（3）命令功能：为帧中继配置路由器接口的类型。即指明当前路由器是作为帧中继的
DTE，还是作为帧中继的 DCE。

7）frame-relay switching 命令

（1）命令形式：frame-relay switching。

（2）命令模式：全局配置模式。

（3）命令功能：在帧中继的 DCE 启动帧中继交换方式。

华为路由器上进行帧中继配置的命令与 Cisco 路由器存在一些差别。对于华为路由
器，帧中继配置的常用命令如下。

1）link-protocol frame-relay 命令

（1）命令形式：link-protocol frame-relay {MFR ｜ nonstandard ｜ ietf}。

（2）命令视图：接口视图。

（3）命令功能：将串行接口的封装方式设定为帧中继，并指定帧中继的封装方式。ietf
是华为路由器的默认封装方式。

2）fr interface-type 命令

（1）命令形式：fr interface-type {dte ｜ dce ｜ nni}。

（2）命令视图：接口视图。

（3）命令功能：为帧中继配置路由器接口的类型。即指明当前路由器是作为帧中继的 DTE，还是作为帧中继的 DCE。

3）fr lmi type 命令

（1）命令形式：fr lmi type {ansi | cisco-compatible | q933a}。

（2）命令视图：接口视图。

（3）命令功能：为帧中继配置本地管理接口的封装类型。当帧中继接口类型为 DCE 或 NNI 时，接口的默认 LMI 封装类型为 q933a，当帧中继接口类型为 DTE 时，本命令将配置接口和对端协商 LMI 封装类型。

4）fr map 命令

（1）命令形式：fr map {ip | ipx } protocol-address dlci [broadcast]。

（2）命令视图：接口视图。

（3）命令功能：为帧中继配置静态地址映射。

5）fr inarp 命令

（1）命令形式：fr inarp [ip | ipx][dlci]。

（2）命令视图：接口视图。

（3）命令功能：为帧中继配置动态地址映射。默认情况下，接口的动态反向 ARP 协议启动。

6）fr dlci dlci 命令

（1）命令形式：fr dlci dlci。

（2）命令视图：接口视图。

（3）命令功能：为帧中继配置本地虚电路的 DLCI 编号。

7）fr switching 命令

（1）命令形式：fr switching。

（2）命令视图：全局视图。

（3）命令功能：在帧中继的 DCE 启动帧中继交换方式。

2. 帧中继配置举例

例如，如图 6.12 所示的网络环境中两台 Cisco 路由器上配置帧中继协议，使 RouterA 和 RouterB 能够进行通信。

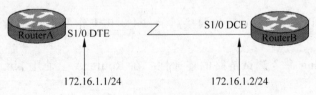

图 6.12　例中的网络环境

从图中串行线缆的连接方式上可见，RouterA 应作为帧中继的 DTE，RouterB 应作为帧中继的 DCE。

配置命令如下。

```
RouterA(config)# interface serial 0/0
RouterA(config-if)# encapsulation frame-relay
```

广域网协议原理及配置

```
RouterA(config-if)# frame-relay intf-type dte
RouterA(config-if)# frame-relay interface-dlci 161
RouterA(config-if)# frame-relay lmi-type ansi
RouterA(config-if)# frame-relay map ip 172.16.1.1 160
RouterA(config-if)# ip address 172.16.1.2 255.255.255.0

RouterB(config)# frame-relay switching
RouterB(config)# interface serial 0/1
RouterB(config-if)# encapsulation frame-relay
RouterB(config-if)# frame-relay intf-type dce
RouterB(config-if)# frame-relay interface-dlci 160
RouterB(config-if)# frame-relay lmi-type ansi
RouterB(config-if)# frame-relay map ip 172.16.1.2 161
RouterB(config-if)# ip address 172.16.1.1 255.255.255.0
```

在上面的配置过程中,将 RouterA 配置为帧中继的 DTE,RouterB 配置为帧中继的 DCE。RouterA 本地虚电路的 DLCI 编号为 161,RouterB 本地虚电路的 DLCI 编号为 160。RouterA 上帧中继接口的 IP 地址为 172.16.1.2,RouterB 上帧中继接口的 IP 地址为 172.16.1.2。地址映射采用静态方式。两台路由器本地管理接口的封装类型都是 ansi。

配置完成后,可以使用 show interface 命令查看接口情况。在 RouterA 上使用 show interface serial 0/0 命令查看到接口的主要信息如下。

```
RouterA# show interface serial 0/0
Serial0/1 is up, line protocol is up
  Hardware is PowerQUICC Serial
  Internet address is 172.16.1.2/24
  MTU 1500 bytes, BW 128 Kbit, DLY 20000 usec,
    reliability 255/255, txload 1/255, rxload 1/255
  Encapsulation FRAME-RELAY, loopback not set
  Keepalive set (10 sec)
  LMI enq sent   44, LMI stat recvd 42, LMI upd recvd 0, DTE LMI up
  LMI enq recvd 0, LMI stat sent  0, LMI upd sent  0
  LMI DLCI 0   LMI type is ANSI Annex D   frame relay DTE
...
```

从以上信息可以看到,RouterA 的接口 serial 0/0 工作状态正常,接口封装方式是帧中继。

也可以使用 ping 命令测试链路的连通性。在 RouterA 上使用 ping 172.16.1.1 命令的情况如下。

```
RouterA# ping 172.16.1.1
Type escape sequence to abort.
Sending 5, 100-byte ICMP Echos to 172.16.1.1, timeout is 2 seconds:
!!!!!
Success rate is 100 percent (5/5), round-trip min/avg/max = 28/28/32 ms
RouterA #
```

从以上信息可以看到,两台路由器间的连通性正常。

对于帧中继协议,除 show interface 命令外,Cisco 路由器还有其他查看类命令可以检查帧中继协议的状态。表 6.3 给出了查看帧中继协议的主要命令。

表 6.3　Cisco 路由器查看帧中继协议的主要命令

命名形式	功　能
show interface	显示接口基本信息以及 DLCI 和 LMI 的信息
show frame-relay lmi-type lmi-type	显示 LMI 状态
show frame-relay pvc type number	显示 PVC 状态
show frame-relay map	显示映射状态
show frame-relay traffic	显示传输状态

例如,在如图 6.13 所示的网络环境中两台华为路由器上配置帧中继协议,使路由器 Quidway1 和 Quidway2 能够进行通信。

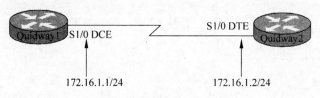

图 6.13　例中的网络环境

从图 6.13 中串行线缆的连接方式上可见,Quidway1 应作为帧中继的 DCE,Quidway2 应作为帧中继的 DTE。

配置命令如下。

```
[Quidway1] fr switching
[Quidway1] interface serial 1/0
[Quidway1 - serial1/0] ip address 192.168.10.1 24
[Quidway1 - serial1/0] link - protocol fr
[Quidway1 - serial1/0] fr interface - type dce
[Quidway1 - serial1/0] fr dlci 100
[Quidway1 - serial1/0] fr inarp
[Quidway1 - serial1/0] fr map ip 192.168.10.2 dlci 100

[Quidway2 - serial1/0] interface serial 1/0
[Quidway2 - serial1/0] ip address 192.168.10.2 24
[Quidway2 - serial1/0] link - protocol fr
[Quidway2 - serial1/0] fr interface - type dte
[Quidway2 - serial1/0] fr dlci 100
[Quidway2 - serial1/0] fr inarp
[Quidway2 - serial1/0] fr map ip 192.168.10.1 dlci 100
```

上面的帧中继配置中,两台路由器都是既启动了动态地址解析,又配置了静态地址映射。在默认情况下,接口的动态地址解析协议自动启动。当配置帧中继静态地址映射后,在指定的 DLCI 上,动态地址映射功能将被自动禁用。

配置完成后,可以使用多条 display 命令查看接口帧中继的情况。华为路由器用于查看帧中继协议的有关命令如表 6.4 所示。

表 6.4 华为路由器查看帧中继协议的有关命令

命　令	功　能
display fr lmi-info	显示 LMI 协议的配置信息和统计信息
display fr map-info	显示网络协议地址与帧中继地址映射表
display fr pvc info	显示帧中继 PVC 统计信息
display fr interface	显示各接口帧中继协议状态
display fr statistics	显示帧中继永久虚电路表
display fr switch-table all	显示帧中继 PVC 交换表

第 7 章　路由选择基础与静态路由配置

教学目标

(1) 通过学习与路由选择相关的基本概念和原理,为后续学习路由协议以及进行路由配置打好必要的理论基础。

(2) 通过配置静态路由和默认路由,增强对路由配置的感性认识,培养基本的动手能力和分析实验结果的能力。

7.1　路由选择基础

路由器是网络互联技术中的关键设备,工作在 OSI 参考模型的第三层(网络层),其主要作用之一就是为不同网络之间传送数据包寻找路径并进行存储转发。路由选择将涉及路由表、路由协议和转发算法三个方面。路由器将依据最长路径匹配原则查找路由表,确定相应的转发路径,并遵循一定的转发算法对数据包进行转发。路由表中的路由信息需要手工配置或由路由协议动态维护,路由器将基于管理距离和路由量度选出进入路由表的最佳路由。静态路由适用于小型网络,默认路由将有效减少路由表的条目。

7.1.1　路由与路由表

用于指导数据包转发所需要的路径信息称为路由。路由信息记载了通往每个节点或网络的路径,并以记录形式出现在路由器的路由表中。路由器必须依靠路由表中的路由信息实现路径选择。以 Internet 为例,为了能正确转发 IP 数据包,路由器必须根据数据包中的目的 IP 地址查找路由表,为它选择一条到达目的地的最佳路径,然后从相应端口将其转发给下一个路由器。路径上的其他后续路由器按照这种方式依次对数据包进行转发,并由最后的路由器负责将 IP 数据包送交目的主机。

路由表是路由器维护的一个小型数据库,实现一组目的地址到下一跳路由器 IP 地址的映射,其中路由记录的构成会因制造厂商及规格而存在差异,但至少要包含以下关键项:

(1) 目的地址(destination):标识 IP 数据包要到达的目的主机或目的网络的 IP 地址。

(2) 子网掩码(mask):与目的地址一起来标识目的主机或路由器所在网段的地址。将目的地址和子网掩码进行"逻辑与"操作可以得到目的主机或路由器所在网段的地址。

(3) 下一跳地址(nexthop):标识 IP 数据包所经由的下一个路由器的接口地址。

(4) 输出接口:指示 IP 数据包将从该路由器哪个接口转发出去。

此外,路由记录还通常包含路由优先级、路由量度(也称为花费)等信息项,它们与特定的路由类型相关,被用于辅助路径选择过程。当存在到达同一目的地的多条可能路由时,路由器将依据路由优先级、路由量度等信息选择一条最佳路由进入到路由表中并用于后续的数据包转发,而其他没选中的可能路由将不会在路由表中出现。这一点将在第 7.1.4 节中详细说明。

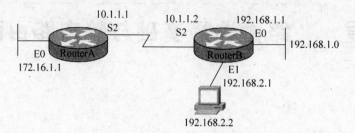

图 7.1　路由器组网示意图

假设图 7.1 中 RouterA 采用静态路由,RouterB 采用默认路由,则它们的路由表分别如表 7.1 和表 7.2 所示。一般路由器的静态路由和默认路由的量度都是 0。

表 7.1　RouterA 的路由表

路由类型	目的地址	子网掩码	下一跳地址	输出接口	路由量度
直接	172.16.1.0	255.255.255.0	—	E0	—
直接	10.1.1.0	255.255.255.0		S2	—
静态	192.168.2.2	255.255.255.255	10.1.1.2	S2	0
静态	192.168.1.0	255.255.255.0	10.1.1.2	S2	0

表 7.2　RouterB 的路由表

路由类型	目的地址	子网掩码	下一跳地址	输出接口	路由量度
直接	192.168.1.0	255.255.255.0		E0	—
直接	10.1.1.0	255.255.255.0		S2	—
直接	192.168.2.2	255.255.255.255		E1	—
默认	0.0.0.0	0.0.0.0	10.1.1.1	S2	0

7.1.2　路由的类型

根据路由表中路由的目的地不同,可以将路由划分为:

(1)子网路由:目的地为子网。

(2)主机路由:目的地为主机。

以图 7.1 中的路由器 A 为例,第一、二、四条路由的目的地址都是网络地址,所以这三条属于子网路由,而第三条路由的目的地址却是一台主机的 IP 地址,所以第三条属于主机路由。

根据目的地址与下一跳路由器 IP 地址的映射情况,路由又可分为以下几种:

(1)直接路由:目的地址所在网络与本路由器直接相连时对应的路由,该路由没有下一跳路由器 IP 地址项。

(2)间接路由:目的地址所在网络与本路由器非直接相连时对应的路由,该路由包含下一跳路由器 IP 地址项,通过这个相邻的下一跳路由器可以到达目的网络。

(3)默认路由:当目的地址与上述两类路由都无法匹配时采用的路由,这类路由通常也包含指向一个特定路由器的 IP 地址项,该路由器称为默认路由器。

表 7.2 中路由表的前三条都是直接路由,第 4 条是默认路由,即除了直连网络或主机以

外的所有目的地址,都由此条路由进行转发。表 7.1 中路由表的第三、四条是间接路由,因为两条路由所指向的目的地址并不与 RouterA 直接相连,必须要通过 RouterB 才能访问。

根据路由表中路由的来源,路由可以分为以下几种:

(1) 数据链路层协议发现的路由(connect):只能发现本接口所属网段的路由,即直接路由。具有开销小、无须人工维护的特点。

(2) 手工配置的静态路由(static):静态路由是一种特殊的路由,由管理员手工配置而成。静态路由的主要问题在于,当一个网络故障发生后,静态路由不会自动修正,必须有管理员的介入。静态路由无开销,配置命令简单,适合简单拓扑结构的网络。

(3) 动态路由协议发现的路由(RIP、OSPF、EIGRP 等):当网络拓扑结构十分复杂时,手工配置静态路由工作量大而且容易出现错误,这时就可用动态路由协议,让其自动发现和修改路由,无须人工维护,但动态路由协议开销大,配置复杂。

上面的例子中直接路由是由数据链路层协议发现的,只要为接口配置了相应的 IP 地址并启动该接口,数据链路层协议就会发现,并自动将该接口所属子网地址写入到路由表中。而静态路由和默认路由则由管理员手工配置,本例中未进行动态路由协议的配置,所以路由表中看不到动态路由。

7.1.3 路由器转发 IP 数据包的基本算法

路由器转发 IP 数据包的基本算法如图 7.2 所示。

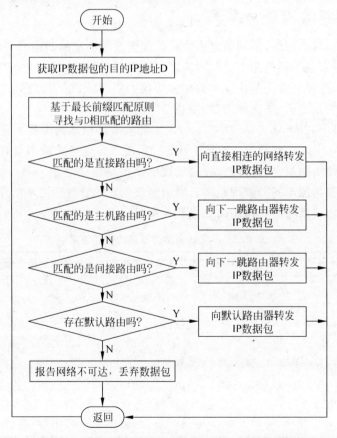

图 7.2　路由器转发 IP 数据包的基本算法流程图

路由选择基础与静态路由配置

在路由表中查找与目的 IP 地址 D 相匹配的路由是转发的关键,其基本操作是将 D 与各条路由中的子网掩码"按位与",看结果是否和本条路由中的网络地址相等,如果相等即匹配。基于最长前缀匹配是指当存在多条匹配路由时,应当选择具有最长网络前缀的路由进行转发,即最长前缀匹配的路由优先,因为网络前缀越长,网络地址就越具体。

需要说明的是,不同前缀长度的路由将视为不同的路由,将同时插入到路由表中,例如在 Cisco 路由器中使用路由协议 EIGRP、RIP 和 OSPF 分别得到三条路由,它们在路由表中按如下形式显示。

D   192.168.32.0/26 [90/25789217] via 10.1.1.1

R   192.168.32.0/24 [120/4] via 10.1.1.2

O   192.168.32.0/19 [110/229840] via 10.1.1.3

以第一条路由为例说明其构成,D 表示路由类型,192.168.32.0 表示网络地址,/26 表示子网掩码,方括号中的第一个数字表示管理距离,第二个数字是路由量度值(管理距离和路由量度将在第 7.1.4 节详细说明),via 后面的地址就是下一跳路由器的地址。

如果目的地址为 192.168.32.1,将选择哪条路由转发呢? 通过将该目的地址与三条路由中的掩码分别"按位与"后再与网络地址比较,会发现该地址与这三条路由都匹配,但基于最长前缀匹配原则,第一条匹配的路由前缀(为 26)最长,所以以该地址为目的地址的数据包将被转发到 10.1.1.1。

7.1.4   管理距离与路由量度

有时到达同一目的网络,不同的路由协议可能会发现不同的路由,即使对于同一路由协议,也可能会发现多条不同的路由。此时需要从这些候选路由中选择一条作为最佳路由并加入到路由表中,选择的方法是比较不同路由协议的管理距离(华为称为"路由优先级")以及计算各条路由的量度值(华为称为"路由花费")。

管理距离 AD(Administrator Distance)用来衡量来自相邻路由器上路由选择信息的可信度,它是一个 0~255 的整数值,0 是最可信赖的,而 255 则意味着不会有业务量通过这个路由。为从不同路由协议(包括静态路由)发现的多条路由中选出一条作为最佳路由,需要为不同的路由协议指派不同的管理距离。路由协议发现的管理距离小的路由具有更高的优先级。不同路由协议默认的管理距离如表 7.3 所示。

表 7.3   不同路由协议默认的管理距离

路由协议或类型	Cisco 路由器默认的管理距离	华为路由器默认的管理距离
直连路由	0	0
静态路由	1	60
RIP	120	100
OSPF	110	10
OSPF 引入的外部路由	20	150
IGRP	100	—
EIGRP	90	—
未知	255	255

路由的量度值(metric)表示到达这条路由所指向的目的地址的代价大小。通常以下因素将影响路由的量度值：线路延迟、带宽、线路利用率、跳数、最大传输单元等。由于不同的路由协议会选择其中的一种或几种因素来计算路由的量度值，因而该量度值在不同路由协议间不具有可比性，只在同一路由协议发现的多条路由内部比较时起作用。量度值小的路由具有更高的优先级。

某个网络可能会有多条路由可以到达同一个远程网络。如果出现这一情况，将首先检查管理距离。如果一个被通告的路由比另一个的 AD 值低，则那个具有较低 AD 值的路由将会被放置在路由表中。如果两个被通告的到同一网络的路由具有相同的 AD 值，则路由协议的量度值将被用做寻找到达远程网络最佳路径的依据。被通告的带有最低量度值的路由将被放置在路由表中。然而，如果两个被通告的路由具有相同的 AD 及相同的量度值，那么路由协议将会对这一远程网络使用负载均衡(即它所发送的数据包会平分到每个路由上)。

综上所述，路由器将基于管理距离和路由量度选出进入路由表的最佳路由。管理距离用于在不同路由协议发现的多条路由间进行比较，路由的量度值则在同一路由协议发现的多条路由间进行比较。数值小的路由优先级更高，并最终进入路由表。

7.2 静态路由及配置

7.2.1 静态路由简介

所谓静态路由就是由网管人员定义的路由，是以人工方式将路由条目添加到路由表中，以指导数据包向目的端的转发。

静态路由的优点在于它不会占用路由器 CPU 的资源，也不会占用路由器之间的带宽(启用动态路由协议的路由器之间需要定期进行路由更新、路由查询等路由通信，难免要消耗一些带宽)，最后就是静态路由更安全，因为数据可以路由到哪个网络是由管理员自己指定的。

静态路由通常只用于网络拓扑结构相对简单、网络与网络之间只通过一条路径互连的情况。静态路由不能对线路不通等路由变化做出反应，需要手工更新路由表。例如有一个子网新加到网络中，为了令该子网对其他网络是可达的，管理员必须在网络中所有的路由器(与该子网直接相连的路由器除外)中加入相关的路由信息。另外，配置静态路由要求管理员对网络各个路由器的连接情况比较了解，错误的配置会导致网络之间的连接中断。

7.2.2 静态路由配置

1. 配置前的准备

在配置静态路由之前，路由器之间首先要正确连线，然后为路由器的各个端口配置 IP 地址，还要用 no shutdown 激活。路由器的串口如果充当 DCE，还需要配置时钟频率。

做完准备工作之后，可以通过路由表查看到路由器直连网络的情况，还可以通过 ping 命令测试与相邻路由器的连通性。

2. 配置静态路由

Cisco 路由器中配置静态路由的命令需要在全局配置模式下使用，其格式如下。

```
Router(config)#ip route network mask {address | interface} [distance] [permanent]
```

下面对该命令格式中的字段简单加以解释。

(1) ip route 是命令关键字,用于创建一条静态路由。

(2) network 指出目标网络的 IP 地址前缀。

(3) mask 对应于目标网络的子网掩码。

(4) address 指出下一跳路由器的 IP 地址,是一个与本路由器直接相连的下一跳路由器的接口地址。

(5) interface 说明将使用本路由器的哪个接口将数据包发送给下一跳路由器。

注意:address 与 interface 字段二者取一,通常使用的是 address。

(6) distance 是一个可选字段,用于指定此条静态路由的管理距离。默认情况下静态路由的管理距离是 1,但允许通过 distance 字段修改为一个其他的数值。

(7) permanent 也是一个可选字段,它会强制要求任何情况下都在路由表中保留此静态路由,即使 interface 字段对应的接口被关闭或无法与 address 对应的下一跳路由器通信。

华为路由器中配置静态路由的命令需要在系统视图下使用,命令的格式如下。

```
[Quidway]ip route-static network {mask | masklen} { address | interface }[preference value]
[reject | blackhole ]
```

华为使用 ip route-static 关键字创建静态路由,network、mask、address 和 interface 的含义与上面相同,但说明子网掩码时华为命令更为灵活,允许使用掩码长度 masklen 来代替掩码本身,例如可以用数值 24 代替掩码 255.255.255.0。上述字段都是命令中的基本字段。

与 Cisco 类似,华为通过 preference 可选字段也允许修改静态路由的优先级,如果不修改,默认优先级为 60。reject 和 blackhole 是华为命令特有的两个关键字,其中 reject 将使本静态路由成为一条不可达路由,它指示本路由器丢弃去往目的网络的任何数据包,并且向源主机返回一条目的地不可达的 ICMP 消息。而 blackhole 关键字将使本静态路由成为一条黑洞路由,它指示本路由器丢弃去往目的网络的任何数据包,同时不向源主机返回任何消息。

3. 查看静态路由配置结果

在配置静态路由的命令完成后,可以通过路由表查看到配置结果。

Cisco 查看路由表的命令在特权模式下使用 Router#show ip route 命令。

华为查看路由表的命令在系统视图下使用[Quidway]display ip routing-table 命令。

4. 测试连通性

可以通过 ping 命令来测试网络的连通性。如果 ping 不通目标地址,可以通过对目标地址之前的路由器接口逐段进行 ping 操作来定位问题所在并加以排除。尤其要注意的是,因为 ping 命令发出的 ICMP 报文要经历一个去和回的往返过程,为了测试成功,必须保证源到目的端以及目的端返回源端的路由都可达,因此源和目的端之间的路由器都要配置相应路由。

7.2.3 静态路由配置案例

下面通过实例详细说明静态路由的配置。网络拓扑图如图 7.3 所示,要求在三台路由器上配置静态路由,使得两台 PC 可以相互 ping 通。

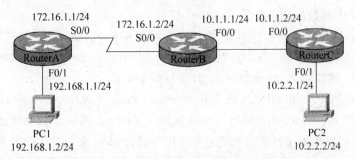

图 7.3 用于配置静态路由的网络拓扑图

1. Cisco 路由器的配置实例

1) 按拓扑图连线

PC 和路由器属于同一类设备,因此本例中设备间的双绞线都使用交叉线,RouterA 与 RouterB 通过串口线相连,并且本例假定 RouterB 作为 DCE。

2) 配置 IP 地址

设置 PC1 的 IP 地址为 192.168.1.2,子网掩码为 255.255.255.0,默认网关为 192.168.1.1,即所有从 PC1 发出的数据包都送给 RouterA 转发。

分别为 RouterA 的以太网口 F0/1 和串口 S0/0 配置 IP 地址,并激活这两个接口。

```
RouterA(config)♯interface f0/1
RouterA (config- if)♯ip address 192.168.1.1 255.255.255.0
RouterA (config- if)♯no shutdown        //激活此接口
RouterA (config- if)♯interface s0/0
RouterA (config- if)♯ip address 172.16.1.1 255.255.255.0
RouterA (config- if)♯no shutdown        //激活此接口
```

除了在串口 S0/0 和以太网口 F0/0 配置 IP 地址并激活接口外,RouterB 作为 DCE,还需要为它的串口 S0/0 指定时钟频率。

```
RouterB(config)♯interface s0/0
RouterB (config- if)♯ip address 172.16.1.2 255.255.255.0
RouterB (config- if)♯clock rate 64000        //作为 DCE 需要指定时钟频率
RouterB (config- if)♯no shutdown
RouterB (config- if)♯interface f0/0
RouterB (config- if)♯ip address 10.1.1.1 255.255.255.0
RouterB (config- if)♯no shutdown
```

分别为 RouterC 的以太网口 F0/0 和 F0/1 配置 IP 地址,并激活这两个接口。

```
RouterC(config)♯interface f0/0
RouterC (config- if)♯ip address 10.1.1.2 255.255.255.0
RouterC (config- if)♯no shutdown
RouterC (config- if)♯interface f0/1
RouterC (config- if)♯ip address 10.2.2.1 255.255.255.0
RouterC (config- if)♯no shutdown
```

路由选择基础与静态路由配置

设置 PC2 的 IP 地址为 10.2.2.2,子网掩码为 255.255.255.0。默认网关为 10.2.2.1,即所有从 PC2 发出的数据包都送给 RouterC 转发。

配置完成后,可以先逐段测试连通性以证明配置生效,例如,依次在 PC1 上 ping 192. 168.1.1,在 RouterA 上 ping 172.16.1.2,在 RouterB 上 ping 10.1.1.2,在 RouterC 上 ping 10.2.2.2 均成功,则说明 IP 地址配置正确,接口状态正常。

如果此时在 PC1 上 pingPC2,则会出现 Reply from 192.168.1.1:Destination host unreachable,该提示表明 RouterA(PC1 的默认网关)中没有到达 PC2 的路由信息,这是因为此时尚未在三台路由器上配置任何路由,当 PC1 通过 ping 命令发出的 ICMP 数据包到达 RouterA 后,RouterA 的路由表中由于没有到达 PC2 所在子网的路由,所以无法将数据包送达 PC2 而只能丢弃该包同时返回目标不可达的提示。

3）配置静态路由

首先需要确定每台路由器各需要几条静态路由。为保证连通性,每台路由器都需要知道到达所有网段的路由。因为和自己直连的网段其路由会自动进入路由表而无须额外配置,所以需要配置的就是所有到达非直连网段的路由。一般而言,在不考虑路由汇总的情况下,如果整个网络中有 n 个网段,则该网络中每个路由器的路由条目数量为 $n \cdot d$(d 为与该路由器直连的网段的数目),如果这些路由条目都是由静态路由所产生,则每个路由器需配置的静态路由数量同样也是 $n \cdot d$。

根据上述分析,本例中共有 4 个网段,每台路由器都有两个直连网段,因此每台路由器都需要配置两条到达非直连网段的静态路由。

RouterA 需配置到达 10.1.1.0/24 和 10.2.2.0/24 网段的静态路由。

```
RouterA (config) # ip route 10.1.1.0 255.255.255.0 172.16.1.2
RouterA(config) # ip route 10.2.2.0 255.255.255.0 172.16.1.2
```

RouterB 需配置到达 192.168.1.0/24 和 10.2.2.0/24 网段的静态路由。

```
RouterB (config) # ip route 192.168.1.0 255.255.255.0 172.16.1.1
RouterB (config) # ip route 10.2.2.0 255.255.255.0 10.1.1.2
```

RouterC 则需配置到达 192.168.1.0/24 和 172.16.1.0/24 网段的静态路由。

```
RouterC(config) # ip route 192.168.1.0 255.255.255.0 10.1.1.1
RouterC(config) # ip route 172.16.1.0 255.255.255.0 10.1.1.1
```

上述命令中的下一跳地址也可以用本路由器的输出接口来替代,例如 RouterB 也可配置成如下。

```
RouterB(config) # ip route 192.168.1.0 255.255.255.0 s0/0
RouterB(config) # ip route 10.2.2.0 255.255.255.0 f0/0
```

4）验证路由信息

配置好静态路由后,可以查看路由表来验证配置的效果。在全局配置模式下查看 RouterA 的路由表。

```
RouterA # show ip route
Codes: C - connected, S - static, I - IGRP, R - RIP, M - mobile, B - BGP …
```

```
      Gateway of last resort is not set
           172.16.0.0/24 is subnetted, 1 subnets
C          172.16.1.0 is directly connected, Serial0/0
           10.0.0.0/24 is subnetted, 2 subnets
S          10.2.2.0 [1/0] via 172.16.1.2
S          10.1.1.0 [1/0] via 172.16.1.2
C          192.168.1.0/24 is directly connected, FastEthernet0/1
```

可以看到路由表中存在两条标记为 C 的直连路由以及标记为 S 的两条静态路由,静态路由中的[1/0]分别表示管理距离(静态路由的默认管理距离是 1)和路由量度(静态路由的量度值为 0),via 172.16.1.2 表示到达这两个网段的下一跳都是 172.16.1.2,这与前面静态路由的配置命令相吻合。

5) 测试连通性

此时在 PC1 上 pingPC2,则会出现 Reply from 10.2.2.2:bytes=32 time=18ms TTL=125 的提示,说明测试连通性成功,本实例的全部操作过程到此结束。

在此基础上,可以进一步思考,如果 A 和 B 的静态路由不变,而 C 去掉了到达 192.168.1.0/24 网段的静态路由,会出现什么结果。

首先在 RouterC 上使用 no 关键字删除此路由。

```
RouterC(config)#no ip route 192.168.1.0 255.255.255.0 10.1.1.1
```

然后在 PC1 上再次 pingPC2,出现的提示 Request timed out,为什么此时 PC1 ping 不通 PC2 呢?

原因在于虽然 PC1 发给 PC2 的数据包能被送达 PC2,但从 PC2 返回的数据包到达 RouterC 后,RouterC 由于已经没有了到达 192.168.1.0 网段的路由,所以将丢弃由 PC2 发出的返回数据包。注意,ping 测试要经历一个数据包的往返过程,因此导致 ping 不成功的原因既可能是数据包无法到达目的地,也可能是到达了目的地却无法返回。如果测试时看到 Reply from X:Destination host unreachable 这样的提示,则说明发出 ping 命令的 PC 的默认网关对应的路由器 X 上没有到达目的地的路由,而如果看到的是 Request timed out,则测试不成功的原因可能是由于其他路由器没有到达目的地的路由或者没有返回的路由,还需要通过查看路由表等其他方法进一步确定问题所在。

2. 华为路由器的配置实例

以下就华为路由器与 Cisco 配置中的不同之处加以说明,相同之处则予以省略。

1) 配置接口的 IP 地址和静态路由

以 RouterB 作为示例,RouterA 和 RouterC 与此类似,限于篇幅不再详细列出。注意在华为路由器上将图 7.3 使用的串口改为 S1/0。

```
[RouterB]interface serial 1/0
[RouterB-Serial1/0]ip address 172.16.1.2 255.255.255.0
[RouterB-Serial1/0]clock rate 64000
[RouterB-Serial1/0]undo shutdown
[RouterB-Serial1/0]interface ethernet 0/0
[RouterB-Ethernet0/0]ip address 10.1.1.1 255.255.255.0
[RouterB-Ethernet0/0]undo shutdown
[RouterB-Ethernet0/0]quit
```

```
[RouterB]ip route - static 192.168.1.0 255.255.255.0 172.16.1.1      //配置静态路由
[RouterB]ip route - static 10.2.2.0 255.255.255.0 10.1.1.2           //配置静态路由
```

2）验证路由信息

以路由器 RouterB 为例，在系统视图下查看路由表。

```
[RouterB]dis ip routing - table
 Routing Table: public net
Destination/Mask    Protocol Pre  Cost         Nexthop        Interface
10.1.1.0/24         DIRECT   0    0            10.1.1.1       Ethernet0/0
10.1.1.1/32         DIRECT   0    0            127.0.0.1      InLoopBack0
10.2.2.0/24         STATIC   60   0            10.1.1.2       Ethernet0/0
127.0.0.0/8         DIRECT   0    0            127.0.0.1      InLoopBack0
127.0.0.1/32        DIRECT   0    0            127.0.0.1      InLoopBack0
172.16.1.0/24       DIRECT   0    0            172.16.1.2     Serial1/0
172.16.1.1/32       DIRECT   0    0            172.16.1.1     Serial1/0
172.16.1.2/32       DIRECT   0    0            127.0.0.1      InLoopBack0
192.168.1.0/24      STATIC   60   0            172.16.1.1     Serial1/0
```

7.3 默 认 路 由

7.3.1 默认路由简介

默认路由是在没有找到匹配的路由表入口项时才使用的路由。即只有当没有合适的路由时，默认路由才被使用。从 7.1.3 节路由器转发 IP 数据包的基本算法中可以看出，如果数据包的目的地址不能与路由表的任何网络前缀匹配时，路由器将查看路由表中是否包含默认路由。如果存在，就用此默认路由将数据包转发给默认路由器，否则该数据包将被丢弃并向源端返回一个指示目的地址不可达的 ICMP 报文。

默认路由在网络中是非常有用的，它可以大大减少路由表中的条目，并且不会对路由器的 CPU 以及网络带宽带来负担。尽管大多数情况下默认路由是手工配置的，并且表现为一种特殊的静态路由，但默认路由并不一定都是手工配置的静态路由，有时也可以由动态路由协议产生，例如 OSPF 路由协议配置了末梢区域的路由器就会动态产生一条默认路由。

手工配置默认路由的命令格式如下。

在 Cisco 路由器上：Router(config) # ip route 0.0.0.0 0.0.0.0 默认路由器的 IP 地址
在华为路由器上：[Router]ip route - static 0.0.0.0 0.0.0.0 默认路由器的 IP 地址

配置完成后，默认路由将以网络前缀为 0.0.0.0、子网掩码为 0.0.0.0 的形式出现在路由表中。默认路由采用这种形式的原因仍需依据 7.1.3 小节路由器转发 IP 数据包的基本算法。当目的 IP 地址 D 无法与任何其他路由匹配时，如果此时路由表中恰好有默认路由，D 通过和默认路由的子网掩码 0.0.0.0"按位与"，所得的结果必定匹配默认路由的网络前缀 0.0.0.0。正是 0.0.0.0 起到了通配符的效果，使得任何无法与其他路由匹配的目的 IP 地址最终都将与默认路由匹配，而任何其他的网络前缀和子网掩码的组合均无法达到此目的。

7.3.2 默认路由配置实例

仍以图 7.3 为例说明默认路由的配置。在 RouterA 上配置静态路由时会发现,两条静态路由的下一跳完全相同,RouterC 上也存在这种情况。这暗示着一个事实,RouterA 和 RouterC 通往所有非直连网段只能沿着一个输出连接。此时使用默认路由将简化路由器的配置,因此分别配置如下的一条默认路由取代 A 和 C 上原有的两条静态路由。

```
RouterA(config)♯ip route 0.0.0.0 0.0.0.0 172.16.1.2
RouterC(config)♯ip route 0.0.0.0 0.0.0.0 10.1.1.1
```

在 RouterA 上显示的默认路由如下所示。

```
RouterA♯show ip route
Codes: C - connected, S - static, I - IGRP, R - RIP, M - mobile, B-BGP…
       * - candidate default, U - per-user static route, o-ODR…
Gateway of last resort is 172.16.1.2 to network 0.0.0.0
     172.16.0.0/24 is subnetted, 1 subnets
C       172.16.1.0 is directly connected, Serial0/0
C       192.168.1.0/24 is directly connected, FastEthernet0/1
S*      0.0.0.0/0 [1/0] via 172.16.1.2
```

一般而言,末梢网络(stub network)中的路由器可以只配置一条默认路由,因为这样的网络与外界只有一条输出连接。使用默认路由不仅可以减少配置过程中的输入工作量,还有利于减少路由表中的路由数目,当非直连的网段越多,这种优势就越明显。

7.3.3 路由环路

在上面的例子中能否在 RouterB 上也配置默认路由呢?显然是不行的,因为 RouterB 并不处于一个末梢网络中,它与外界存在着两条不同的输出连接。假设真的在 RouterB 上删除了原有的两条静态路由并配置了如下一条默认路由,会出现什么情况呢?

```
RouterB(config)♯ip route 0.0.0.0 0.0.0.0 172.16.1.1
```

此时在 PC1 上再次 pingPC2,出现的提示 Reply from 172.16.1.2:Destination host unreachable,为什么 RouterB(172.16.1.2 对应其 s0/0 接口)会显示没有到达 PC2 的路由呢?

当 PC1 通过 ping 命令发出的 ICMP 数据包到达 RouterA 后,RouterA 判断出此数据包的目的地址为 10.2.2.0 网段,不属于自己的直连网段,将使用默认路由将其转发给 RouterB,RouterB 收到后也基于同样的判断,会利用默认路由将该数据包再次发回给 RouterA,这样发往 PC2 的数据包将在 RouterA 和 RouterB 之间循环往复而无法到达目的地。正是由于 RouterB 上错误地配置了默认路由才导致了此现象,这种由于路由错误引起的数据包循环转发就是路由环路,也称为路由自环。

不仅默认路由或静态路由配置不当会产生路由环路,动态路由协议也有可能发生此现象。当路由环路发生时,会导致数据包在几个路由器之间循环转发,直到 TTL=0 时才被丢弃,不仅最终无法到达目的地,而且会浪费宝贵的带宽资源,所以应尽量避免路由环路的出现。

7.4 练 习

网络拓扑如图 7.4 所示，要求使用静态路由或默认路由实现三台 PC 可以互相 ping 通。注意在华为路由器上需要将下图使用的串口改为 S1/0。

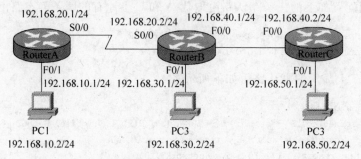

图 7.4 用于静态路由或默认路由配置练习的网络拓扑图

第 8 章 动态路由协议及配置

教学目标

(1) 通过深入地介绍两种最常用路由协议(RIP 和 OSPF)的有关内容,加深对动态路由协议基本原理和工作过程的理解,为进行路由配置打好必要的理论基础。

(2) 通过学习 RIP 和 OSPF 的配置,强化对相关概念和基本原理的认识,培养基本的动手能力和分析实验结果的能力。

8.1 动态路由协议概述

当网络规模不大时,采用静态方式手工配置以建立路由表是可行的。但是当网络不断扩大时,路由表的条目将会急剧增多,此时若再使用静态方式,则在设置和维护路由表时,会变得复杂且困难重重。

为解决这个问题,人们提出了利用动态方式建立路由表的思想,即让路由器能通过某些机制,自动地建立与维护路由表,并在有多条路径可供选择时,自动计算出最佳的路径。

负责动态建立、维护路由表,并计算最佳路径的机制就是动态路由协议(dynamic routing protocol)。相邻的路由器之间通过动态路由协议,相互交换网络的可达性信息并据此更新各自对整个网络的认识,然后按照一定的算法计算出到达各个目的网络的路由,从而动态建立起路由表。动态路由协议还可以自动将网络状态的改变通知给所有的路由器。在一个大型网络中,同时使用动态和静态路由是很典型的方式。

动态路由协议能够用以下量度标准的几种或全部来决定到目的网络的最优路径,有路径长度、可靠程度、延迟、带宽、负载和通信代价等。

动态路由协议简称为路由协议(routing protocol)。与之相关的一个概念是可路由协议(routed protocol),是定义数据包内各个字段的格式和用途的网络层协议。路由协议的典型例子有 RIP v1、RIP v2、OSPF 和 EIGRP 等协议,可路由协议的典型示例是 TCP/IP 协议簇中的 IP v4/IP v6 协议以及 Novell IPX/SPX 协议簇中的 IPX 协议。路由器的主要作用是实现对数据包的路由选择和存储转发。路由学习和选择由路由协议负责,而存储转发实际由可路由协议完成,两种协议协同工作,一旦通过路由协议使得所有的路由器都知道了到达目的网络的路径,此时可路由协议便可发送数据包穿越互联的网络了。

8.1.1 路由协议的基本工作原理

为动态建立路由表,路由协议需要在相邻的路由器之间交换协议报文。如果两台路由器都实现了某种路由协议并已经启动该协议,则具备了相互通信的基础。

当路由器根据默认配置加电时,只注意到与其直接相连的接口,并首先将直连网段的信息建立在路由表中,连同管理员随后手工配置的静态路由一起作为初始的路由表信息。启动路由协议后,新加入的路由器要想使网络上的其他路由器知道自己的到来,就可通过向指定的路由器邻居发送协议报文或向全体路由器广播协议报文的方式主动把自己当前已知的路由相关信息通告出去。路由相关信息将被路由器用于路由计算,并随路由协议的不同而不同,可能是路由表中的路由项,也可能是路由器接口的链路状态等。

为了在网络状况发生变化(拓扑变化、设备改变、线路故障等)时,各个路由器能够及时得知变化情况并对路由相关信息做出相应调整,协议规定两台路由器之间的协议报文应该周期性发送,如图 8.1 所示。

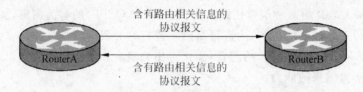

图 8.1　邻居路由器间周期性交换协议报文

由于每台路由器都借助协议报文向它的邻居周期性通告各自已知的路由信息,经过一段时间的相互交换,最终每台路由器都会收到网络中所有的路由信息,从而建立起各自对整个网络的认识。据此,路由协议可以按照一定的路由算法计算出到达各个目的网络的路由(主要是计算出路由的下一跳和路由花费),并遵从管理距离和路由量度优先的原则选择最佳路由进入路由表。此外,路由器还利用定时器对路由表中的路由周期性刷新,尽量使路由项与网络状态的新变化保持一致。图 8.2 概括了影响路由生成的几个主要因素。

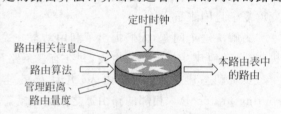

图 8.2　影响路由的一些主要因素

由此可知,路由协议的工作需要经历两个阶段。首先,借助于协议报文的交换完成对路由相关信息的收集。其次,依据某种路由算法实现对收集信息的计算并产生最终路由。与静态路由相比,这些工作决定了路由协议将占用更多的网络带宽和路由器 CPU 资源。虽然存在这样的问题,但终究利大于弊,路由协议在大型、动态变化的网络环境中得到了普遍应用。

8.1.2　路由协议的分类

路由协议的工作需要依据某种路由算法。现有的路由算法主要有距离矢量(Distance Vector,DV)算法和链路状态(Link State,LS)算法两种。基于所使用的路由算法的不同,路由协议可分为以下几种:

(1) 距离矢量路由协议。距离矢量路由协议通过判断距离决定到达目的网络的最佳路径。数据包每经过一台路由器,称为一跳。到达目的网络跳数最少的路由被认为是最佳路由。而路由信息则由包含目的网络、下一跳地址和跳数的矢量来表示。RIP 和 Cisco 的 IGRP 都属于距离矢量路由协议。它们周期性发送整个路由表到直接相邻的路由器。

(2) 链路状态路由协议。链路状态路由协议通过洪泛路由器周边的链路状态信息使得网络中的每台路由器都能够知道整个网络的拓扑结构,并基于最短路径优先 SPF(Shortest Path First)算法计算路由。OSPF 和 IS-IS 是两种典型的链路状态路由协议。与距离矢量路由协议相比,链路状态路由协议具有更好的性能和可扩展性。

(3)混合型路由协议。混合型路由协议是将距离矢量和链路状态两种协议结合起来的协议,例如 Cisco 的专有协议 EIGRP。

自治系统(Autonomous System,AS)是网络互联技术中的一个重要概念。AS 是一个基于共同的管理域并共享同一种路由管理策略的网络集合。根据工作范围的不同,路由协议可分为以下几种。

(1)内部网关协议(Internal Gateway Protocol,IGP):用于在同一个自治系统内部交换路由信息,RIP、OSPF、IS-IS 等都属于 IGP。

(2)外部网关协议(External Gateway Protocol,EGP):用于在不同的自治系统之间交换路由信息,需要使用路由策略、路由过滤等机制控制路由信息在自治系统之间的传播。一个应用实例是边界网关协议(Border Gateway Protocol,BGP),目前广泛应用的是 BGP v4。

基于上述两个分类标准,表 8.1 列出了常见的路由协议及其分类情况。

表 8.1　常见的路由协议及分类

	内部网关协议	外部网关协议
距离矢量	RIP、IGRP	BGP
链路状态	OSPF、IS-IS	
混合型	EIGRP	

8.2　距离矢量路由协议

8.2.1　距离矢量路由协议概述

距离矢量路由协议的基本工作原理是:每个路由器定期将自身完整的路由表发送给相邻路由器,路由表项是一个与距离相关的矢量,包括“目的网络,下一跳路由器,到达目的网络的距离”。距离通常用跳数衡量,经过一个路由器称为一跳。收到相邻路由器的路由表备份后,本路由器将它与自己原有的路由表进行组合并基于下列原则更新自身的路由表。

(1)对本路由表中不存在的路由项,在路由表中增加该路由项,并修改下一跳路由器为相邻路由器。

(2)对本路由表中已有的路由项,当下一跳路由器与相邻路由器相同时,不论距离增大或减少,都更新该路由项,并保持下一跳路由器不变。

(3)对本路由表中已有的路由项,当下一跳路由器与相邻路由器不同时,只在距离减少时,更新该路由项,并修改下一跳路由器为相邻路由器。

(4)对本路由表中已有的路由项,当下一跳路由器与相邻路由器相同且相邻路由器的路由表中没有此项时,将此路由项从本路由表中删除。

下面举例说明这些更新原则。假设 T1 时刻的网络拓扑如图 8.3 所示,T1 时刻 A 和 B

的路由表中只有各自的直连网段,距离都是0。当B将自己的路由表备份发给A时,A发现了N1路由项不在自己的路由表中,根据规则(1),就将N1路由项加入自己的路由表中,并且因为此路由项是B发给A的,所以置下一跳为B,距离为B到N1网段的距离加1(0+1=1),即A认为现在可以通过B到达N1了。

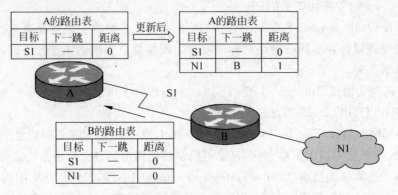

图8.3　T1时刻的网络拓扑图和A的路由表更新

T2时刻网络拓扑发生了如图8.4所示的变化,路由器C出现在B和N1之间,此时B需要通过C才能到达N1网段,B的路由表已做相应变化,但假设A还不知道此变化。当B将自己的路由表备份发给A时,A发现了S2路由项不在自己的路由表中,根据规则(1)增加一条S2路由项,情形与T1时刻增加N1项时相同。同时发现N1项已在自己的路由表中,并且其下一跳正是相邻路由器B,因此根据规则(2),置N1路由项的距离为此时B到N1网段的距离加1(1+1=2),并维持下一跳路由器为B不变。

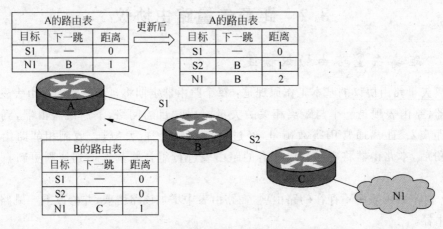

图8.4　T2时刻的网络拓扑图和A的路由表更新

T3时刻由于D路由器的加入使得网络拓扑发生了新变化,如图8.5所示。假设此时A已知道又增加了一个直连网段S3,但尚未察觉S4的存在。当D的路由表备份传到A时,根据规则(1),A会增加到达S4网段的路由项,该路由项将以D作为下一跳。此外,根据规则(3),虽然A有到达N1的路由项,但该路由项的下一跳是B而非此时的相邻路由器D,并且A如果通过D到达N1的距离将是2(等于D到N1的距离1再加一跳),不比A原有通过B到达N1的距离更小,所以A中的N1路由项将不予更新。

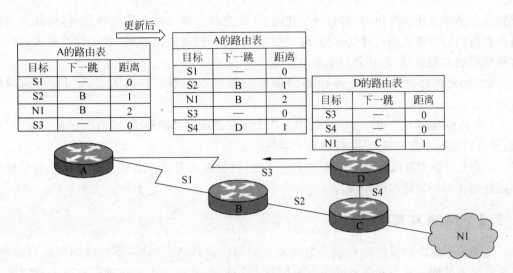

A的路由表				A的路由表				D的路由表		
目标	下一跳	距离		目标	下一跳	距离		目标	下一跳	距离
S1	—	0		S1	—	0		S3	—	0
S2	B	1		S2	B	1		S4	—	0
N1	B	2		N1	B	2		N1	C	1
S3	—	0		S3	—	0				
				S4	D	1				

更新后

图 8.5　T3 时刻的网络拓扑图和 A 的路由表更新

假设 T4 时刻网络拓扑又发生了如图 8.6 所示的变化,当 D 的路由表备份传到 A 时,A 发现自己有的 S4 路由项在 D 路由表中却没有,而该路由项的下一跳恰恰是当前的相邻路由器 D,这种情况说明原来向 A 通告此路由项的 D 已认为 S4 网段不可达了,因此根据规则 (4),A 将删除自己的 S4 路由项。同时,A 还发现自己有到达 N1 网段的路由项,该路由项的下一跳是 B 而非此时的相邻路由器 D,并且 A 通过 D 到达 N1 的距离将是 1(等于 D 到 N1 的距离 0 再加一跳),这将比 A 原有通过 B 到达 N1 的距离更小,所以根据规则(3),A 中到达 N1 的路由项将更新,并修改下一跳为此时的相邻路由器 D。

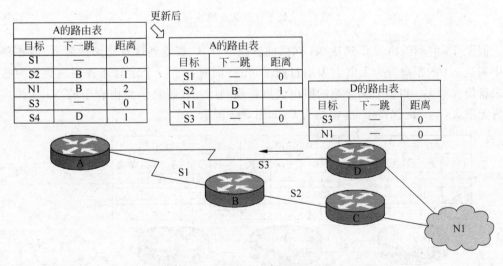

更新后

A的路由表				A的路由表				D的路由表		
目标	下一跳	距离		目标	下一跳	距离		目标	下一跳	距离
S1	—	0		S1	—	0		S3	—	0
S2	B	1		S2	B	1		N1	—	0
N1	B	2		N1	D	1				
S3	—	0		S3	—	0				
S4	D	1								

图 8.6　T4 时刻的网络拓扑图和 A 的路由表更新

从以上的分析不难看出,由于路由器接收到的更新只是来自相邻路由器对于远程网络的确认信息,所以网络中的路由器并不能知道整个网络的确切拓扑结构。

距离矢量路由协议的优点是实现简单,易于配置和管理,缺点主要如下。

(1) 算法收敛速度慢,这是距离矢量路由协议最大的缺点。由于路由器对远程网络的

动态路由协议及配置

感知完全来源于相邻路由器,当拓扑变化时,这种变化会被由近及远逐步传递,因此最后使得所有路由器都感受到这种变化(此时就称收敛)的时间就会比较长,对于规模较大的网络这种情形更加明显,严重时会产生路由环路。

(2) 占用较多网络带宽。路由器周期性向邻居发送整个路由表会占用较多的网络带宽。

(3) 路由量度不全面。仅以跳数多少作为衡量路由好坏的标准,没有考虑链路带宽、延迟、负载轻重和可靠性等因素,往往有失客观。

(4) 不适合大规模的网络。基于上述三点,使得距离矢量路由协议仅适用于规模较小和拓扑变化不明显的网络环境。

8.2.2 路由环路问题

距离矢量路由协议的慢收敛会造成矛盾的路由表和路由环路,下面将举例加以说明。正常情况下的网络状态和各自的路由表如图 8.7 所示,此时路由表正确包含了所有网段的路由信息,因此认为它们处于收敛状态。

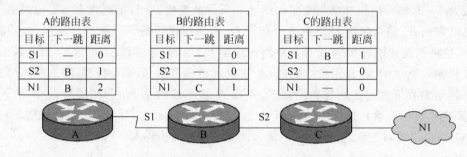

图 8.7　处于收敛状态的路由表

假设 T1 时刻路由器 C 到达 N1 网段的链路断开,C 察觉到这种链路故障后,将本路由表中到达 N1 的距离置为无限大表示目前不可达,同时在下一个定时通告周期到来时将路由表备份发给 B。根据上文介绍的路由表更新规则(2),B 将自己路由表中的 N1 项距离也置为无限大,下一跳保持不变,仍然为 C,如图 8.8 所示。

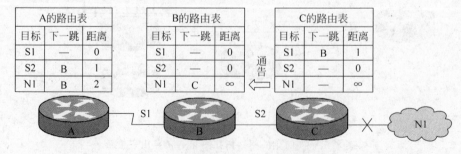

图 8.8　T1 时刻 C 向 B 通告网络故障

假设 T2 时刻 B 刚修改完 N1 路由项但尚未到达 B 的下一个定时通告周期,即 B 还未向 A 传递自己的路由表时,A 的定时通告周期却已经到来(注意:这种假设是引发问题产生的关键),于是 A 将自己的路由表备份发给 B,B 收到后发现 A 向自己通告了一条到达

N1 网段的路由,根据路由表更新规则(3),B 认为可以经过 A 到达 N1 网段,而原来经过 C 却不可达,因此修改到达 N1 的路由项,使其下一跳指向 A,距离改为 3。继续假设 B 的定时通告周期随后来到,它会将修改后的路由表同时向 A 和 C 通告。先看一下 B 通告 C 之后的情形,根据路由表更新规则(3),C 认为可以经过 B 到达 N1 网段,相应修改 N1 路由项的下一跳指向 B,距离改为 4,状态如图 8.9 所示。从路由表上看,此时 C 认为可以经 B 到 N1,B 认为可以经 A 到 N1,而 A 仍像先前那样认为可以经由 B 到达 N1,事实上已经在 A 和 B 之间产生路由环路了。

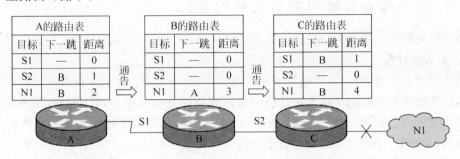

图 8.9　T2 时刻 A 向 B、B 向 C 依次通告 N1 网段的可达性

再分析一下 B 通告 A 之后的情形,根据路由表更新规则(2),A 仍然认为可以经过 B 到达 N1 网段,只是距离改为 4,A 和 B 之间的环路状态继续得以维持,如图 8.10 所示。

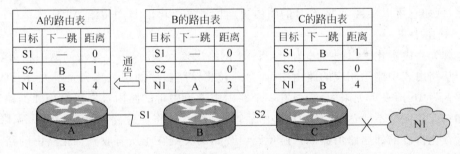

图 8.10　T2 时刻后 B 向 A 通告 N1 网段的可达性

此后,假设 T3 时刻 A 的定时通告周期又一次到来,情形与图 8.9 完全相同,A 向 B、B 再向 C 依次通告到达 N1 网段的新距离,但相互间的下一跳关系仍维持不变,A 和 B 之间的环路状态继续保持,如图 8.11 所示。按照上面的分析,这样的通告还将再重复图 8.10 的情形,又将引发一轮新的距离更新。不断依次重复类似图 8.9 和图 8.10 的路由通告过程,最

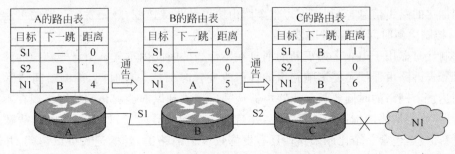

图 8.11　T3 时刻后重复与 T2 时刻类似的情形

动态路由协议及配置

终将导致到达 N1 网段的距离逐渐增大,直到无限,不变的却始终是相互间的下一跳关系以及 A 和 B 之间的环路状态。这种路由环路将导致任意一台路由器发出的去往 N1 的数据包在 A 和 B 路由器间不断循环地被转发。

从上述分析可以看出,当拓扑变化时,由于基于距离矢量算法工作的路由器只会由近及远逐步传递这种变化,而不能同时或接近同时地完成路由表的更新,即收敛过程比较缓慢,从而导致了路由环路的发生。

8.2.3 解决路由环路问题的几种对策

通常针对距离矢量路由协议慢收敛而可能导致路由环路的问题有以下几种应对方法。

1. 最大跳计数

路由环路发生时,路由器的跳数表现为无限大,这会使得去往特定网段或子网的路由无法收敛。为此可以通过定义最大跳计数的方法终止跳数的不断增长。例如,RIP 协议允许跳计数最大可以达到 15,所以任何需要经过 16 跳到达的网络都被认为是不可达的。最大跳计数可以控制一个路由表项在达到多大的值后变成无效或不可信,该方法虽然不能完全避免路由环路的发生,但它可以使环路的持续时间限定在一个可控的范围内。

2. 水平分割

另一种解决路由环路问题的方案称为水平分割。它规定从一个接口收到的路由更新信息将不能再通过同一接口发送出去。通过强制规定路由信息的传送规则,来避免路由环路的发生,例如它可以实现 A 发给 B 的路由更新信息不会再由 B 回传给 A。

3. 路由中毒

也称为路由毒化。以图 8.8 为例,当 N1 网络出现问题时,最早发现问题的路由器 C 不是马上从路由表中删除相应的路由项,而是通过将该路由项的跳数置为无限大(RIP 中只要将跳数置为 16 即表示无限大)来引发一个路由中毒。中毒的路由被发送给相邻的路由器 B 以通知对应的网络不可达,收到毒化路由后,路由器 B 也将相应路由表项标记为无限大,继续依次毒化自己的邻居路由器 A。避免路由环路的关键在于所有收到毒化路由的路由器将不再接收关于该路由项的更新信息。

4. 毒性逆转

毒性逆转实施的是与路由中毒相反的毒化过程,它是指收到路由中毒消息的路由器,不遵守水平分割原则而是将中毒消息向着"毒源"方向转发给所有的相邻路由器(也包括发送中毒信息的源路由器),通告相邻路由器这条路由信息已失效了。仍以图 8.8 为例,B 收到来自于 C 的中毒消息后,将向 C 再反馈一个中毒消息。毒性逆转可以保证所有的路由器都接收到毒化的路由信息,有利于缩短整个路由协议的收敛速度,降低发生环路的可能性。

5. 控制更新时间(抑制计时器)

抑制计时器用于阻止定期更新的消息在不恰当的时间内重置一个已经坏掉的路由。抑制计时器告诉路由器把可能影响路由的任何改变暂时保持一段时间,抑制时间通常比更新信息到达整个网络的时间要长。当路由器从邻居接收到以前能够访问的网络现在不能访问的更新后,就将该路由标记为不可访问,并启动一个抑制计时器,如果再次收到从邻居发送来的更新信息,包含一个比原来路径具有更好量度值的路由,就标记为可以访问,并取消抑制计时器。如果在抑制计时器超时之前从不同邻居收到的更新信息包含的量度值比以前的更差,更新将被忽略,这样可以有更多的时间让更新信息传遍整个网络,并可以防止在其他路由器的路由表中过早恢复某些无效路由。

6. 触发更新

正常情况下,路由器会定期将路由表发送给邻居路由器,而触发更新就是立刻发送路由更新信息,以响应某些变化。测到网络故障的路由器会立即发送一个更新信息给邻居路由器,并依次产生触发更新通知它们的邻居路由器,使整个网络上的路由器在最短的时间内收到更新信息,从而快速了解整个网络的变化。

事实上,只依靠以上方法中的任何一种,都不能完全解决拓扑变化时正确、快速地更新路由表的问题,只有将几种方法联合起来使用才可能解决或缓解路由环路问题。

8.3 RIP 路由协议及配置

8.3.1 RIP 路由协议概述

RIP(Router Information Protocol,路由信息协议)是一个真正的距离矢量路由选择协议,它通过发送完整的路由表到相邻的路由器来实现全网路由的收敛。作为一个应用层协议,RIP 利用 UDP 和已知端口号 520 来传递其协议报文。RIP 报文封装在 UDP 数据报中,每个 RIP 报文可以运载 25 个路由表项,并每隔 30s 向外广播一次。

RIP 只使用跳数来决定到达远程网络的最佳方式,路由器到与它直接相连网络的跳数为 0,通过一个路由器跳数加 1,默认时它所允许的最大跳数为 15 跳,也就是说 16 跳的距离将被认为是不可达的。如果去往目标网络存在多条相同距离的路径,此时遵循先入为主的原则,哪个相邻路由器通告的路径广播先到,就采用哪个路径,直到该路径失败或被新的更短路径所取代。

RIP 的基本操作如下:

(1) RIP 协议启动后,首先对自己的路由表进行初始化,为每一个和它直连的网段建一个路由项。接着通过配置了 RIP 协议的接口向外发送请求路由表备份的 request 报文(封装在 UDP 报文中)。

(2) 收到 Request 报文后,邻居路由器根据自己的路由表形成 response 报文,并以 30s 为周期通过配置了 RIP 协议的接口对外广播该报文。

(3) 收到邻居路由器发来的 Response 报文后,本路由器会按照 D-V 算法更新自身路由表。

(4) 当路由表发生变化时,路由器可以主动向外广播变化的路由表(即触发更新)。

(5) 路由表中的每一个路由项都对应一个超时定时器,如果在规定时间(通常是 180s)内没有接收到包含该路由项的 Response 报文,该路由项的量度值就被设置为 16,表示失效。在随后的一个规定时间内(Cisco 默认为 60s)如果仍未收到关于该路由项的任何通告,则 RIP 会将这条失效路由从路由表中删除。

RIP 协议存在两个版本即 RIP v1 和 RIP v2,它们有以下相同点:

(1) 都基于距离矢量路由算法,具有相同的工作原理。

(2) 相同的定时器和环路解决手段。

（3）相同的最大跳计数（为 15）和管理距离（为 120）。

两个版本的主要差别如表 8.2 所示。

表 8.2　RIP v1 和 RIP v2 的主要差别

	RIP v1	RIP v2
路由选择	有类	无类（CIDR）
变长子网掩码	不支持，要求子网掩码都相同	支持（VLSM）
不连续网络	不支持	支持
协议报文认证	无	明文认证、MD5 密文认证
报文发送方式	广播方式	广播和组播两种方式

对上表作几点说明：

（1）RIP v1 只使用有类路由选择，它将网络中所有地址都归为 A、B、C 三类之一，而不考虑是否存在子网划分。而 RIP v2 却支持无类域间路由选择（CIDR），因而在路由选择时会将子网划分考虑在内。

（2）RIP v1 不支持变长子网掩码，所有地址必须使用相同的子网掩码。由于所有地址都被认为是 A、B、C 三类之一，因而相应的子网掩码也只能是三种标准的子网掩码之一，这就决定了在 RIP v1 报文中无须携带子网掩码。而 RIP v2 支持变长子网掩码，允许网络中的地址有不同的子网掩码，因而 RIP v2 报文中需要携带与 IP 地址相关的子网掩码。

（3）RIP v1 只采用广播方式发送协议报文，因而网络中没有运行 RIP 协议的设备也会收到 RIP v1 的协议报文。而 RIP v2 却支持广播和组播两种发送方式，默认采用组播方式（组播地址是 224.0.0.9），这样既不会影响到没有运行 RIP 协议的设备，又有利于减少网络中的协议报文数量。

8.3.2　RIP 协议配置命令

1. Cisco 路由器配置

在 Cisco 路由器上启用 RIP 协议需要在全局配置模式下使用如下命令。

```
Router(config)#router rip
```

然后指定将在本路由器直连的哪些子网或网段上应用 RIP 协议，其命令如下。

```
Router(config-router)#network network-number
```

其中 network-number 可以按有类网络的形式表示以简化配置。

路由器默认启用的是 RIP v1，如果要启用 RIP v2，还要使用下述命令。

```
Router(config-router)#version 2
```

2. 华为路由器配置

与华为路由器上配置 RIP 协议的命令类似。

```
[Quidway]rip
[Quidway-rip]network network-number
```

但华为路由器启用 RIP v2 需要在 network-number 所连的接口下进行配置。

```
[Quidway - interface]rip version 2 multicast
```

下面通过实例详细说明 RIP 协议的配置。

8.3.3　RIP 协议配置实例

本实例的网络拓扑如图 8.12 所示,要求在三台路由器上分别配置 RIP v1 和 RIP v2 协议,使得两台 PC 可以相互 ping 通。

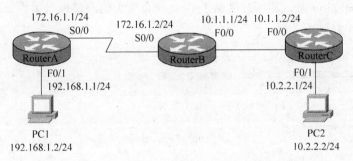

图 8.12　RIP 基本配置实例的网络拓扑图

1. Cisco 路由器上的 RIP 配置

(1) 先配置好路由器各接口的 IP 地址,然后启用 RIP v1 分别对三台路由器进行配置。

```
RouterA(config)#router rip
RouterA(config-router)#network 192.168.1.0
RouterA(config-router)#network 172.16.0.0

RouterB(config)#router rip
RouterB(config-router)#network 172.16.0.0
RouterB(config-router)#network 10.0.0.0

RouterC(config)#router rip
RouterC(config-router)#network 10.0.0.0
```

注意,上述 network 命令后面的子网均按有类网络的形式配置,以 RouterC 为例,虽然直连的子网是 10.1.1.0/24 和 10.2.2.0/24,但按有类对待则它们都属于 10.0.0.0 网络,因此是 network 10.0.0.0。

(2) 查看路由表中的每个路由器是否有到达所有子网的路由。

限于篇幅,仅以 RouterC 为例。

```
RouterC#show ip route
Codes: C - connected, S - static, I - IGRP, R - RIP, M - mobile, B - BGP
…
Gateway of last resort is not set
R    172.16.0.0/16 [120/1] via 10.1.1.1, 00:00:20, FastEthernet0/0
     10.0.0.0/24 is subnetted, 2 subnets
C       10.2.2.0 is directly connected, FastEthernet0/1
C       10.1.1.0 is directly connected, FastEthernet0/0
R    192.168.1.0/24 [120/2] via 10.1.1.1, 00:00:20, FastEthernet0/0
```

其中标识为 R 的两条是 RIP 路由,现以第二条 RIP 路由为例简单分析。192.168.1.0/24 表示目标网络,[120/2]中的 120 是 RIP 的默认管理距离,2 说明本路由器到目标网络的量度是两跳(RouterC 到达 192.168.1.0 要依次经过 RouterB 和 RouterA),而 via 指出了到达目标网络的下一跳是 10.1.1.1(即 RouterB),输出接口是自己的以太网口 F0/0。

(3) 测试连通性。

只有每个路由器都具有到达所有子网的路由,连通性测试才能成功。本例在此步可以实现两台 PC 互相 ping 通。测试时借助于 tracert 命令更能清楚地看出沿途经过的路由器,以从 PC2 到 PC1 为例。

```
C:\Documents and Settings\Administrator > tracert 192.168.1.2
Tracing route to 192.168.1.2 over a maximum of 30 hops
     1    < 1 ms    < 1 ms    < 1 ms   10.2.2.1
     2    < 1 ms    < 1 ms    < 1 ms   10.1.1.1
     3    24 ms     21 ms     21 ms    172.16.1.1
     4    26 ms     25 ms     25 ms    192.168.1.2
Trace complete.
```

(4) 进一步深入 RIP v1。

仍以 RouterC 为例,进一步深入了解 RIP v1 协议的细节。

```
RouterC# show ip protocol
Routing Protocol is "rip"
    Sending updates every 30 seconds, next due in 1 seconds      //发送路由更新的周期是 30 秒
    Invalid after 180 seconds, hold down 180, flushed after 240
…
    Default version control: send version 1, receive any version
                                                  //发送默认是 v1,而接受默认是 v1 和 v2
        Interface            Send  Recv  Triggered RIP  Key - chain
        FastEthernet0/0       1     1 2
        FastEthernet0/1       1     1 2
    Automatic network summarization is in effect      //自动进行网络汇总
    Maximum path: 4                                   //最多支持 4 条等量值的路由
    Routing for Networks:                             //指示 RIP 为哪个直连网络通告路由
        10.0.0.0
    Routing Information Sources:                      //指出本路由器所接收的 RIP 通告的来源
        Gateway          Distance      Last Update
        10.1.1.1          120          00:00:17
    Distance: (default is 120)                        //RIP 协议默认的管理距离
```

通过 debug 命令,可以看到路由器间相互传递的路由通告。

```
RouterC# debug ip rip                                //启动 debug 观察 RIP 工作过程
00:51:09: RIP: sending v1 update to 255.255.255.255 via FastEthernet0/0 (10.1.1.2)
                                                                     //发送路由更新
00:51:09: RIP: build update entries   //向 10.1.1.0 子网通告的路由更新包含如下一个条目
00:51:09:       subnet 10.2.2.0 metric 1    //10.1.1.0 子网到达 10.2.2.0 子网的量度是 1 跳
00:51:09: RIP: sending v1 update to 255.255.255.255 via FastEthernet0/1 (10.2.2. 1)
                                                                     //发送路由更新
00:51:09: RIP: build update entries          //向 10.2.2.0 子网通告的路由更新包含如下三个条目
```

```
00:51:09:          subnet 10.1.1.0 metric 1    //10.2.2.0 子网到达 10.1.1.0 子网的量度是 1 跳
00:51:09:          network 172.16.0.0 metric 2  //10.2.2.0 子网到达 172.16.0.0 网络的量度是 2 跳
00:51:09:          network 192.168.1.0 metric 3 //10.2.2.0 子网到达 192.168.1.0 网络的量度是 3 跳
00:51:30: RIP: received v1 update from 10.1.1.1 on FastEthernet0/0
                                              //接收来自于 10.1.1.1 的路由更新
00:51:30:          172.16.0.0 in 1 hops        //本路由器到达 172.16.0.0 网络的量度是 1 跳
00:51:30:          192.168.1.0 in 2 hops       //本路由器到达 192.168.1.0 网络的量度是 2 跳
RouterC#no debug ip rip                        //关闭 debug
```

从上述 debug 信息中可以清楚地看出,所有配置为应用 RIP v1 的接口都要以广播方式(目的地址是 255.255.255.255)向外通告路由更新,而接收路由更新只能在有邻居路由器的接口上进行(本例中 RouterC 的 F0/1 接口一侧没有邻居路由器与之相连,所以只能从 F0/0接收路由更新)。特别地,路由表的下一跳就是接收路由更新时指出的邻居路由器(RouterC 到达 172.16.0.0 和 192.168.1.0 网络的下一跳都是 10.1.1.1),读者可以将debug 信息与路由表相对照,以加深理解。此外,还可以发现 RIP v1 向外通告路由时不带子网掩码,这是因为它对非直连的子网都按有类网络对待,而有类网络的子网掩码是确定不变的。

(5) 使用 RIP v2 进行对比实验。

首先启用 RIP v2,这里仍以 RouterC 为例介绍其配置,RouterA 和 RouterB 与此类似。

```
RouterC(config)#router rip
RouterC(config-router)#version 2
RouterC(config-router)#exit
```

查看路由表,可以看到对于到达非直连子网的路由,其地址前缀仍以有类的形式显示。

```
RouterC#show ip route
…
R    172.16.0.0/16 [120/1] via 10.1.1.1, 00:00:02, FastEthernet0/0
     10.0.0.0/24 is subnetted, 2 subnets
C       10.2.2.0 is directly connected, FastEthernet0/1
C       10.1.1.0 is directly connected, FastEthernet0/0
R    192.168.1.0/24 [120/2] via 10.1.1.1, 00:00:02, FastEthernet0/0
```

通过 show ip protocol 命令可以观察到版本上的变化。

```
RouterC#show ip protocol
…
Default version control: send version 2, receive version 2
…
```

从 debug 信息中可以看出 RIP v2 在向外通告路由时采用组播方式(组播地址是224.0.0.9)并且会携带子网掩码,这两点是与 RIP v1 明显不同的。

```
RouterC#debug ip rip
…
00:33:44: RIP: sending v2 update to 224.0.0.9 via FastEthernet0/0 (10.1.1.2)
00:33:44: RIP: build update entries
00:33:44:          10.2.2.0/24 via 0.0.0.0, metric 1, tag 0
…
```

动态路由协议及配置

RIP v2 默认启动自动汇总功能，即自动将多个子网汇总成相应的有类网络，这决定了路由表中非直连子网的路由将以有类的形式显示其地址前缀。为了能得到更详细的地址前缀，需要取消 RIP v2 的自动汇总功能。

```
RouterC(config)＃router rip
RouterC(config－router)＃no auto－summary
```

再观察路由表，可以看到含有更详细地址前缀的路由出现了。

```
RouterC＃show ip route
…
      172.16.0.0/24 is subnetted, 1 subnets
R        172.16.1.0 [120/1] via 10.1.1.1, 00:00:10, FastEthernet0/0
      10.0.0.0/24 is subnetted, 2 subnets
C        10.2.2.0 is directly connected, FastEthernet0/1
C        10.1.1.0 is directly connected, FastEthernet0/0
R     192.168.1.0/24 [120/2] via 10.1.1.1, 00:00:10, FastEthernet0/0
```

测试连通性，两台 PC 仍然可以互相 ping 通。

需要注意的是，虽然取消自动汇总能够得到更详尽的路由，但自动汇总却可以减少路由表的路由数量，有利于减轻路由器的负担。

2. 华为路由器上的 RIP 配置

下面介绍本实例在华为路由器上的配置，注意需要将图中使用的串口 S0/0 改为 S1/0，以太网口 F0/0 改为 E0/0，F0/1 改为 E0/1。

（1）先配置好路由器各接口的 IP 地址，然后启用 RIP v1 分别对三台路由器进行配置。

```
[RouterA]rip
[RouterA－rip]network 192.168.1.0
[RouterA－rip]network 172.16.0.0


[RouterB]rip
[RouterB－rip]network 172.16.0.0
[RouterB－rip]network 10.0.0.0


[RouterC]rip
[RouterC－rip]network 10.0.0.0
```

（2）以 RouterC 为例查看路由表中的每个路由器是否有到达所有子网的路由。

```
[RouterC]dis ip routing－table
 Routing Table: public net
```

Destination/Mask	Protocol	Pre	Cost	Nexthop	Interface
10.1.1.0/24	DIRECT	0	0	10.1.1.2	Ethernet0/0
10.1.1.2/32	DIRECT	0	0	127.0.0.1	InLoopBack0
10.2.2.0/24	DIRECT	0	0	10.2.2.1	Ethernet0/1
10.2.2.1/32	DIRECT	0	0	127.0.0.1	InLoopBack0
127.0.0.0/8	DIRECT	0	0	127.0.0.1	InLoopBack0
127.0.0.1/32	DIRECT	0	0	127.0.0.1	InLoopBack0
172.16.0.0/16	RIP	100	1	10.1.1.1	Ethernet0/0
192.168.1.0/24	RIP	100	2	10.1.1.1	Ethernet0/0

（3）测试连通性，发现此时已经可以实现两台 PC 互相 ping 通，测试成功。

（4）通过 debug 加深对 RIP v1 通告路由的理解，注意 debug 命令要在用户视图下使用。

```
< RouterC > debugging rip packet        //启用 debug
< RouterC > terminal debugging          //向终端输出 debug 信息
RIP: send from 10.1.1.2(Ethernet0/0) to 255.255.255.255
        Packet:vers 1, cmd Response, length 24
        dest 10.2.2.0   , metric 1, tag 0
RIP: send from 10.2.2.1(Ethernet0/1) to 255.255.255.255
        Packet:vers 1, cmd Response, length 64
        dest 10.1.1.0    , metric 1, tag 0
        dest 192.168.1.0, metric 3, tag 0
        dest 172.16.0.0 , metric 2, tag 0
RIP: Receive Response from 10.1.1.1 via Ethernet0/0(255.255.255.255)
        Packet:vers 1, cmd Response, length 44
        dest 192.168.1.0, metric 2, tag 0
        dest 172.16.0.0 , metric 1, tag 0
< RouterC > undo terminal debugging        //关闭输出
< RouterC > undo debugging rip packet       //关闭 debug
```

可见华为路由器上 RIP v1 也是以广播方式通告路由，并且不带子网掩码。

（5）使用 RIP v2 进行对比实验。

仍以 RouterC 为例介绍 RIP v2 的配置，RouterA 和 RouterB 与此类似。

```
[RouterC]inter e0/0
[RouterC - Ethernet0/0] rip version 2 multicast
[RouterC - Ethernet0/1]inter e0/1
[RouterC - Ethernet0/1] rip version 2 multicast
```

查看 RouterC 的路由表，可以看到此时 RIP v2 仍处于自动汇总状态，即自动将多个子网汇总成相应的有类网络。

```
[RouterC]dis ip routing - table
 Routing Table: public net
Destination/Mask    Protocol Pre  Cost      Nexthop        Interface
10.1.1.0/24         DIRECT   0    0         10.1.1.2       Ethernet0/0
10.1.1.2/32         DIRECT   0    0         127.0.0.1      InLoopBack0
10.2.2.0/24         DIRECT   0    0         10.2.2.1       Ethernet0/1
10.2.2.1/32         DIRECT   0    0         127.0.0.1      InLoopBack0
127.0.0.0/8         DIRECT   0    0         127.0.0.1      InLoopBack0
127.0.0.1/32        DIRECT   0    0         127.0.0.1      InLoopBack0
172.16.0.0/16       RIP      100  1         10.1.1.1       Ethernet0/0
192.168.1.0/24      RIP      100  2         10.1.1.1       Ethernet0/0
```

查看 RouterC 的 debug 信息，可看到 RIP v2 是以组播方式通告路由，并且携带子网掩码。

```
…
RIP: send from 10.1.1.2(Ethernet0/0) to 224.0.0.9
```

```
Packet:vers 2, cmd Response, length 24
dest 10.2.2.0    mask 255.255.255.0, router 0.0.0.0    , metric 1, tag 0
...
```

下面在 RouterC 上取消 RIP v2 的自动汇总,RouterA 和 RouterB 类似。

```
[RouterC]rip
[RouterC - rip]undo summary
```

查看 RouterC 上路由表的变化,可以看见更详细的地址前缀。

```
[RouterC]dis ip routing - table
 Routing Table: public net
```

Destination/Mask	Protocol	Pre	Cost	Nexthop	Interface
10.1.1.0/24	DIRECT	0	0	10.1.1.2	Ethernet0/0
10.1.1.2/32	DIRECT	0	0	127.0.0.1	InLoopBack0
10.2.2.0/24	DIRECT	0	0	10.2.2.1	Ethernet0/1
10.2.2.1/32	DIRECT	0	0	127.0.0.1	InLoopBack0
127.0.0.0/8	DIRECT	0	0	127.0.0.1	InLoopBack0
127.0.0.1/32	DIRECT	0	0	127.0.0.1	InLoopBack0
172.16.1.0/24	RIP	100	1	10.1.1.1	Ethernet0/0
192.168.1.0/24	RIP	100	2	10.1.1.1	Ethernet0/0

测试连通性,两台 PC 仍然可以互相 ping 通,本实例结束。

8.3.4 RIP 配置练习

网络拓扑图如图 8.13 所示,要求分别使用 RIP v1 和 RIP v2 进行配置,使三台 PC 可以相互 ping 通,试查看并解释相应的 debug 信息。

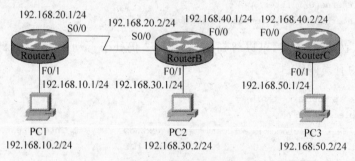

图 8.13 用于 RIP 配置练习的网络拓扑图

8.4 OSPF 路由协议

OSPF 是一种层次式链路状态路由选择协议。与 RIP 不同,OSPF 并不在相邻路由器间直接交换路由表,而是在特定路由器间交换链路状态信息,并在链路状态信息实现同步的基础上,利用最短路由优先(SPF)算法计算并生成路由。为了减少大型网络中路由器间交换链路状态信息的规模并有利于管理,OSPF 采用分层设计的思想,将整个自治系统(AS)分为若干个区域。OSPF 通过不同类型的链路状态通告(LSA)不仅可以完成区域内路由的计算,而且能够实现区域间的路由交换,并允许将 AS 外的路由信息重分配到 AS 内。

8.4.1 OSPF协议中单一区域路由生成的基本原理

为便于理解链路状态算法计算路由的基本思想和简化对问题的讨论,首先简要描述一下未考虑区域划分(即 AS 只有单一区域)时 OSPF 路由生成的基本原理。

(1)每个路由器首先收集自己的链路状态信息并加入到本地链路状态数据库中。

(2)通过交换 Hello 协议报文,路由器相互间发现自己的邻居(neighbor),并各自将自己的邻居加入到本地邻居数据库中。

(3)根据网络类型的不同,有选择地与特定的邻居路由器建立起邻接(adjacency)关系,完成相互间链路状态数据库的同步,并最终使区域中所有路由器的链路状态数据库保持一致。

(4)每个路由器都利用 SPF 算法在本地链路状态数据库中计算路由,并根据路由量度选择最佳路由进入到路由表中。

从上述原理可以看出,OSPF 路由器需要分别维护三种独立的表,其中链路状态数据库(LSDB)用来判定整个网络的拓扑(因此也称为拓扑数据库),邻居数据库用来跟踪直接相连接的邻居,而路由表则负责保存计算出的路由。

8.4.2 OSPF中与生成路由相关的几个概念

1. 链路和链路状态

链路就是指定给某一特定网络的路由器接口。当一个接口被加入到 OSPF 进程的处理中时,它就被 OSPF 认为是一个链路。

链路状态是指链路在某一段时间内所具有的属性,包括该链路所属的 OSPF 区域(区域的概念在 8.4.6 节详细介绍)、链路带宽、分配给链路的网络地址和子网掩码、链路所连网络的类型、链路是否有效(up 或 down)以及与邻接路由器间的关系等信息。每个路由器都维护一个链路状态数据库,用来保存本地的链路状态信息以及由邻接路由器通告而来的其他路由器的链路状态信息。

链路状态虽然反映的是路由器周边的局部网络状况(类似于局部地图),但通过具有邻接关系的路由器间相互传递,链路状态将会在整个区域内扩散,从而使得区域中所有路由器周边的局部网络状况都被通告,因此所有路由器都会形成对网络全局状况的一致认识(类似于将局部地图拼成了全局地图),此时所有路由器的链路状态数据库均相同,这个过程称为链路状态数据库同步。

2. 邻居

邻居(neighbor)可以是两台或更多的路由器,这些路由器都由某个接口连接到一个公共的网络上(例如两台路由器通过一条点到点串行链路相连),并相互间通过 Hello 协议报文维护彼此的可达性。如图 8.14 所示,这样的路由器互为邻居。

图 8.14　通过交换 Hello 报文建立邻居关系

3. 邻接

邻接(adjacency)是有选择的邻居路由器之间所形成一种关系。如果两台邻居路由器允许直接交换链路状态信息,彼此互通信息,并实现双方链路状态数据库的完全一致,即双方链路状态数据库达到了同步,此时这两台路由器才建立起邻接关系,如图 8.15 所示。并不是每对邻居路由器都构成邻接关系,即不是每对邻居路由器都需要保持同步。OSPF 在邻居路由器之间通过邻接关系可以有效减少网络中不必要的链路信息交换。

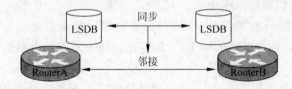

图 8.15　邻接关系要求路由器的 LSDB 相互间实现同步

4. 链路状态通告

OSPF 只在建立了邻接关系的路由器间交换链路状态通告(LSA)。LSA 是一种组织链路状态信息的数据结构。各种链路状态信息按照 LSA 的结构形式被封装进特定的 OSPF 协议报文中,并随报文扩散到网络中每台路由器,每台路由器根据 LSA 建立一个能反映网络拓扑结构的链路状态数据库。OSPF 中存在多种类型的 LSA(在 8.4.11 节将详细介绍),读者可以参考 8.4.13 节的前两个配置实例中的相关内容了解部分 LSA 的结构。

5. OSPF 的网络类型

链路状态信息要能反映出路由器周边的局部网络状况,就需要包括路由器接口所连网络的类型。网络类型反映了 OSPF 对不同网络拓扑的抽象,包括以下 4 种。

(1) 点到点网络:由一条点到点链路连接两台路由器形成的网络。

(2) 广播网络:网络中包含两台以上路由器,并且任意一台路由器均可通过广播方式与所有其他路由器直接通信,例如连接在同一以太网的路由器就构成广播网络。

(3) 非广播多路访问(Non-Broadcast Multi-Access,NBMA)网络:网络中包含多台路由器,虽不支持广播方式传递信息,但所有路由器间均能直接通信,即 NBMA 网络是全连通(Full Meshed)的。典型例子是使用 SVC 的 ATM 网络。

(4) 点到多点网络:网络中包含多台路由器,也不支持广播方式传递信息,并且只有部分路由器间可以直接通信,例如只支持 PVC 的帧中继网络就属于这种情况。点到多点网络可以看成由多个点到点链路构成,但它比多个点到点链路更容易管理。

可以用有向图分别表示这 4 种类型的网络(如图 8.16 所示),更直观地反映出各自的拓扑形态。规定每一个路由器和网络都抽象为有向图中的一个节点,而每条链路则用两条不同方向的带权有向边表示,权值标识了相应的链路开销。

路由器间通过交换链路状态会得到完全一致的链路状态数据库,路由器很容易将其转化为一张带权的有向图,这张图便是对整个网络拓扑结构的真实反映。在此基础上,每个路由器再分别以自己为根节点,将 SPF 算法应用于有向图,就可得到到达全网各处的路由。以图 8.16(d)为例,当 4 台路由器的链路状态数据库达到同步后,它们得到的带权有向图也完全一致,如图 8.16(d)中右图所示。此时 4 台路由器就可以分别以自己为根利用 SPF 算法计算路由了。需要注意的是在图 8.17 中路由器 A 和 D 之间存在两条量度值相等的路由,它们都将出现在路由表中。

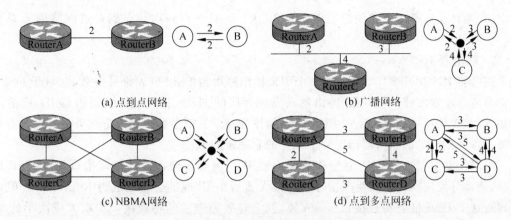

(a) 点到点网络　　　　　　　　　　　(b) 广播网络

(c) NBMA网络　　　　　　　　　　　(d) 点到多点网络

图 8.16　OSPF 4 种网络类型及其有向图表示

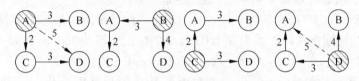

图 8.17　各路由器计算得到的路由

6. 指定路由器 DR 和备份指定路由器 BDR

在广播网络和 NBMA 网络中,所有路由器间均可直接通信。此时如果任意两台路由器间都建立起邻接关系以同步链路状态数据库,则不同的邻接关系数将达到 $n*(n-1)/2$ 个(n 为网络中路由器的数目)。如果这些邻接关系全部都建立起来,将会产生较大的额外开销,为此有必要减少建立邻接关系的数量。OSPF 正是通过在这两类网络中选举产生指定路由器(Designated Router,DR)和备份指定路由器(Backup Designated Router,BDR)来达到此目的。

DR 作为所有路由器推选出来的代表,负责与网络中所有其他路由器都建立起邻接关系,而两台非 DR 的路由器(称为 DROther)之间就不再直接建立邻接关系了。这样,一个拥有 n 台路由器的广播网络或 NBMA 网络,就只要建立 $n-1$ 个邻接关系。所有其他 $n-1$ 个 DROther 路由器的 LSA 都发给 DR,再由 DR 分别转发给网络中的所有其他路由器,从而实现全网路由器间链路状态数据库的同步。

为了保证网络在 DR 失效后继续平稳运行,OSPF 还要求在广播网络和 NBMA 网络中选举产生出 BDR 作为 DR 的后备。BDR 也需要与网络中的所有其他路由器(包括 DR 和 DROther)建立起邻接关系,并作为 LSA 的第二个集中地。但与 DR 不同的是,BDR 只收集 LSA 却不向其他路由器转发 LSA。一旦 DR 失效后,BDR 立即接替成为 DR,随后网络将重新选举一个新的 BDR。DR、BDR 与 DROther 之间的关系如图 8.18 所示,其中路由器 C、D 和 E 属于 DROther。

DR 和 BDR 都是通过 Hello 协议报文选举

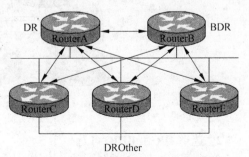

图 8.18　DR、BDR、DROther 示意图

产生的,并且在选举 DR 的同时也要选出 BDR。而对于点到点和点到多点网络则不需要 DR 和 BDR。

7. 路由器 ID

路由器 ID(Router ID,RID)是一个用来标识路由器的 32 位无符号整数,它对于 OSPF 的正常运行非常重要,例如用在路由器间发现邻居的 Hello 报文就需要路由器 ID,广播网络和 NBMA 网络中选举 DR 和 BDR 时可能作为一个关键参数影响选举结果等。因此需要为每个运行 OSPF 的路由器指定一个唯一的和稳定的 ID。

可以用路由器接口的 IP 地址作为路由器 ID。当只为路由器的物理接口配置了 IP 地址时,通常分配给所有活动物理接口中的最大或最小 IP 地址会自动成为 Router ID。但如果拥有这个 IP 地址的物理接口 down 掉,就会导致原来活动物理接口中次大或次小的 IP 地址成为该路由器的新 ID。路由器 ID 的改变将引起重新建立邻居和邻接关系,重新通告链路状态等情况,并产生不必要的开销,因此尽量不要改变它。

一种保持 Router ID 稳定的方法是通过为路由器配置虚拟的 loopback 接口并为其指定 IP 地址来避免出现物理接口失效引起 RID 改变的情况。因为 loopback 接口是虚拟接口,除非管理员手工关闭,否则 loopback 接口永远不会 down 掉。

Cisco 使用所有被配置的 loopback 接口中最大的 IP 地址作为 Router ID。如果没有被配置的 loopback 接口,OSPF 将选择所有激活接口中最大的 IP 地址作为 Router ID。与 Cisco 相反,华为都是选最小的。

8.4.3 OSPF 的基本操作过程

OSPF 是一个复杂的路由选择协议。本小节将结合上述基本概念,对 8.4.1 节中的基本原理进一步细化,以加深对 OSPF 的基本操作过程的理解。

1. 发现邻居路由器

连到同一网络并且位置相近的路由器之间并不能自动成为邻居。一方发出的 Hello 协议报文到达相近路由器后,只有收到报文的另一方也同样用 Hello 报文进行回复,双方才能确定相互间的可达性,从而将对方视为自己的邻居,如图 8.19 所示。路由器将自己发现的所有邻居登记在邻居数据库中。OSPF 规定,邻居路由器间需要每隔 10s 就交换一次 Hello 报文,以维持彼此的可达性。

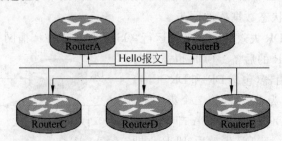

图 8.19 通过 Hello 报文发现邻居路由器

2. 选举 DR 和 BDR(可选)

发现邻居后,路由器将决定与谁建立邻接关系并交换 LSA,这取决于路由器接口所连网络的类型。在点到点网络和点到多点网络中,互为邻居的任意两台路由器之间都要建立起邻接关系,不存在选举 DR 和 BDR 的情况。而在广播网络和 NBMA 网络中,所有 DROther 路由器只与选举产生的 DR 和 BDR 分别建立邻接关系,而不再与自己的 DROther 邻居路由器建立邻接关系,大大减少了网络中建立邻接关系的数量,有效降低了系统开销。

选举 DR 和 BDR 是通过在邻居路由器间相互交换 Hello 报文和依次比较来完成的,大致过程描述如下。

(1) 初始化"选票"。所有路由器都将 Hello 协议报文作为选票,在其中登记上自己的路由器 ID(RID)和接口优先级(Pri),并首先声称自己是 DR,即将自己的路由器 ID 填写进 Hello 报文的 DR 项中,图 8.20 以路由器 A 和 C 为例来说明这种初始化情形。

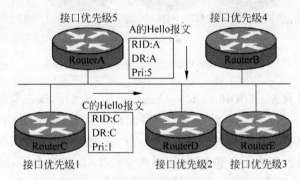

图 8.20 通过 Hello 报文对选举初始化

(2) 邻居间互相竞选。所有路由器都在自己的所有邻居间交换 Hello 报文。收到邻居发来的 Hello 报文后,将其中的 DR 项和接口优先级取出,并分别与自己的路由器 ID 和接口优先级进行比较。首先比较接口优先级,优先级高的胜出,在接口优先级相同的情况下,再比较路由器 ID,路由器 ID 大的胜出。胜出的路由器 ID 将被本路由器记录下来并在随后发出的 Hello 报文中作为 DR 向邻居路由器通告,图 8.21 中 A 因接口优先级高而胜出,因此 C 将 A 作为 DR 向外通告。

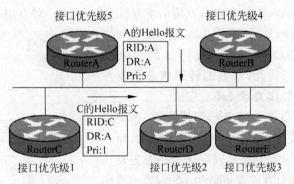

图 8.21 选举过程中通告胜出者

(3) 周期性通告胜出者。每个路由器都将在本地比较中胜出的路由器 ID 作为自己当前认可的 DR 并通过 Hello 报文周期性(10s 一次)加以通告,这样经过若干次相互比较,当所有路由器发出的 Hello 报文的 DR 项都是同一个路由器 ID 时,所有路由器都认可的胜出者便产生了,这个 ID 所对应的路由器就成为了真正的 DR。如果各个路由器在上述比较过程中还能将级次高的路由器 ID 也同时记录下来并在 Hello 报文中作为 BDR 向邻居路由器通告,则最终 BDR 也会随 DR 一并产生。本例中最终选举产生的结果如图 8.22 所示。

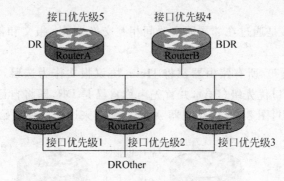

图 8.22　产生选举结果

（4）维护最终胜利者。DR 和 BDR 一旦选举产生,它们的核心地位便不可动摇。除非 DR 失效,否则它将一直是 DR,即使网络中以后又出现了优先级或路由器 ID 更胜一筹的新加盟者。这主要基于保持网络中路由器间已建立的邻接关系的稳定性的考虑。

（5）继任者上台。因为 DR 和 BDR 同时选举产生,这样当 DR 失效时,BDR 可以迅速转换成 DR,由于不需要重新选举,并且邻接关系保持不变,所以转换过程中并不影响 LSA 在网络中的传递。当然此时需要重新选举一个新的 BDR。

3. 建立邻接关系,实现相互间链路状态数据库的同步

在明确了需要与哪个邻居建立邻接关系后,双方路由器便通过其他类型的 OSPF 协议报文开始了后续的步骤。

首先通过交换 DD(Database Description,数据库描述)报文确定双方间的主从关系。主从关系的确定有利于报文传输的可靠性。同时由于 DD 报文中包含了本地链路状态数据库中 LSA 的摘要描述,交换 DD 报文可以使双方知己知彼,为随后的互通信息做好准备。

本方通过 LS Request 报文向对方请求本方没有的 LSA。对方用 LS Update 报文来回复此请求,本方收到回复后,再用 LS Ack 报文加以确认。这个过程是双向的,将一直持续到双方的 LSA 完全一致为止。到此,双方的链路状态数据库实现了同步,双方的邻接关系才建立完成。

要说明的是,一旦双方建立起邻接关系,如果以后网络状况发生改变并导致双方链路状态数据库不再一致,再次同步时只需要感知到变化的一方先发送 LS Update 报文通知对方需要更新的 LSA,另一方回复 LS Ack 报文即可。建立邻接关系的过程如图 8.23 所示。

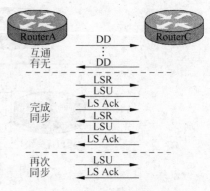

图 8.23　建立邻接关系的过程

4. 计算并生成路由信息

所有路由器的链路状态数据库同步是计算路由的前提。在此前提下,各个路由器分别将链路状态数据库转换成一张带权的有向图,然后以自己为根节点,将 SPF 算法应用于此

有向图,通过本地计算就可得到到达全网各处的可能路由。

如果存在到达目的地的多条可能路由,路由器将选择开销量度值最小的路由作为最佳路由并将其放入路由选择表中。如果存在多条等开销路由,默认情况下,OSPF 将最多选择其中的 4 条放入路由表中以实现负载均衡。

5. 维护路由信息

生成路由表后,OSPF 还将通过发布和接收 LSA 来维护链路状态数据库。路由器周期性地发布其链路状态,如果在规定时间内未收到具有邻接关系的对端路由器的 LSA,则认为对端路由器可能失效,本路由器就需要从头执行 OSPF 的基本操作。

当一个路由器状态变化后,它也需要重新发布 LSA 并用洪泛(flooding)法向网络中的其他路由器通告。收到含有变化信息的 LSA 后,其他路由器将更新链路状态数据库,并使用 SPF 算法重新计算路由和更新路由表。

8.4.4　OSPF 的 5 种协议报文

由 OSPF 的基本操作过程可以看出,OSPF 路由器工作时需要依赖以下 5 种协议报文。

(1) Hello 报文:用于发现和维持邻居关系,并在广播型网络和 NBMA 网络中用于选举 DR 和 BDR。OSPF 路由器周期性地向邻居路由器发送 Hello 报文。

(2) DD(Database Description)报文:用于在准备建立邻接关系的双方路由器之间交换各自链路数据库的摘要信息,使双方知道哪些 LSA 是对端有而本端没有的。

(3) LSR(Link State Request)报文:用于向对端请求本端没有或对端更新的 LSA。

(4) LSU(Link State Update)报文:包含了完整的 LSA,用于向对端发送其需要的 LSA,路由器正是通过该报文将自己的 LSA 向外通告。

(5) LSAck(Link State Acknowledge)报文:用于在收到对端的 LSU 报文后进行确认。

需要说明的是,建立邻接关系时 5 种报文都需要,而邻接关系一旦建立起来,以后更新并再次同步时则只用到最后两种。

8.4.5　OSPF 区域划分

随着网络规模的扩大,网络中运行 OSPF 协议进程的路由器数量越来越多,网络中用于计算路由而交换的各种 OSPF 协议报文将急剧增加,这对以传送 IP 报文为基本任务的网络而言是一个沉重的负担。此外,更多的路由器意味着全部路由器的链路状态数据库实现完全同步的时间将明显变长,对路由计算产生不利影响。OSPF 要想运行在大型网络中,必须要解决因路由器增多而带来的上述问题。

为此 OSPF 采用一种分层的思想,将整个 AS 划分为若干个区域(area),并形成骨干区域和非骨干区域两个层次。OSPF 规定:骨干区域的编号为 0,也称为区域 0,非骨干区域的编号可以是某一个正整数;AS 中必须有并且只能有一个区域是骨干区域,而所有非骨干区域必须与骨干区域相连。上述规定使 OSPF 成为一种层次式链路状态路由选择协议。

引入区域概念后,在单一区域内部,链路状态信息仍将向区域内的所有路由器通告,并最终导致区域内所有路由器的链路状态数据库完全一致。而在区域之间,属于某一区域内的路由器所通告的链路状态信息并不扩散到其他区域中,而是限制在本区域内部,这样可以有效减少区域间的信息传递,避免了引入区域概念前链路状态信息在全网范围内扩散所带来的负担。同时区域的划分使每个区域内部的路由器数量限定在一个可控的范围内,有利于加速链路状态数据库的同步。后面还将看到,在划分区域基础上进行路由汇聚,可以有效屏蔽区域内的变化对区域外的影响,减少频繁的路由更新对网络稳定性和性能带来的冲击。

8.4.6 OSPF 中与区域相关的几个概念

1. 基本概念

(1)区域:是对路由器及相关链路的一个逻辑分组,属于同一区域的链路(或接口)具有相同的区域号。链路状态信息只在所属区域内的路由器之间通告,并最终实现区域内所有链路状态数据库的同步。

(2)骨干区域:是 AS 内唯一必须存在的一个区域,区域号规定为 0,也称为区域 0。之所以称为骨干区域是因为所有的区域间路由信息的传递都必须经过该区域。骨干区域所起的这种作用决定了骨干区域自身必须是连通的。

(3)非骨干区域:是 AS 中除了骨干区域外的其他区域。区域号由管理员指定为一个唯一的正整数。基于避免路由环路的考虑,OSPF 规定所有非骨干区域必须与骨干区域相连。通常,非骨干区域是通过一台路由器物理连接到骨干区域上的,即这台路由器总是有一个或多个接口属于区域 0,而一个或多个接口属于非骨干区域。图 8.24 显示了一种无效的区域划分,原因是区域 3 未能通过任何路由器与区域 0 相连。

图 8.24　一种无效的区域划分

(4)虚连接:当非骨干区域无法直接通过一台路由器物理连接到骨干区域时,必须借助于虚连接实现到骨干区域的逻辑连接。所谓虚连接就是指借助于其他非骨干区域,在某个特定非骨干区域的路由器和骨干区域的路由器之间建立的一条逻辑通道。学习了路由器类型后可知,虚连接两端的路由器都属于 ABR,而虚连接穿越的非骨干区域则称为转发区域。如图 8.25 所示是一个利用虚连接将无效的区域划分改造为有效的示例,区域 2 则是转发区域。

图 8.25　一种带有虚连接的有效的区域划分

虚连接除了可实现非骨干区域到骨干区域的逻辑连接,而且还用于修补骨干区域的不连续性,如图 8.26 所示。OSPF 规定骨干区域自身必须是连通的。因为虚连接两端的路由器都属于 ABR,而 AS 中所有的 ABR 都属于骨干区域,因此虚连接本身就是骨干的一部分,虚连接间的路由属于 8.4.9 小节讲到的区域内路由。

图 8.26　虚连接用于修补骨干区域的不连续性

2. 路由器类型

引入区域概念后,根据路由器接口所属区域的不同,路由器可以分为以下 4 类。

(1) 区域内部路由器(Internal Area Router,IAR):所有运行 OSPF 的接口都属于同一 OSPF 区域的路由器。IAR 将只会为该区域维护一个链路状态数据库,并且会在该区域内部扩散它的链路状态,直到该区域的每一台路由器都有相同的一个针对该区域的链路状态数据库。一个区域可能有零到多台 IAR。

(2) 区域边界路由器(Area Border Router,ABR):所属接口连接到两个以上不同 OSPF 区域(其中必须有一个是骨干区域)的路由器。ABR 将会为每一个连接的区域单独维护一个链路状态数据库,并且必须在每个数据库上运行 SPF 算法。此外,ABR 还会将所连接的一个区域的路由信息经汇聚后向它所连接的其他区域转发,有利于区域间路由信息的交流。ABR 是一个区域的入口点或出口点。一个区域可能有一到多台 ABR。

(3) 骨干路由器(Backbone Router,BB):至少有一个接口连接到骨干区域的路由器。由定义可知,所有的 ABR 都是 BB,所有骨干区域内部的 IAR 也都是 BB。这些路由器采用与内部路由器相同的步骤和算法来维护 OSPF 路由信息。骨干区域中至少有一台 BB。

(4) 自治系统边界路由器(Autonomous System Border Router,ASBR):至少有一个接口连接到其他 AS 的路由器。ASBR 可以将其他路由协议发现的路由信息引入到 OSPF 网络内部,这个过程称为路由重分配。ASBR 不一定在拓扑结构中位于 AS 的边界。AS 中可以有零到多台 ASBR。

需要注意的是,一台路由器可以同时属于多种类型,例如,一台 ABR 路由器可以同时是 BB 和 ASBR,一台 IAR 路由器也可以同时是 BB 和 ASBR,但 ABR 却不能同时是 IAR。

以图 8.27 中的 AS1 为例,属于 IAR 的有路由器 A、C、D、F 和 G,属于 ABR 的有路由器 B 和 E,路由器 B、C、D 和 E 同时也是 BB,而属于 ASBR 的只有 E 和 F。

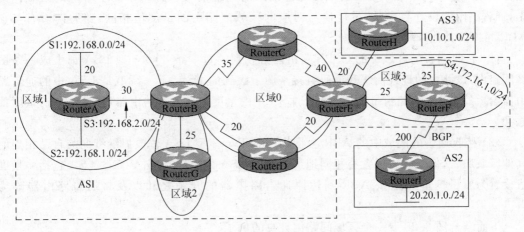

图 8.27 一个多区域 OSPF 的网络拓扑图

8.4.7 划分区域后路由计算的基本原理

AS 划分成多个区域后,路由计算将在区域内和区域间两个层次上分别进行,同时 OSPF 还能通过路由重分配机制支持到 AS 外部的路由计算。

1. 区域内路由计算

区域内路由计算需要属于同一个区域的所有路由器共同参与,其基本原理和过程已在上文做了详细叙述,简单概括就是,属于同一个区域的所有路由器都为该区域维护一个链路状态数据库,并且会在该区域内部通过 Type1 或 Type2 类型的 LSA 扩散各自的链路状态,通过有针对性地建立邻接关系完成区域中所有链路状态数据库的同步。在此基础上,各个路由器分别将链路状态数据库转换成一张带权的有向图,然后以自己为根节点,将 SPF 算法应用于此有向图,通过本地计算就可得到到达区域内部各处的可能路由。然后依据这些路由的 OSPF 量度值,选择最佳路由作为进入到路由表中的路由项。

2. 区域间路由计算

为了避免 8.4.5 节叙述的大规模网络中链路状态信息在所有路由器间扩散带来的诸多问题,OSPF 规定链路状态信息只能在本区域内通告而不能跨区域传递,因此在区域间传递的不再是链路状态信息,而是纯粹的路由信息。属于一个区域的路由信息被封装成 Type3 型的 LSA 并可能经由多个 ABR 的通告来实现路由信息向其他区域的传递,而区域间路由计算也就在此传递的过程中得以完成。

路由计算的关键是要求出到达目的网络的下一跳和量度值,Type3 型 LSA 的结构正是为了区域间路由计算而设计的,主要包括被通告网络的地址前缀和掩码、通告路由器以及量度值等字段,其中通告路由器字段记录的是一个 ABR 的 Router ID,是该 ABR 产生了此 LSA 并将它向相连的其他区域通告,量度值则给出了该 ABR 到达被通告网络的开销。收到 Type3 型 LSA 的路由器在产生一条到达被通告网络的区域间路由时,将利用 LSA 中的通告路由器和量度值形成该区域间路由的下一跳和量度值。区域间路由计算的大致过程如下。

(1) ABR 首先完成一个区域内的路由计算,然后查询路由表,为每一条 OSPF 区域内路由生成一条 Type3 型 LSA,其中被通告网络的地址前缀和掩码来源于对应的区域内路由,通告路由器设置为自己,量度值与对应的区域内路由的量度值相同,随后向所有与该 ABR 相连的其他区域内通告此 LSA。

(2) 接收通告的区域中的 OSPF 路由器为收到的每一条 Type3 型 LSA 都生成一条区域间路由,该路由的地址前缀和掩码直接来源于收到的 LSA,下一跳就是 LSA 中的通告路由器给出的 ABR,而路由量度值则等于 LSA 中的量度值加上本路由器到此 ABR 的量度值之和。

(3) 接收通告的区域中的 ABR 会将收到的 Type3 型 LSA 修改后继续向与自己相连的其他区域通告,但已通告过含有相同地址前缀的 LSA 的 ABR 除外。修改 LSA 包括将量度值设置为原量度值加上该 ABR 到达原通告路由器的开销之和以及将通告路由器改为自己。

下面结合图 8.28 看一个区域间路由计算的例子。

假设现在要将位于区域 1 中的 S1 网段通告给 AS 中的其他区域。通过区域内路由计算,路由器 B 的路由表中包含了关于区域 1 中 S1、S2 和 S3 网段的三条路由,其中 B 到 S1 的下一跳是 A。作为 ABR,B 将为这三条区域内路由分别生成一条 Type3 型 LSA,显然这些 LSA 的通告路由器都是 B(B 产生了它们并将把它们向其他区域内通告),量度值分别是 B 到这三个网段的开销,其中对应于 S1 网段的那个 LSA 量度值应该为 30,随后 B 会将它们通告给与 B 相连的其他区域——区域 0 和区域 2。

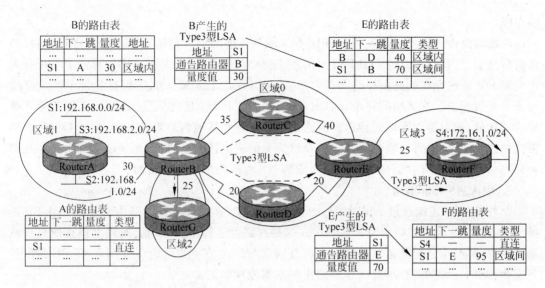

B的路由表

地址	下一跳	量度	地址
...	...	...	...
S1	A	30	区域内
...	...	...	...

B产生的Type3型LSA

地址	S1
通告路由器	B
量度值	30

E的路由表

地址	下一跳	量度	类型
B	D	40	区域内
S1	B	70	区域间
...	...	...	...

A的路由表

地址	下一跳	量度	类型
...	...	...	...
S1	—	—	直连
...	...	...	...

E产生的Type3型LSA

地址	S1
通告路由器	E
量度值	70

F的路由表

地址	下一跳	量度	类型
S4	—	—	直连
S1	E	95	区域间
...	...	...	...

图 8.28 区域间路由计算示例(限于篇幅,图中省略了掩码)

作为接收通告的区域,区域 2 中的 G 会生成到 S1 网段的区域间路由,下一跳就是 LSA 中的通告路由器 B,路由量度值应等于 LSA 中的量度值 30 加上 G 到 B 的量度值 25,即 55。同样作为接收通告的区域,区域 0 中的 C、D 和 E 也都将生成到 S1 的区域间路由,下一跳也都是 B,而路由量度值则分别为 65、50 和 70,其中 E 到 S1 的区域间路由的量度值等于 LSA 中的量度值 30 加上 E 到 B 的量度值 40。特别要说明的是 E 到 B 属于区域内路由,根据路由选择的原则,经过 D 的这条最佳路径将作为 E 到 B 的路由。

作为接收通告的区域,区域 0 中的 ABR 包括路由器 B 和 E,其中 B 由于已经通告过含有地址前缀为 S1 网段的 Type3 型 LSA,所以它应排除在外,只有 E 将会收到的 Type3 型 LSA 中的量度值由 30 改为 70(等于上面说明的 E 到 S1 的区域间路由的量度值),通告路由器由原来的 B 改为 E 后才向相邻的其他区域——区域 3 内通告。

当 F 路由器收到后,按(2)所述,同样会产生到 S1 的区域间路由项,下一跳自然是 E,量度值为 95(等于此时的 LSA 中的量度值 70 与 F 到 LSA 中的通告路由器 E 的开销 25 之和)。这样区域 1 以外的 AS 其他区域中的路由器就都知道了区域 1 中 S1 网段的存在,同时知道了该如何到达它。到此,区域间路由计算得以完成。

从以上分析可知,Type3 型 LSA 的地址前缀和掩码来源于特定区域的区域内路由,它们在通告过程中保持不变,而通告路由器字段却在整个通告过程中不断改变,将依次记录沿途经过的 ABR,这些 ABR 将被接收通告的区域用作区域间路由的下一跳。量度值字段则与通告路由器相匹配,同步地参与到区域间路由的量度计算之中。

有了这些区域间路由,数据包跨区域转发就能够顺利进行了。假设由 S4 网段发出的 IP 数据包要送到 S1 网段,该数据包会首先交给 F,F 查找路由表并将数据包转发给下一跳路由器 E,E 继续查路由表,知道下一跳应该是 B,于是就利用区域 0 的区域内路由,找到由 E 到 B 的最短路径需经由 D 而非 C,因此数据包便从 E 经 D 到达了 B。接着 B 再查找路由表,在区域内路由中发现到 S1 的下一跳是 A,这样 IP 数据包经过 A 的转发最终送到了 S1 网段。由此可见,数据包的跨区域转发需要在区域间路由和区域内路由的协作"指挥"下才

动态路由协议及配置

能完成。

区域间路由计算的过程表明,OSPF 在区域间传递的不再是链路状态信息,而是纯粹的路由信息了。因此,此时的 OSPF 已不再基于链路状态算法,而是基于 DV 算法了。正是为了克服 DV 算法存在的路由环路问题,OSPF 才引入骨干区域并规定所有非骨干区域必须与骨干区域相连。在区域间路由计算时,所有非骨干区域的路由通过骨干区域转发给其他非骨干区域,就可避免区域间传递时的路由环路。而在区域内路由计算时,由于 OSPF 严格遵循链路状态算法,每台路由器都在以自己为根的树上计算路由,因而区域内部也不存在路由环路。上述机制有效保证了 OSPF 生成的 AS 内部路由是无环路的。

3. 引入 AS 外部路由

此外,OSPF 还能通过 ASBR 将 AS 外的非 OSPF 路由(含直连路由和静态路由)有选择地引入到 AS 内的某些 OSPF 区域中。这种在路由选择协议之间交换路由信息的过程就是路由重分配,重分配既可单向进行也可双向进行。本节主要讨论将外部非 OSPF 路由重分配到 OSPF 内部的情况,此时计算路由的基本原理如下。

(1) ASBR 首先用一个 OSPF 量度替换外部非 OSPF 路由的量度。

(2) 随后 ASBR 会产生一条类型为 Type5 的 LSA,将替换了量度后的外部路由通告给整个 AS 内部,但末梢区域除外。

Type5 型 LSA 主要包括该外部路由的地址前缀和掩码、替换后的量度值以及通告路由器等信息,其中通告路由器是产生该 LSA 的 ASBR 的 Router ID,这 4 个字段的信息将在整个通告过程中都保持不变。

通过 Type5 型 LSA 的传递,整个 AS 内部除末梢区域外的所有 OSPF 路由器都将知道该外部路由的存在。然而,仅有 Type5 型 LSA 并不能使 OSPF 路由器计算出到达 AS 外部网络的路由。通过比较.Type5 型 LSA 与 Type3 型 LSA 在区域间传递的过程,可以更容易理解这一点。

Type3 型 LSA 由 ABR 产生,并在区域间传递过程中通过修改通告路由器字段不断标记出它途经的 ABR,这样收到 Type3 型 LSA 的路由器只要将这个 ABR 作为下一跳,就形成了到达被通告子网的路由。而 Type5 型 LSA 的通告路由器字段给出的是产生该 LSA 的那个 ASBR 的 Router ID,在整个通告过程中该字段值都保持不变,因而不能期望它像 Type3 型 LSA 那样利用通告路由器字段标记出沿途经过的 ABR,这将导致收到 Type5 型 LSA 的路由器无法知道 ASBR 在 AS 中的位置。由于 ASBR 是通向 AS 外部网络的出口,AS 内的 OSPF 路由器只有先知道应该如何到达 ASBR,才能最终形成到达 AS 外部网络的路由。但遗憾的是,上面的分析说明 Type5 型 LSA 并不能做到这一点。

为了解决收到 Type5 型 LSA 的 OSPF 路由器无法定位 ASBR 的问题,OSPF 协议规定,如果某个 OSPF 区域存在 ASBR,则该区域的 ABR 必须单独为此 ASBR 生成一条 Type4 型 LSA(特别地,当 ASBR 就是一台 ABR 时,Type4 型 LSA 和 Type5 型 LSA 都由它自己产生)。Type4 型 LSA 的传递机制与 Type3 型 LSA 完全一致,所不同的是 Type4 型 LSA 中包含的地址前缀不再是一个子网地址,而是 ASBR 的 Router ID。

综上所述,末梢区域以外的所有 OSPF 路由器将通过 Type5 型 LSA 知道外部路由的存在,并通过 Type4 型 LSA 可以计算出到达 ASBR 的路由,只要将两者结合就可以最终形成到达 AS 外部网络的路由。从类型上说这种路由属于 AS 外部路由。图 8.29 的示例是为了将目的网络为 AS2 中 NS1 子网的 BGP 路由引入到 OSPF 所在的 AS 内,要点在于不与 ASBR(此处是 RouterF)处于同一区域的其他路由器将利用 Type4 型 LSA 中的通告路由器形成到达 NS1 的外部路由的下一跳,读者可以根据上述原理以及 8.4.9 节外部路由类型的说明自己加以分析。

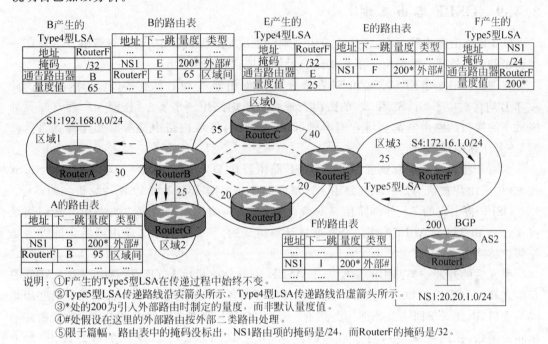

说明:①F产生的Type5型LSA在传递过程中始终不变。
　　　②Type5型LSA传递路线沿实箭头所示,Type4型LSA传递路线沿虚箭头所示。
　　　③*处的200为引入外部路由时制定的量度,而非默认量度值。
　　　④#处假设在这里的外部路由按外部二类路由处理。
　　　⑤限于篇幅,路由表中的掩码没标出,NS1路由项的掩码是/24,而RouterF的掩码是/32。

图 8.29　一个引入 AS 外部路由的示例

8.4.8　路由汇聚

前面所举的区域间路由计算例子中,ABR 是将属于一个区域内的路由项一对一转换成 Type3 型 LSA 并发给了相连的其他区域。实际上,可以通过手工配置,要求 ABR 先对这些区域内路由项进行汇聚,然后再把汇聚后的路由通过 Type3 型 LSA 发送出去。ABR 将一个区域内的路由汇聚后转发给相连的其他区域,不仅有利于减少区域间传递的 LSA 数量,而且可以有效屏蔽拓扑变化对网络带来的不利影响。

以图 8.27 为例,如果不进行路由汇聚,路由器 B 针对区域 1 中三个子网的路由有三条,地址前缀分别为 192.168.0.0/24、192.168.1.0/24 和 192.168.2.0/24,这将使路由器 B 生成三条 Type3 型 LSA 转发到相连的其他区域中。而三个子网的路由汇聚后,其地址前缀变成 192.168.0.0/22,路由器 B 只要为这个汇聚后的路由生成一条 Type3 型 LSA 即可。由此可以看出,路由汇聚后将大大减少区域间的流量负载,并使接收到 LSA 的所有路由器的路由表项都明显减少。采用路由汇聚后,三个子网对外只呈现为一条汇聚后的路由,当区域内的拓扑发生变化后(例如 S2 子网 down 掉),只要不影响到汇聚结果,区域外的路由器将感受不到这种变化,所见的仍然是同一条汇聚路由。由于这种拓扑变化被路由汇聚屏蔽在了区域内部,区域外的路由器就不会因此而重新计算或更新原有的汇聚路由,同样有利于

动态路由协议及配置

减轻路由器的工作负担。

需要注意的是,路由汇聚只能在区域间进行,而不能在区域内进行,即 ABR 可以进行路由汇聚,但 IAR 却不能,否则会影响区域内路由器之间 LSDB 的同步。当然,ASBR 也可以先对外部路由进行汇聚后再通过 Type5 型 LSA 向整个 AS 内通告(末梢区域除外)。

8.4.9　OSPF 路由类型

OSPF 路由有 4 种类型,按优先级由高到低依次是区域内路由、区域间路由、AS 外部一类路由和 AS 外部二类路由。下面将结合示例说明这些路由类型。

在图 8.27 中,子网 S1、S2 和 S3 在区域 1 中,路由器 A 和 B 都有接口属于区域 1,因此 A 和 B 均将对应于 S1、S2 和 S3 的路由看成是区域内路由。事实上,任何一台拥有配置到区域 1 的接口的路由器都会将它们看做区域内路由。区域内路由是根据 Type1 或 Type2 型 LSA 计算得到的。

而对于接口没有配置到区域 1 的 OSPF 路由器 C、D、E、F 和 G 而言,对应于子网 S1、S2 和 S3 的路由均被认为是区域间路由。区域间路由是根据 Type3 型 LSA 计算得到的。

OSPF 将引入的 AS 外部路由又分成两类,外部一类路由和外部二类路由。它们都是将 Type4 和 Type5 型 LSA 相结合并通过计算得到的。Cisco 和华为路由器默认的类型是外部二类路由。

引入后的外部一类路由的量度等于 ASBR 的重分配量度与 OSPF 路由器到 ASBR 的开销之和。由于各个 OSPF 路由器到 ASBR 的开销各不相同,而 ASBR 的重分配量度却是同一个值,因此对于同一条外部一类路由,不同的 OSPF 路由器在路由表中显示的开销并不相同。例如,在图 8.27 中,对于引入的到达 H 上 10.10.1.0/24 子网的静态路由,作为 ASBR 的路由器 E 假设将其作为外部一类路由来处理,则 F 到该子网的路由量度值应为 E 对该静态路由的重分配量度 20 加上 F 到 E 的开销 25 之和,即等于 45。

引入后的外部二类路由的量度等于 ASBR 的重分配量度,并不包括 OSPF 路由器到 ASBR 的开销,因此对于同一条外部二类路由,不同的 OSPF 路由器在路由表中显示的开销却是同一个值。在图 8.27 的示例中,可以看到这一点,对于引入的到达 AS2 中 NS1 子网的 BGP 路由,作为 ASBR 的路由器 F 假设将其处理为外部二类路由,并且指定重分配量度为 200,则 AS 内其他的 OSPF 路由器都会将其作为外部二类路由,因此它们关于该路由的量度值都是 200。

8.4.10　OSPF 区域类型

可以从不同角度对 OSPF 的区域加以分类。

根据区域在 AS 中的地位,可以将 OSPF 区域分为骨干区域和非骨干区域。除了区域 0 之外的所有其他区域都是非骨干区域。

根据是否有虚连接穿过本区域,可以将 OSPF 区域分为转发区域和非转发区域。虚连接穿越的非骨干区域称为转发区域。因此骨干区域一定是非转发区域。

根据区域是否允许含有外部路由的 Type5 型 LSA 传入,可以将 OSPF 区域分为标准区域、末梢区域(STUB)、完全末梢区域以及非纯末梢区域(NSSA),后面这三个可以统称为具有末梢特点的区域。下面将详细介绍这几种类型的区域。

标准区域允许含有外部路由的 Type5 型 LSA 传入本区域,骨干区域和具有此特点的非骨干区域都可看成是标准区域。标准区域中所有的路由器都拥有所有的路由信息,因此具有到达目的地的最佳路径。缺点是路由表的规模可能很大,区域外的链路失效有可能引起局部的路由计算,这些都会导致路由器的负担较重。

默认情况下,含有外部路由的 Type5 型 LSA 将在整个 AS 范围内扩散,而末梢区域、完全末梢区域以及非纯末梢区域的共同特点就是它们都不允许 Type5 型 LSA 传入。引入这三类区域不仅可以减少这三类区域中传递的 LSA 数量,减轻路由器的工作负担,同时还可为网络设计增加一定的灵活性。

1. 末梢区域 STUB(stub area)

是指不允许含有外部路由的 Type5 型 LSA 传入的那些区域。在 STUB 区域中路由器的路由表规模以及 LSA 传递的数量都会明显减少。此外,外部路由的更新不会对 STUB 区域产生影响。

因为无法通过 Type5 型的 LSA 学习到外部路由,所以 OSPF 规定 STUB 区域的 ABR 必须生成一条以自己为下一跳的默认路由(0.0.0.0/0),并且通过 Type3 型 LSA 由 ABR 自动向区域内的其他路由器通告该默认路由,使得 ABR 成为该 STUB 区域的出口,这样才能保证与外部网络的连通性。一个 STUB 区域的示例如图 8.30 所示。

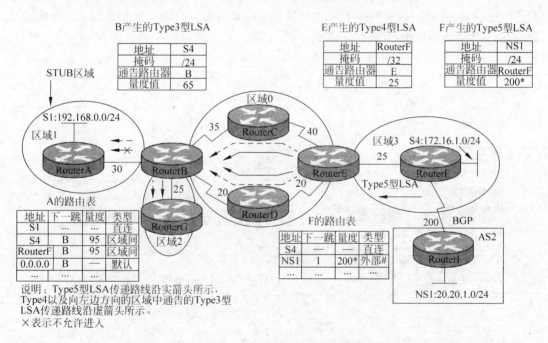

图 8.30 一个 STUB 区域的示例

当一个 STUB 区域存在多个 ABR 时,所有的 ABR 都会向该 STUB 区域内注入一条默认路由。而对于接收到多条默认路由的区域内路由器,将优先选择开销小的默认路由,当开销一样时将出现负载均衡。显然,这些 STUB 区域内路由器的路由表将只会出现区域内路由、区域间路由和默认路由,而不会出现外部一类或二类路由。

配置 STUB 区域的一些要求。

（1）骨干区域不能配置成 STUB 区域，虚连接不能穿过 STUB 区域。

（2）如果将一个区域配置成 STUB 区域，则该区域中的所有路由器都必须配置该属性。

（3）STUB 区域内不能存在 ASBR，因为它不允许 Type5 型 LSA 传入。但 STUB 区域中的 ABR 可以成为 ASBR，将外部路由引入到骨干区域中。

2. 完全末梢区域（totally stubby area）

STUB 区域并未禁止含有区域间路由的 Type3 型 LSA 传入本区域，但实际上默认路由的出现使得区域间路由变得没有意义，因为 STUB 区域内路由器只需利用默认路由将 IP 数据包送到 ABR，再由 ABR 根据自己的路由表访问到处于其他区域中的网络甚至 AS 外的网络，即一条默认路由足以使 STUB 区域的内部路由器到达本区域外的其他网络。正是基于这个原因，引入了完全末梢区域，它不仅禁止 Type5 型 LSA 传入，而且也禁止 Type3 和 Type4 型 LSA 传入，进一步减少了本区域的 LSA 流量。属于完全末梢区域的内部路由器的路由表将只会出现区域内路由和默认路由，而不会出现区域间路由以及外部一类或二类路由，进一步降低了路由表的规模。此外，与 STUB 区域不同，其他区域的路由更新不会影响到完全末梢区域，同样有利于减轻路由器的工作负担。

配置完全末梢区域与配置 STUB 区域的操作非常相似，都要求区域中的所有路由器配置为 STUB，此外完全末梢区域还要求在 ABR 上使用 no-summary 关键字。正是该关键字禁止了区域间路由传入，使得一个 STUB 区域进一步成为一个完全末梢区域。一个配置了完全 STUB 区域的示例如图 8.31 所示。

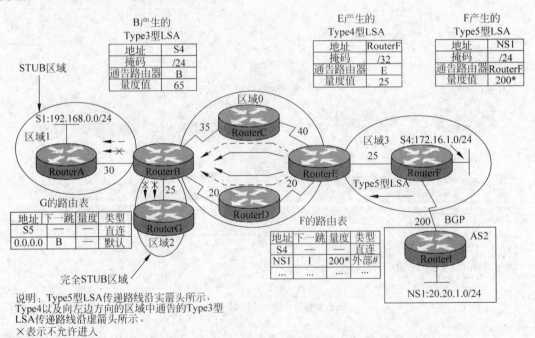

图 8.31　一个完全 STUB 区域的示例

3. 非纯末梢区域 NSSA（Not So Stubby Area）

从字面上看，非纯末梢区域就是不那么纯的末梢区域。不纯的原因在于这样的区域允许 ASBR 的存在，即允许 ASBR 将外部路由引入到本区域内，但这似乎又与末梢区域的要求相矛盾,因为末梢区域不允许含有外部路由的 Type5 型 LSA 传入。为了调和这种矛盾,OSPF 又定义了一种新的 LSA——Type7 型 LSA。

NSSA 允许区域内存在 ASBR,允许自己区域内的 ASBR 引入外部路由,所引入的外部路由将被 ASBR 处理成 Type7 型的 LSA 并在 NSSA 区域内部扩散。但当 Type7 型 LSA 到达 NSSA 区域的 ABR 后,ABR 会将这些 Type7 型 LSA 转换成 Type5 型 LSA,然后扩散到整个 AS 中的其他区域(具有末梢特点的区域外)。

NSSA 不允许 AS 内其他 OSPF 区域中的 ASBR 引入的外部路由进入到本区域。这是因为其他区域中的 ASBR 引入的外部路由将被包含在 Type5 型 LSA 中并在 AS 内扩散,如果 NSSA 允许 Type5 型 LSA 传入本区域,它就将不再是末梢区域了。

综上所述,NSSA 首先是末梢区域,它与 STUB 区域一样,都禁止 Type5 型 LSA,即都不允许其他区域 ASBR 引入的外部路由进入。但与 STUB 区域不同的是,NSSA 却允许自己的 ASBR 引入的外部路由进来。概括来说就是对于外部路由,STUB 既不允许别人(指其他区域的 ASBR)的进来,也不能自己引入并输出。而 NSSA 虽不允许别人的进来,但却能够自己引入并输出。这正是"非纯末梢区域"名称的由来。一个配置了 NSSA 区域的示例如图 8.32 所示。

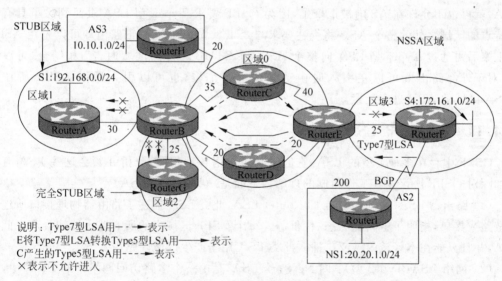

图 8.32 一个 NSSA 区域的示例

NSSA 经常用于阻止含有外部路由的 Type5 型 LSA 进入该区域,但仍需要向区域外发送含有外部路由的 Type5 型 LSA(例如,如果区域中的某个路由器为 ASBR)的场合。现实中,在总公司与分公司联网或因公司重组而并入新机构时,NSSA 可以为这种需求提供一种灵活和低成本的解决方案。常常遇到总公司使用 OSPF 而分公司或新机构使用不同的路由协议并且相互间通过低带宽的 WAN 链路进行连接的情形,如图 8.33 所示。此时可以将连接双方的 WAN 链路及两端路由器配置成属于一个 NSSA 区域,并且分公司或新机构一侧的路由器作为 ASBR,负责将外部路由引入到总公司的 OSPF 区域中。这样做不会妨碍总公司访问分公司或新机构中的网络,而由总公司引入的外部路由却不会进入该 NSSA 区域,从而有效减少了该低带宽 WAN 链路发生拥塞的可能性。

动态路由协议及配置

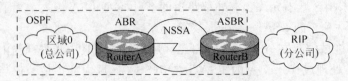

图 8.33　一种应用 NSSA 的场合

对于 Cisco 路由器默认情况下,属于 NSSA 区域的内部路由器的路由表将会出现区域内路由、区域间路由、默认路由以及与 Type7 型 LSA 对应的 N1 或 N2 类型的外部路由,而不会出现与 Type5 型 LSA 对应的 E1 或 E2 类型的外部路由。一个可选的配置是在 NSSA 区域的 ABR 上,通过使用 no-summary 关键字以阻止区域间路由进入到 NSSA 区域,并会使该 ABR 向 NSSA 区域内自动注入一条默认路由。这种配置下,路由表将会出现区域内路由、默认路由以及 N1 或 N2 类型的外部路由,而不会出现区域间路由以及 E1 或 E2 类型的外部路由。

另一个可选的配置同样是在 NSSA 区域中的 ABR 上,可以配置为使其在将 Type7 型 LSA 转换成 Type5 型 LSA 时进行外部路由汇聚。需要注意的是,一旦成为 Type5 型 LSA,就再也不允许在 AS 内被汇聚了,因为 OSPF 要求 Type5 型 LSA 洪泛到除了具有末梢特点的区域之外的整个 AS。将上述要求与 8.4.8 节提到的"外部路由却可以先在 ASBR 上汇聚后再通过 Type5 型 LSA 向整个 AS 中除 STUB 之外的区域通告"相结合,可以得出,对于外部路由既可以在引入时由 ASBR 进行汇聚,也可以引入后由 ASBR 所在的 NSSA 区域的 ABR 进行汇聚。

8.4.11　OSPF 中 LSA 类型

OSPF 中存在多种类型的 LSA,它们所起的作用各不相同,分析并领会这些 LSA 有助于加深对 OSPF 协议及其工作机制的理解。下面是一些主要的 LSA。

(1) 路由器 LSA(Type1 型):即 Router LSA,此类 LSA 描述了路由器物理接口所连接的链路或接口,指明了链路的状态、代价等。每个 OSPF 区域内的所有路由器均会产生此类 LSA,并且只能在本区域内洪泛广播。此类 LSA 用于产生区域内路由。

(2) 网络 LSA(Type2 型):即 Network LSA,是由一个多路访问网络中的 DR 产生,描述了与该多路访问网络相连的所有路由器的信息, 此类 LSA 只在产生的区域内洪泛。此类 LSA 也用于产生区域内路由。

(3) 网络汇总 LSA(Type3 型):即 Network Summary LSA,是由 ABR 产生的,它将区域内的路由汇聚后通告给其他区域的路由器,接收到通告的路由器将产生或转发此类 LSA 的 ABR 作为被通告路由的下一跳。此类 LSA 用于产生区域间路由。

(4) ASBR 汇总 LSA(Type4 型):即 ASBR Summary LSA,它也是由 ABR 产生的,用于向其他区域中的路由器通告本区域中 ASBR 的位置。具有与 Type3 型 LSA 相同的传递机制。此类 LSA 中包含的地址前缀不再是一个子网地址,而是 ASBR 的 Router ID。

(5) AS 外部 LSA(Type5 型):即 Autonomous System External LSA,由 ASBR 产生,用于向整个 AS 通告外部路由,在除末梢区域以外的整个 AS 内洪泛。此类 LSA 不能被 ABR 汇聚,与 Type4 型 LSA 相结合用于产生 AS 外部一类路由或外部二类路由。

(6) NSSA 外部 LSA(Type7 型)：即 Not So Stubby Area External LSA,由 NSSA 区域中的 ASBR 产生,用于将外部路由引入到 NSSA 中,仅能在该 NSSA 区域内而不能在整个 AS 内洪泛。NSSA 区域中的 ABR 会将 Type7 型 LSA 转换为 Type5 型 LSA 后向其他区域通告。

每种区域内允许扩散的 LSA 类型如表 8.3 所示。

表 8.3　每种区域内允许扩散的 LSA 类型

区域类型 \ LSA 类型	Type1 和 Type2	Type3 和 Type4	Type5	Type7
骨干区域	允许	允许	允许	不允许
非骨干非末梢	允许	允许	允许	不允许
末梢区域	允许	允许	不允许	不允许
完全末梢区域	允许	不允许(＊)	不允许	不允许
NSSA	允许	允许	不允许	允许

注意：＊处存在一种例外,就是完全末梢区域的 ABR 还是利用一个 Type3 型 LSA 来通告默认路由。

8.4.12　常用 OSPF 命令简介

1. Cisco 路由器常用命令

1) Router(config)♯router ospf process-id

启用一个进程号为 process-id 的 OSPF 进程,process-id 值由管理员指定。这条命令是配置 OSPF 首先使用的命令。

2) Router(config-router)♯network address wildcard-mask area area-id

声明在 address 对应的网络或子网上应用 OSPF 协议,并指定该网络或子网属于 area-id 对应的 OSPF 区域。wildcard-mask 称为通配符掩码,其中的 0 表示需要匹配,1 表示无须匹配。一般而言,它的取值是将子网掩码按位取反,因此有时也称为"反掩码"。这条命令可根据需要多次使用。

3) Router(config-router)♯router-id X.X.X.X

手工指定路由器的 Router ID 为"X.X.X.X","X.X.X.X"采用 IP 地址的格式。这是一个可选的操作,但它有利于 Router ID 保持稳定,所以建议使用。

配置好后,可使用下述命令查看与 OSPF 有关的信息。

4) Router♯show ip ospf

查看 OSPF 基本信息,包括 Router ID、路由器类型及所属 OSPF 区域、LSA 数量统计等。

5) Router♯show ip ospf database

查看 OSPF 链路状态数据库,主要包括各种 LSA 的概要信息。

6) Router♯show ip ospf database router

查看 OSPF 链路状态数据库中 Router LSA(Type1 型)的详细信息。

7) Router♯show ip ospf database network

查看 OSPF 链路状态数据库中 Network LSA(Type2 型)的详细信息。

8) Router♯show ip ospf database summary

查看 OSPF 链路状态数据库中 Network Summary LSA(Type3 型)的详细信息。

9）Router＃show ip ospf neighbor

查看邻居路由器的基本信息，包括邻居 ID、状态、接口地址及优先级等。

10）Router＃show ip ospf neighbor detail

查看邻居路由器的详细信息，其中包括 DR、BDR 的情况。

11）Router＃show ip ospf interface interface-id

查看本路由器特定接口的 OSPF 信息，其中包括该接口所连网络的类型（点对点、广播等）。

2. 华为路由器常用命令

1）［Router]router id X. X. X. X

手工指定路由器的 Router ID 为 X. X. X. X，是一个可选的操作，建议使用。

2）华为路由器 Quidway 2831 需要针对每一个应用 OSPF 的接口分别按下述命令进行配置

```
[Router]interface interface－id
[Router－interface－id]ospf                                    //启用 OSPF(默认的进程号为 1)
[RouterB－ospf－1]area area－id                              //指定该接口所属的 OSPF 区域
[RouterB－ospf－1－area－0.0.0.0]network address wildcard－mask
                                                    //在接口所连的 address 网络上应用 OSPF
```

3）［Router]display ospf brief

查看 OSPF 基本信息，包括 Router ID、路由器类型及所属 OSPF 区域、接口状态等。

4）Router＃display ospf lsdb

查看 OSPF 链路状态数据库，主要包括各种 LSA 的概要信息。

5）Router＃display ospf lsdb brief

查看 OSPF 链路状态数据库中各种 LSA 的统计情况。

6）Router＃display ospf lsdb router

查看 OSPF 链路状态数据库中 Router LSA(Type1 型)的详细信息。

7）Router＃show ip ospf lsdb network

查看 OSPF 链路状态数据库中 Network LSA(Type2 型)的详细信息。

8）Router＃show ip ospf lsdb summary

查看 OSPF 链路状态数据库中 Network Summary LSA(Type3 型)的详细信息。

9）Router＃display ospf peer

查看邻居路由器的基本信息，包括邻居 ID、状态、接口地址及优先级等。

8.4.13　单区域 OSPF 配置实例

网络拓扑图如图 8.34 所示，要求配置 OSPF 协议实现两台 PC 互相 ping 通。

1. Cisco 路由器配置

首先按图配置好各路由器和 PC 的 IP 地址，并设置 PC1 的默认网关是 192.168.1.1、PC2 的默认网关是 10.2.2.1。下面进行 OSPF 的配置。

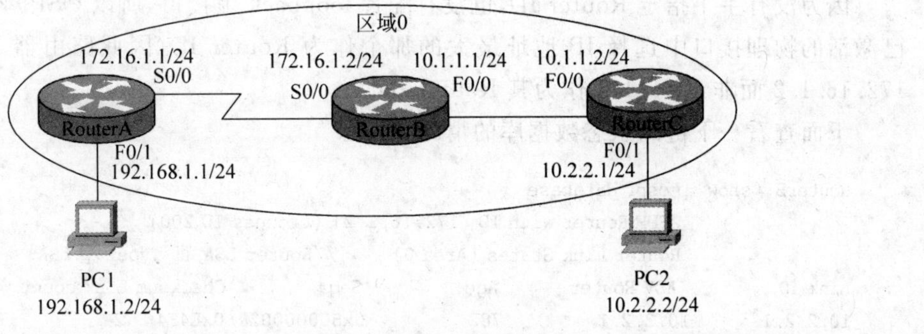

图 8.34 单区域 OSPF 配置网络拓扑图

在 RouterA 上：

```
RouterA(config)#router ospf 100
RouterA(config-router)#network 172.16.1.0 0.0.0.255 area 0
RouterA(config-router)#network 192.168.1.0 0.0.0.255 area 0
```

在 RouterB 上：

```
RouterB(config)#router ospf 200
RouterB(config-router)#network 172.16.1.0 0.0.0.255 area 0
RouterB(config-router)#network 10.1.1.0 0.0.0.255 area 0
```

在 RouterC 上：

```
RouterC(config)#router ospf 300
RouterC(config-router)#network 10.1.1.0 0.0.0.255 area 0
RouterC(config-router)#network 10.2.2.0 0.0.0.255 area 0
```

通过测试，此时两台 PC 可以相互 ping 通，配置完成。下面主要以 RouterB 为例介绍配置后的效果。

首先查看路由表。

```
RouterB#show ip route
…
172.16.0.0/24 is subnetted, 1 subnets
C       172.16.1.0 is directly connected, Serial0/0
    10.0.0.0/24 is subnetted, 2 subnets
O       10.2.2.0 [110/2] via 10.1.1.2, 00:11:07, FastEthernet0/0
C       10.1.1.0 is directly connected, FastEthernet0/0
O    192.168.1.0/24 [110/782] via 172.16.1.1, 00:11:07, Serial0/0
```

其中标识为"O"的两条是 OSPF 路由，可以看出 OSPF 的默认管理距离是 110。

再来看看 OSPF 的基本信息。

```
RouterB#show ip ospf
Routing Process "ospf 200" with ID 172.16.1.2…        //指出了本路由器的 Router ID
Area BACKBONE(0)                                        //本路由器处于骨干区域 0
        Number of interfaces in this area is 2…       //在该区域中本路由器的接口数为 2
        Number of LSA 4. Checksum Sum 0x1CF8B…        //该区域的链路状态数据库中有 4 条 LSA
```

动态路由协议及配置

因为没有手工指定 Router ID,也没有配置 loopback 虚接口,所以 OSPF 会自动从当前已激活的物理接口中选择 IP 地址最大的那个作为 Router ID,因此路由器 RouterB 选择172.16.1.2 而非 10.1.1.1 作为其 Router ID。

下面查看一下链路状态数据库的情况。

```
RouterB# show ip ospf database
              OSPF Router with ID (172.16.1.2) (Process ID 200)
              Router Link States (Area 0)      //Router LSA,即 Type1 型 LSA
Link ID        ADV Router      Age       Seq#        Checksum Link count
10.2.2.1       10.2.2.1        782       0x80000002  0xE4F4   2
172.16.1.2     172.16.1.2      782       0x80000004  0x16E    3
192.168.1.1    192.168.1.1     831       0x80000003  0x8DE6   3
              Net Link States (Area 0)        // Network LSA,即 Type2 型 LSA
Link ID        ADV Router      Age       Seq#        Checksum
10.1.1.1       172.16.1.2      782       0x80000001 0x5B43
```

可见 RouterB 的区域 0 对应的链路状态数据库中有三条 Router LSA 和一条 Network LSA,这刚好与"show ip ospf"命令给出的 LSA 数量(4 条)相吻合。每条 LSA 都用 Link ID 作为唯一的标识,Link ID 的取值随 LSA 类型的不同而不同,表 8.4 给出了 Link ID 的取值规则。ADV Router 是通告此 LSA 的路由器的 Router ID,Link count 给出了 LSA 包含的链路数。

表 8.4 Link ID 的取值规则

LSA 类型	Link ID 取值
Tpye1 型	通告路由器的 Router ID
Tpye2 型	DR 的相应接口地址
Type4 型	ASBR 的 Router ID
Type3、5、7 型	被通告网段或子网的网络地址

在 Cisco 路由器上,一个区域中的每一台路由器都会产生一条 Router LSA,分别描述各自路由器周边的链路状况,可以通过"show ip ospf database router"命令更清楚地了解到这些状况。

```
RouterB# show ip ospf database router
              OSPF Router with ID (172.16.1.2) (Process ID 200)
              Router Link States (Area 0)
   LS age: 943   Options: (No TOS-capability, DC)   LS Type: Router Links
   Link State ID: 10.2.2.1   Advertising Router: 10.2.2.1
                              //此 Router LSA 描述 RouterC 周边的链路状态
   LS Seq Number: 80000002   Checksum: 0xE4F4   Length: 48
   Number of Links: 2   //RouterC 周边有两条链路描述
   Link connected to: a Stub Network   //连接一个末梢网络(10.2.2.0 网络只有 RouterC 一台路由器)
   (Link ID) Network/subnet number: 10.2.2.0   //此末梢网络的地址前缀
   (Link Data) Network Mask: 255.255.255.0   //此末梢网络的子网掩码
        Number of TOS metrics: 0        TOS 0 Metrics: 1
   Link connected to: a Transit Network   //连接一个转运网络(将以太网视为转运网络)
   (Link ID) Designated Router address: 10.1.1.1 //该转运网络的 DR(以太网属于广播网络要选举 DR)
```

(Link Data) Router Interface address: 10.1.1.2   //RouterC 连接到此转运网络的接口地址
    Number of TOS metrics: 0   TOS 0 Metrics: 1

LS age: 943   Options: (No TOS - capability, DC)   LS Type: Router Links   //这是一个 Router LSA
Link State ID: 172.16.1.2   Advertising Router: 172.16.1.2
                                      //此 LSA 描述 RouterB 周边的链路状态
LS Seq Number: 80000004   Checksum: 0x16E   Length: 60
Number of Links: 3   //RouterB 周边有三条链路描述
Link connected to: another Router (point - to - point)
                           //连到点到点链路,先描述链路中的对端路由器
(Link ID) Neighboring Router ID: 192.168.1.1   //给出对端路由器的 Router ID
(Link Data) Router Interface address: 172.16.1.2   //RouterB 在此点到点链路上的接口地址
    Number of TOS metrics: 0   TOS 0 Metrics: 781
Link connected to: a Stub Network   //再描述点到点链路本身(将其视为一个末梢网络)
(Link ID) Network/subnet number: 172.16.1.0   //该点到点链路所在子网的地址前缀
(Link Data) Network Mask: 255.255.255.0   //对应的子网掩码
    Number of TOS metrics: 0   TOS 0 Metrics: 781
Link connected to: a Transit Network   //连接到一个转运网络(将以太网视为转运网络)
(Link ID) Designated Router address: 10.1.1.1//该转运网络的 DR(以太网属于广播网络要选举 DR)
(Link Data) Router Interface address: 10.1.1.1   //RouterB 连接到此转运网络的接口地址
    Number of TOS metrics: 0   TOS 0 Metrics: 1

LS age: 999   Options: (No TOS - capability, DC)   LS Type: Router Links   //这是一个 Router LSA
Link State ID: 192.168.1.1   Advertising Router: 192.168.1.1
                                      //此 LSA 描述 RouterA 周边链路状态
LS Seq Number: 80000003   Checksum: 0x8DE6   Length: 60
Number of Links: 3   // RouterA 周边有三条链路描述
Link connected to: a Stub Network   //连接一个末梢网络(10.2.2.0 网络只有 RouterC 一台路由器)
(Link ID) Network/subnet number: 192.168.1.0   //此末梢网络的地址前缀
(Link Data) Network Mask: 255.255.255.0   //此末梢网络的子网掩码
    Number of TOS metrics: 0   TOS 0 Metrics: 1
Link connected to: another Router (point - to - point)
                           //连到点到点链路,先描述链路的对端路由器
(Link ID) Neighboring Router ID: 172.16.1.2   //给出对端路由器的 Router ID
(Link Data) Router Interface address: 172.16.1.1   // RouterA 在此点到点链路上的接口地址
    Number of TOS metrics: 0   TOS 0 Metrics: 781
Link connected to: a Stub Network   //再描述点到点链路本身(将其视为一个末梢网络)
(Link ID) Network/subnet number: 172.16.1.0   //该点到点链路所在子网的地址前缀
(Link Data) Network Mask: 255.255.255.0   //对应的子网掩码
    Number of TOS metrics: 0   TOS 0 Metrics: 781

    链路状态数据库中还有一条 Network LSA,是因为当存在的转运网络(Transit Network)是诸如以太网这样的广播网络时,就需要选举 DR 和 BDR,并由 DR 产生一条 Network LSA,通过 show ip ospf network 命令可进一步查看这种 LSA 的详细信息。

```
RouterB♯ show ip ospf database network
                OSPF Router with ID (172.16.1.2) (Process ID 200)
                    Net Link States (Area 0)
Routing Bit Set on this LSA   LS age: 962   Options: (No TOS - capability, DC)
LS Type: Network Links   //这是一个 Network LSA
Link State ID: 10.1.1.1 (address of Designated Router)
```

                          //此 LSA 的 Link ID 是 DR 的接口地址 10.1.1.1
Advertising Router: 172.16.1.2　　//通告此 LSA 的 Router ID 是 172.16.1.2,即由 RouterB 通告
LS Seq Number: 80000001　Checksum: 0x5B43　Length: 32
Network Mask: /24　　　//该网络(以太网)的掩码为 24
      Attached Router: 172.16.1.2
                  //该网络(以太网)的一端是 RouterB(172.16.1.2 是其 Router ID)
      Attached Router: 10.2.2.1
                  //该网络(以太网)的另一端是 RouterC(10.2.2.1 是其 Router ID)

想进一步了解有关 DR、BDR 以及接口所连网络类型的详细信息,可以利用 8.4.12 节中介绍的第 10)、11)条命令获得,此处从略。

2. 华为路由器配置

在华为路由器配置时,需要将图中使用的串口 s0/0 改为 s1/0,以太网口 f0/0 改为 e0/0,f0/1 改为 e0/1。配置好路由器和 PC 的 IP 地址以及 PC 的默认网关后,就可以进行 OSPF 的配置了,限于篇幅,以下仅以 RouterB 为例介绍。

```
[RouterB]router id 2.2.2.2      //手工指定 RouterB 的 Router ID 为 2.2.2.2
[RouterB]inter s1/0
[RouterB - Serial1/0]ospf
[RouterB - ospf - 1]area 0
[RouterB - ospf - 1 - area - 0.0.0.0]network 172.16.1.0 0.0.0.255
[RouterB - ospf - 1 - area - 0.0.0.0]inter e0/0
[RouterB - Ethernet0/0]ospf
[RouterB - ospf - 1]area 0
[RouterB - ospf - 1 - area - 0.0.0.0]network 10.1.1.0 0.0.0.255
[RouterB - ospf - 1 - area - 0.0.0.0]quit
```

对 RouterA 和 RouterC 可以照此进行配置,本例中将 A 的 Router ID 指定为 1.1.1.1,C 的 Router ID 指定为 3.3.3.3,下面是配置完成后 B 的路由表,其中有两条 OSPF 路由。

```
[RouterB]dis ip routing - table
     Routing Table: public net
Destination/Mask     Protocol Pre  Cost      Nexthop          Interface
10.1.1.0/24          DIRECT   0    0         10.1.1.1         Ethernet0/0
10.1.1.1/32          DIRECT   0    0         127.0.0.1        InLoopBack0
10.2.2.0/24          OSPF     10   2         10.1.1.2         Ethernet0/0
127.0.0.0/8          DIRECT   0    0         127.0.0.1        InLoopBack0
127.0.0.1/32         DIRECT   0    0         127.0.0.1        InLoopBack0
172.16.1.0/24        DIRECT   0    0         172.16.1.2       Serial1/0
172.16.1.1/32        DIRECT   0    0         172.16.1.1       Serial1/0
172.16.1.2/32        DIRECT   0    0         127.0.0.1        InLoopBack0
192.168.1.0/24       OSPF     10   1563      172.16.1.1       Serial1/0
```

通过测试,此时两台 PC 间可以相互 ping 通,配置完成。下面再看看 OSPF 的相关信息。

```
[RouterB]dis ospf brief
            OSPF Process 1 with Router ID 2.2.2.2
                OSPF Protocol Information
      RouterID: 2.2.2.2
```

```
Spf - schedule - interval: 5 Routing preference: Inter/Intra: 10 External: 150
Default ASE parameters: Metric: 1 Tag: 1 Type: 2 SPF computation count: 5
Area Count: 1     Nssa Area Count: 0
Area 0.0.0.0:     //以下信息属于区域 0
Authtype: none   Flags: <>   SPF scheduled: <>
Interface: 172.16.1.2 (Serial1/0) --> 172.16.1.1
Cost: 1562 State: PtoP     Type: PointToPoint     Priority: 1 //s1/0 串口连接的是点到点网络
Timers: Hello 10, Dead 40, Poll 40, Retransmit 5, Transmit Delay 1
                                        //Hello 报文每 10 秒发送一次

Interface: 10.1.1.1 (Ethernet0/0)
Cost: 1 State: DR     Type: Broadcast     Priority: 1   //e0/0 接口所连的以太网属于广播网络
Designated Router: 10.1.1.1     Backup Designated Router: 10.1.1.2   //选举产生的 DR 和 BDR
Timers: Hello 10, Dead 40, Poll 40, Retransmit 5, Transmit Delay 1
                                        //Hello 报文每 10 秒发送一次
```

再看看链路状态数据库的情况。

```
[RouterB]dis ospf lsdb
                OSPF Process 1 with Router ID 2.2.2.2
                        Link State Database
                        Area: 0.0.0.0
Type LinkState ID       AdvRouter       Age Len  Sequence    Metric Where
Stub 172.16.1.0         2.2.2.2         204 24   0           0 SpfTree
Stub 192.168.1.0        1.1.1.1         204 24   0           0 SpfTree
Stub 10.2.2.0           3.3.3.3         124 24   0           0 SpfTree
Rtr  2.2.2.2            2.2.2.2         136 60   80000008    0 SpfTree
Rtr  1.1.1.1            1.1.1.1         205 60   80000008    0 Clist
Rtr  3.3.3.3            3.3.3.3         120 48   80000006    0 Clist
Net  10.1.1.1           2.2.2.2         136 32   80000002    0 SpfTree
```

这些记录都属于区域 0,其中标识为 Rtr 的三条属于 Router LSA(type1 型),标识为 Net 的一条属于 Network LSA(type2 型)。与 Cisco 一样,华为也为区域中的每一台路由器产生一条 Router LSA,分别描述各自路由器周边的链路状况,而 Network LSA 则由 RouterB 通告(因为对应的 AdvRouter 是 2.2.2.2,而这正是 RouterB 的 Router ID),这是因为 RouterB 所在的 10.1.1.0 子网是以太网,在这种广播网络中存在着 DR 选举,并且 RouterB 被选为 DR,而 OSPF 规定 Network LSA 将由 DR 产生并在本区域内通告。由于 172.16.1.0 网段属于点到点链路,而 192.168.1.0 和 10.2.2.0 两个网段都只有一台路由器,所以华为和 Cisco 路由器都将它们视为末梢网络,但华为将区域中存在的末梢网络以 Stub 为标识单列出来,这一点与 Cisco 有所不同。

最后再观察一下 RouterB 的邻居路由器的情况。

```
[RouterB]dis ospf peer
                OSPF Process 1 with Router ID 2.2.2.2
                        Neighbors
Area 0.0.0.0 interface 172.16.1.2(Serial1/0)'s neighbor(s)          //s1/0 接口的邻居
RouterID: 1.1.1.1       Address: 172.16.1.1     //邻居路由器的 RouterID 和接口地址
  State: Full   Mode: Nbr is Slave   Priority: 1   //full 表明与邻居路由器建立起邻接关系
  DR: None  BDR: None                  //该网段不存在 DR 和 BDR(因为网络类型是点到点)
  Dead timer expires in 33s         Neighbor has been up for 00:05:47
```

```
Area 0.0.0.0 interface 10.1.1.1(Ethernet0/0)'s neighbor(s)          //e0/0 接口的邻居
    RouterID: 3.3.3.3        Address: 10.1.1.2      //邻居路由器的 RouterID 和接口地址
    State: Full   Mode: Nbr is Master   Priority: 1   //full 表明与邻居路由器建立起邻接关系
    DR: 10.1.1.1   BDR: 10.1.1.2   //选举产生的 DR 和 BDR
    Dead timer expires in 33s          Neighbor has been up for 00:04:39
```

通过相关命令查看各种 OSPF 信息并尝试对其进行分析,将有助于加深对 OSPF 工作机制的理解,这是学习 OSPF 协议的一种有效方法。

8.4.14 多区域 OSPF 配置实例

本小节在介绍多区域 OSPF 配置的基础上,将涉及虚连接以及路由汇聚等议题,网络拓扑图如图 8.35 所示。

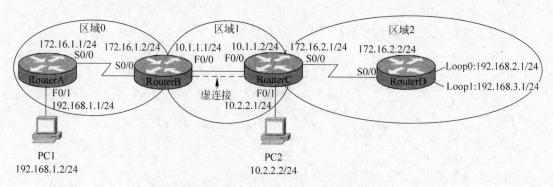

图 8.35 多区域 OSPF 配置网络拓扑图

由于区域 2 中任意一台路由器都没有接口处于区域 0 中,因此区域 2 并不与区域 0 相连,而 OSPF 要求其他非骨干区域必须与骨干区域 0 相连,因此必须借助于虚连接将区域 2 逻辑上连接到区域 0,为此需要在 RouterB 和 RouterC 之间建立虚连接。

初始时首先需要如图 8.35 所示配置好各路由器和 PC 的 IP 地址,并设置 PC1 的默认网关是 192.168.1.1、PC2 的默认网关是 10.2.2.1,然后开始 OSPF 的配置。

1. Cisco 路由器的配置

在 RouterA 上:

```
RouterA(config)#router ospf 100
RouterA(config-router)#network 172.16.1.0 0.0.0.255 area 0   //RouterA 的两个网段都属于区域0
RouterA(config-router)#network 192.168.1.0 0.0.0.255 area 0
```

在 RouterB 上:

```
RouterB(config)#router ospf 200
RouterB(config-router)#network 172.16.1.0 0.0.0.255 area 0   //该网段配置为属于区域0
RouterB(config-router)#network 10.1.1.0 0.0.0.255 area 1       //该网段配置为属于区域1
RouterB(config-router)#area 1 virtual-link 10.2.2.1
                                        //建立到 10.2.2.1(C 的 Router ID)的虚连接,
                                        //区域 1 是转发区域
```

在 RouterC 上:

```
RouterC(config)#router ospf 300
RouterC(config-router)#network 10.1.1.0 0.0.0.255 area 1         //该网段配置为属于区域1
```

```
RouterC(config-router)#network 10.2.2.0 0.0.0.255 area 1        //该网段配置为属于区域1
RouterC(config-router)#area 1 virtual-link 172.16.1.2
                                            //建立到172.16.1.2(B的Router ID)的虚连接
RouterC(config-router)#network 172.16.2.0 0.0.0.255 area 2      //该网段配置为属于区域2
```

在 RouterD 上,除了需要为物理接口 S0/0 配置 IP 地址外,还要额外配置两个 loopback
虚接口用于下面的路由汇聚。

```
RouterD(config-if)#inter loopback0
RouterD(config-if)#ip add 192.168.2.1 255.255.255.0
RouterD(config-if)#inter loopback1
RouterD(config-if)#ip add 192.168.3.1 255.255.255.0
RouterD(config-if)#exit
```

然后开始配置 OSPF。

```
RouterD(config)#router ospf 400
RouterD(config-router)#network 172.16.2.0 0.0.0.255 area 2   //RouterD的三个网段都属于区域2
RouterD(config-router)#network 192.168.2.0 0.0.0.255 area 2
RouterD(config-router)#network 192.168.3.0 0.0.0.255 area 2
```

通过测试,不仅两台 PC 间可以相互 ping 通,而且两台 PC 也能 ping 通两个 loopback
虚接口,因此配置工作正确完成(注意:如果不考虑虚连接、路由器 D 和区域 2,只进行多区
域 OSPF 的最基本配置,可以将上述命令中粗体字的部分以及 RouterD 的配置去掉即可)。
以 RouterC 为例先来看看与虚连接有关的信息。

```
RouterC#show ip ospf virtual-links
Virtual Link OSPF_VL0 to router 172.16.1.2 is up…  //到172.16.1.2(RouterB)的虚连接是激活的
  Transit area 1, via interface FastEthernet0/0, Cost of using 1  //转发区域是区域1
       Transmit Delay is 1 sec, State POINT_TO_POINT…   //该虚连接属于点到点类型
           Adjacency State FULL (Hello suppressed) …//已与虚连接的邻居路由器建立了邻接关系
```

下面分析一下划分多区域后对路由表的影响。

```
RouterB#show ip route
Codes: C - connected, S - static, I - IGRP, R - RIP, M - mobile, B - BGP
       D - EIGRP, EX - EIGRP external, O - OSPF, IA - OSPF inter area…
    172.16.0.0/24 is subnetted, 2 subnets
C       172.16.1.0 is directly connected, Serial0/0
O IA    172.16.2.0 [110/782] via 10.1.1.2, 00:12:39, FastEthernet0/0
    10.0.0.0/24 is subnetted, 2 subnets
O       10.2.2.0 [110/2] via 10.1.1.2, 00:14:42, FastEthernet0/0
C       10.1.1.0 is directly connected, FastEthernet0/0
O    192.168.1.0/24 [110/782] via 172.16.1.1, 00:13:33, Serial0/0
    192.168.2.0/32 is subnetted, 1 subnets
O IA    192.168.2.1 [110/783] via 10.1.1.2, 00:12:29, FastEthernet0/0
    192.168.3.0/32 is subnetted, 1 subnets
O IA    192.168.3.1 [110/783] via 10.1.1.2, 00:12:31, FastEthernet0/0
```

RouterB 除了标记为 O 的两条区域内路由外,还包括三条标记为 O IA 的区域间路由。
对此进行简要分析,由于 RouterB 处于区域 0 和区域 1 之间充当 ABR(即可以认为 RouterB
既属于区域 0 又属于区域 1),因此对 RouterB 而言,到达区域 0 和区域 1 中所有与 RouterB

动态路由协议及配置

非直连的网段(192.168.1.0 和 10.2.2.0)的路由都属于区域内路由,而 RouterB 不属于区域 2,因此所有到达区域 2 内网段的路由对 RouterB 来说都是区域间路由。

```
RouterC # show ip route
…
        172.16.0.0/24 is subnetted, 2 subnets
O       172.16.1.0 [110/782] via 10.1.1.1, 00:19:39, FastEthernet0/0
C       172.16.2.0 is directly connected, Serial0/0
        10.0.0.0/24 is subnetted, 2 subnets
C       10.1.1.0 is directly connected, FastEthernet0/0
C       10.2.2.0 is directly connected, FastEthernet0/1
O    192.168.1.0/24 [110/783] via 10.1.1.1, 00:19:39, FastEthernet0/0
     192.168.2.0/32 is subnetted, 1 subnets
O       192.168.2.1 [110/782] via 172.16.2.2, 00:19:29, Serial0/0
     192.168.3.0/32 is subnetted, 1 subnets
O       192.168.3.1 [110/782] via 172.16.2.2, 00:19:30, Serial0/0
```

为什么 RouterC 的路由表只有区域内路由而无区域间路由呢? 这是因为虽然从物理连接上看,RouterC 只是处于区域 1 和区域 2 之间,但因为虚连接的存在,使得 RouterC 逻辑上又属于区域 0,实际上充当了区域 0、1 和 2 的 ABR,同时属于三个区域,因此对 RouterC 而言,到达所有与它非直连的网段的路由都是区域内路由。可以通过查看 RouterC 的链路状态数据库更清楚地看到这一点。

```
RouterC # show ip ospf database
            OSPF Router with ID (10.2.2.1) (Process ID 300)
            Router Link States (Area 0)    //区域 0 中的 Router LSA(Type1 型)
Link ID          ADV Router       Age        Seq#        Checksum Link count
10.2.2.1         10.2.2.1         1811                   0x80000002 0xCB77   1    //由 RouterC 通告
172.16.1.2       172.16.1.2       5    (DNA) 0x80000003 0x1754   3    //由 RouterB 通告
192.168.1.1      192.168.1.1      1160 (DNA) 0x80000003  0x8DE6   3 //由 RouterA 通告
            Summary Net Link States (Area 0)      //区域 0 中的 Network Summary LSA(Type3 型)
Link ID          ADV Router       Age        Seq#        Checksum
10.1.1.0         10.2.2.1         1872                  0x80000001  0x7BA5 //由 RouterC 向区域 0 内通告
10.1.1.0         172.16.1.2       1141 (DNA) 0x80000003  0x501E //由 RouterB 向区域 0 内通告
10.2.2.0         10.2.2.1         1872                  0x80000001  0x64BA
10.2.2.0         172.16.1.2       1136 (DNA) 0x80000001  0x4726
172.16.2.0       10.2.2.1         1743                  0x80000001  0xD52
192.168.2.1      10.2.2.1         1733                  0x80000001  0xE0CF
192.168.3.1      10.2.2.1         1733                  0x80000001  0xD5D9
            Router Link States (Area 1)              //区域 1 中的 Router LSA(Type1 型)
Link ID          ADV Router       Age        Seq#        Checksum Link count
10.2.2.1         10.2.2.1         1871                  0x80000005  0xF7DC   2
172.16.1.2       172.16.1.2       1012                  0x80000003  0xA1F3   1
            Net Link States (Area 1)                 //区域 1 中的 Network LSA(Type2 型)
Link ID          ADV Router       Age        Seq#        Checksum
10.1.1.2         10.2.2.1         990                   0x80000002  0x3914
            Summary Net Link States (Area 1)    //区域 1 中的 Network Summary LSA(Type3 型)
Link ID          ADV Router       Age        Seq#        Checksum
172.16.1.0       10.2.2.1         4                     0x80000002  0x203E
172.16.1.0       172.16.1.2       1012                  0x80000002  0xEEBF
```

172.16.2.0	10.2.2.1	1768	0x80000001	0xD52	
172.16.2.0	172.16.1.2	1768	0x80000001	0xEFBD	
192.168.1.0	10.2.2.1	4	0x80000002	0xFDB2	
192.168.1.0	172.16.1.2	1012	0x80000002	0xCC34	
192.168.2.1	10.2.2.1	1758	0x80000001	0xE0CF	
192.168.2.1	172.16.1.2	1758	0x80000001	0xC33B	
192.168.3.1	10.2.2.1	1759	0x80000001	0xD5D9	
192.168.3.1	172.16.1.2	1760	0x80000001	0xB845	

Router Link States (Area 2)　　　　　　//区域 2 中的 Router LSA(Type1 型)

Link ID	ADV Router	Age	Seq#	Checksum Link count	
10.2.2.1	10.2.2.1	1773	0x80000001	0x41B8	2　　//由 RouterC 通告
192.168.3.1	192.168.3.1	1774	0x80000004	0x5547	4　　//由 RouterD 通告

Summary Net Link States (Area 2)　　//区域 2 中的 Network Summary LSA(Type3 型)

Link ID	ADV Router	Age	Seq#	Checksum
10.1.1.0	10.2.2.1	1770	0x80000001	0x7BA5
10.2.2.0	10.2.2.1	1770	0x80000001	0x64BA
172.16.1.0	10.2.2.1	1770	0x80000001	0x223D
192.168.1.0	10.2.2.1	1770	0x80000001	0xFFB1

分析上面的链路状态数据库可以得到以下结论。

(1) RouterC 同时属于三个区域,不仅因为它的链路状态数据库显示了三个区域的链路状态信息,更重要的是它的 Router ID(10.2.2.1)被作为 Link ID 同时出现在三个区域的 Router LSA 中(已用粗体标出)。请记住:一个路由器只有属于某个区域,它的 Router ID 才可能作为 Link ID 出现在该区域的 Router LSA 中。

(2) RouterC 同时充当三个区域的 ABR,RouterB 则是区域 0 和区域 1 的 ABR,所以此时区域 0 和区域 1 分别存在两个 ABR。知道了这一点就不难理解为什么 Summary Net Link States (Area 0)中会出现两条 Link ID 值同为 10.1.1.0 的记录(已用粗体标出)了。因为同为 ABR,RouterB 和 RouterC 都会将区域 1 中的 10.1.1.0 网段向区域 0 内通告,从两条记录的 ADV Router 字段即可清楚看出这一点。Link ID 值相同的其他记录也是因多个 ABR 通告而产生,不再一一分析。

(3) Type1 型和 Type2 型 LSA 只在所属区域内扩散,而 Type3 型 LSA 则会由 ABR 扩散给其他区域。

最后的一个操作是在 RouterC 进行路由汇聚。本例是将 RouterD 上两个 loopback 虚接口所在的网段汇聚后由 RouterC 通告给其他区域。注意:路由汇聚只能在 ABR 或 ASBR 上进行,而不能在 IAR(区域内路由器)上进行,所以本例中不能在 RouterD 上作路由汇聚。

```
RouterC(config)# router ospf 300
RouterC(config-router)# area 2 range 192.168.2.0 255.255.254.0
RouterC(config-router)# exit
```

上述操作将 192.168.2.0/24 和 192.168.3.0/24 汇聚成 192.168.2.0/23,并会在路由表和链路状态数据库反映出来,限于篇幅,下面仅通过路由表来观察汇聚的结果。

```
RouterC# show ip route
...
```

```
          172.16.0.0/24 is subnetted, 2 subnets
O         172.16.1.0 [110/782] via 10.1.1.1, 00:02:51, FastEthernet0/0
C         172.16.2.0 is directly connected, Serial0/0
          10.0.0.0/24 is subnetted, 2 subnets
C         10.1.1.0 is directly connected, FastEthernet0/0
C         10.2.2.0 is directly connected, FastEthernet0/1
O     192.168.1.0/24 [110/783] via 10.1.1.1, 00:02:51, FastEthernet0/0
          192.168.2.0/32 is subnetted, 1 subnets
O         192.168.2.1 [110/782] via 172.16.2.2, 00:02:51, Serial0/0
          192.168.3.0/32 is subnetted, 1 subnets
O         192.168.3.1 [110/782] via 172.16.2.2, 00:02:52, Serial0/0
O     192.168.2.0/23 is a summary, 00:02:52, Null0
```

可见 RouterC 多出来一条汇聚路由(已用粗体标识)。

```
RouterB#show ip route
...
          172.16.0.0/24 is subnetted, 2 subnets
C         172.16.1.0 is directly connected, Serial0/0
O IA      172.16.2.0 [110/782] via 10.1.1.2, 00:50:42, FastEthernet0/0
          10.0.0.0/24 is subnetted, 2 subnets
O         10.2.2.0 [110/2] via 10.1.1.2, 00:52:45, FastEthernet0/0
C         10.1.1.0 is directly connected, FastEthernet0/0
O     192.168.1.0/24 [110/782] via 172.16.1.1, 00:51:36, Serial0/0
O IA 192.168.2.0/23 [110/783] via 10.1.1.2, 00:04:43, FastEthernet0/0
```

对比前面 RouterB 的路由表可知,粗体标出的汇聚路由已取代了原来的两条区域间路由,因此有利于减少路由表的条目。RouterA 与 RouterB 类似,但 RouterD 的路由表在汇聚前后却不会变化,读者可以自行分析原因。

2. 华为路由器的配置

在华为路由器配置时,需要将图中使用的串口 s0/0 改为 s1/0,以太网口 f0/0 改为 e0/0,f0/1 改为 e0/1。配置好路由器和 PC 的 IP 地址以及 PC 的默认网关后,就可以进行 OSPF 的配置了,限于篇幅,以下仅以 RouterB 为例。

```
[RouterB]router id 2.2.2.2        //手工指定 RouterB 的 Router ID 为 2.2.2.2
[RouterB]inter s1/0
[RouterB-Serial1/0]ospf
[RouterB-ospf-1]area 0
[RouterB-ospf-1-area-0.0.0.0]network 172.16.1.0 0.0.0.255
[RouterB-ospf-1-area-0.0.0.0]inter e0/0
[RouterB-Ethernet0/0]ospf
[RouterB-ospf-1]area 1
[RouterB-ospf-1-area-0.0.0.1]network 10.1.1.0 0.0.0.255
[RouterB-ospf-1-area-0.0.0.1]vlink-peer 3.3.3.3
                            //建立到 RouterC(3.3.3.3 是其 Router ID)的虚连接
[RouterB-ospf-1-area-0.0.0.1]quit
```

本例中将 RouterA 的 RouterID 指定为 1.1.1.1,RouterC 的 RouterID 指定为 3.3.3.3,RouterD 的 RouterID 指定为 4.4.4.4。对 RouterA、RouterC 和 RouterD 可以照此进行配置,RouterC 也需要建立到 RouterB 的虚连接。配置完成后进行测试,不仅两台 PC 间要相

互 ping 通,而且两台 PC 也要能 ping 通两个 loopback 虚接口,配置工作才算正确完成。

下面是与虚连接有关的信息。

```
[RouterB]dis ospf vlink
                  OSPF Process 1 with Router ID 2.2.2.2
                        Virtual Links
Virtual - link Neighbor - id    - > 3.3.3.3, State: Full    //虚连接的邻居是 RouterC,状态是邻接
Interface: 10.1.1.1 (Ethernet0/0)                           //虚连接建立在 e0/0 接口下
  Cost: 1 State: PtoP    Type: Virtual                      //虚连接属于点到点类型
  Transit Area: 0.0.0.1                                     //转发区域是区域 1
  Timers: Hello 10, Dead 40, Poll 0, Retransmit 5, Transmit Delay 1
```

配置完成后查看 RouterB 的路由表。

```
[RouterB]dis ip routing - table
    Routing Table: public net
Destination/Mask    Protocol Pre    Cost        Nexthop         Interface
10.1.1.0/24         DIRECT   0      0           10.1.1.1        Ethernet0/0
10.1.1.1/32         DIRECT   0      0           127.0.0.1       InLoopBack0
10.2.2.0/24         OSPF     10     2           10.1.1.2        Ethernet0/0
127.0.0.0/8         DIRECT   0      0           127.0.0.1       InLoopBack0
127.0.0.1/32        DIRECT   0      0           127.0.0.1       InLoopBack0
172.16.1.0/24       DIRECT   0      0           172.16.1.2      Serial1/0
172.16.1.1/32       DIRECT   0      0           172.16.1.1      Serial1/0
172.16.1.2/32       DIRECT   0      0           127.0.0.1       InLoopBack0
172.16.2.0/24       OSPF     10     1563        10.1.1.2        Ethernet0/0
192.168.1.0/24      OSPF     10     1563        172.16.1.1      Serial1/0
192.168.2.0/24      OSPF     10     1564        10.1.1.2        Ethernet0/0
192.168.3.0/24      OSPF     10     1564        10.1.1.2        Ethernet0/0
```

可见华为路由器在路由表中并没有明确区分区域内路由和区域间路由。

下面在 C 上进行路由汇聚。

```
[RouterC]inter s1/0
[RouterC - Serial1/0]ospf
[RouterC - ospf - 1]area 2
[RouterC - ospf - 1 - area - 0.0.0.2]abr - summary 192.168.2.0 255.255.254.0    //路由汇聚
[RouterC - ospf - 1 - area - 0.0.0.2]qu
```

观察汇聚后 RouterB 的路由表,可见上面路由表中最后两条路由已被一条汇聚路由所取代。

```
[RouterB]dis ip routing - table
    Routing Table: public net
Destination/Mask    Protocol Pre    Cost        Nexthop         Interface
10.1.1.0/24         DIRECT   0      0           10.1.1.1        Ethernet0/0
10.1.1.1/32         DIRECT   0      0           127.0.0.1       InLoopBack0
10.2.2.0/24         OSPF     10     2           10.1.1.2        Ethernet0/0
127.0.0.0/8         DIRECT   0      0           127.0.0.1       InLoopBack0
127.0.0.1/32        DIRECT   0      0           127.0.0.1       InLoopBack0
172.16.1.0/24       DIRECT   0      0           172.16.1.2      Serial1/0
172.16.1.1/32       DIRECT   0      0           172.16.1.1      Serial1/0
172.16.1.2/32       DIRECT   0      0           127.0.0.1       InLoopBack0
```

172.16.2.0/24	OSPF	10	1563	10.1.1.2	Ethernet0/0
192.168.1.0/24	OSPF	10	1563	172.16.1.1	Serial1/0
192.168.2.0/23	OSPF	10	1564	10.1.1.2	Ethernet0/0

读者也可以进一步查看链路状态数据库以加深理解,在此从略。

8.4.15 OSPF 综合配置实例

网络拓扑图如图 8.36 所示,其中交换机是两台三层交换机,要求按顺序完成如下操作。

(1) 在 4 台路由器上配置 OSPF,在 RouterA 上配置到 192.168.4.0 网段的静态路由,RouterD 在 192.168.2.0 网段应用 RIP 协议,两台三层交换机启用路由功能,并且 SwitchB 上配置 RIP 协议,要求 RouterA 的路由表能看到静态路由,RouterD 的路由表能看到 RIP 路由,4 台路由器都有 OSPF 路由。

(2) 配置 RouterA 将静态路由和直连路由引入到 OSPF,RouterD 将 RIP 路由引入到 OSPF,并在两台三层交换机上配置默认路由,实现三台 PC 可以互相 ping 通。

(3) 将区域 2 配置成 NSSA,并实现三台 PC 可以互相 ping 通。

(4) 对于到达 192.168.2.0/24 和 192.168.3.0/24 网段的外部路由进行路由汇聚。

(5) RouterA 先取消将静态路由引入到 OSPF,然后配置区域 1 为 Stub 区域,并实现三台 PC 可以互相 ping 通。

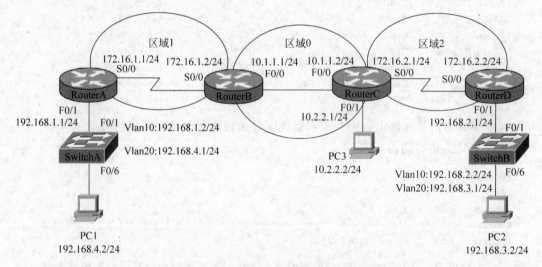

图 8.36　OSPF 综合配置网络拓扑图

1. 基于 Cisco 设备的配置

首先按图 8.36 正确连线,其中 SwitchA 的 F0/1 口接 RouterA 的 F0/1 口,SwitchA 的 F0/6 口接 PC1,SwitchB 的 F0/1 口接 RouterD 的 F0/1 口,SwitchB 的 F0/6 口接 PC1。

其次正确配置各设备的 IP 地址以及 PC 的默认网关,下面主要介绍 SwitchA 的 IP 地址配置,SwitchB 与此类似,不再罗列。

```
SwitchA(config)#vlan 10                    //建 vlan10
SwitchA(config-vlan)#vlan 20               //建 vlan20
SwitchA(config-vlan)#exit
```

```
SwitchA(config)# inter range f0/1 - 5              //端口 F0/1 到 F0/5 加入 vlan 10
SwitchA(config-if-range)# switchport mode access
SwitchA(config-if-range)# switchport access vlan 10
SwitchA(config-if-range)# exit
SwitchA(config)# inter range f0/6 - 10             //端口 F0/6 到 F0/10 加入 vlan 20
SwitchA(config-if-range)# switchport mode access
SwitchA(config-if-range)# switchport access vlan 20
SwitchA(config-if-range)# exit
SwitchA(config)# inter vlan 10                      //为 vlan10 的虚接口配 IP 地址
SwitchA(config-if)# ip add 192.168.1.2 255.255.255.0
SwitchA(config-if)# inter vlan 20                   //为 vlan20 的虚接口配 IP 地址
SwitchA(config-if)# ip add 192.168.4.1 255.255.255.0
```

做好这些基本的准备工作后,下面开始按上述要求进行配置。

(1). 首先在路由器上配置路由。

在 RouterA 上:

```
RouterA(config)# ip route 192.168.4.0 255.255.255.0 192.168.1.2    //配置静态路由
RouterA(config)# router ospf 100                                   //配置 OSPF
RouterA(config-router)# network 172.16.1.0 0.0.0.255 area 1        //该网段配置为属于区域 1
```

在 RouterB 上:

```
RouterB(config)# router ospf 200
RouterB(config-router)# network 172.16.1.0 0.0.0.255 area 1        //该网段配置为属于区域 1
RouterB(config-router)# network 10.1.1.0 0.0.0.255 area 0          //该网段配置为属于区域 0
```

在 RouterC 上:

```
RouterC(config)# router ospf 300
RouterC(config-router)# network 10.1.1.0 0.0.0.255 area 0          //该网段配置为属于区域 0
RouterC(config-router)# network 10.2.2.0 0.0.0.255 area 0          //该网段配置为属于区域 0
RouterC(config-router)# network 172.16.2.0 0.0.0.255 area 2        //该网段配置为属于区域 2
```

在 RouterD 上:

```
RouterD(config)# router ospf 400                                  //配置 OSPF
RouterD(config-router)# network 172.16.2.0 0.0.0.255 area 2       //该网段配置为属于区域 2
RouterD(config-router)# exit
RouterD(config)# router rip                                       //配置 RIP
RouterD(config-router)# network 192.168.2.0
```

(2) 接着,需要在三层交换机上启用路由功能。

```
SwitchA(config)# ip routing                                       //目前 SwitchA 只需启用路由功能

SwitchB(config)# ip routing                                       //SwitchB 启用路由功能
SwitchB(config)# router rip                                       //SwitchB 还要配置 RIP
SwitchB(config-router)# network 192.168.2.0
SwitchB(config-router)# network 192.168.3.0
```

此时观察路由表,可以看见 4 台路由器都有了相应的 OSPF 路由,RouterA 上还存在静态路由,RouterD 也具有了 RIP 路由,两台交换机上都只有直连路由。测试连通性时,

RouterA 可以 ping 通 RouterD 的 s0/0 口和 PC3,说明所有 OSPF 路由正确。RouterA 可以 ping 通 PC1,说明静态路由和 SwitchA 配置正确,而 RouterD 可以 ping 通 PC2,说明 RIP 路由和 SwitchB 配置正确。

(3) 首先在 RouterA 上配置,将静态路由和直连路由引入到 OSPF 中。

```
RouterA(config)♯router ospf 100
RouterA(config-router)♯redistribute static subnets        //引入静态路由
RouterA(config-router)♯redistribute connected subnets     //引入直连路由
```

RouterD 将 RIP 路由引入到 OSPF 中。

```
RouterD(config)♯router ospf 400
RouterD(config-router)♯redistribute rip metric 100    //引入 RIP 路由并指定路由量度值为 100
```

此时观察路由表。

```
RouterA♯show ip route
Codes: C - connected, S - static, …, O - OSPF, IA - OSPF inter area…
       E1 - OSPF external type 1, E2 - OSPF external type 2, E-EGP…
     172.16.0.0/24 is subnetted, 2 subnets
C        172.16.1.0 is directly connected, Serial0/0
O IA     172.16.2.0 [110/1563] via 172.16.1.2, 00:10:07, Serial0/0
S      192.168.4.0/24 [1/0] via 192.168.1.2
     10.0.0.0/24 is subnetted, 2 subnets
O IA     10.2.2.0 [110/783] via 172.16.1.2, 00:10:07, Serial0/0
O IA     10.1.1.0 [110/782] via 172.16.1.2, 00:10:07, Serial0/0
C      192.168.1.0/24 is directly connected, FastEthernet0/1
O E2 192.168.2.0/24 [110/100] via 172.16.1.2, 00:07:19, Serial0/0
                                              //源于 RouterD 引入的 RIP 路由
O E2 192.168.3.0/24 [110/100] via 172.16.1.2, 00:07:20, Serial0/0
                                              //源于 RouterD 引入的 RIP 路由
```

可以看见两条标识为 O E2 的第二类自治系统外部路由,并且中括号里显示的路由量度值为 100,这正是 RouterD 在引入 RIP 路由时指定的量度值,可见这两条路由来源于 RouterD 引入的 RIP 路由。

```
RouterC♯show ip route
 …
     172.16.0.0/24 is subnetted, 2 subnets
O IA     172.16.1.0 [110/782] via 10.1.1.1, 00:00:03, FastEthernet0/0
C        172.16.2.0 is directly connected, Serial0/0
     10.0.0.0/24 is subnetted, 2 subnets
C        10.2.2.0 is directly connected, FastEthernet0/1
C        10.1.1.0 is directly connected, FastEthernet0/0
O E2 192.168.1.0/24 [110/20] via 10.1.1.1, 00:00:03, FastEthernet0/0
                                              //源于 RouterA 引入的静态路由
O E2 192.168.2.0/24 [110/100] via 172.16.2.2, 00:00:04, Serial0/0
                                              //源于 RouterD 引入的 RIP 路由
O E2 192.168.3.0/24 [110/100] via 172.16.2.2, 00:00:04, Serial0/0
                                              //源于 RouterD 引入的 RIP 路由
```

O E2 192.168.4.0/24 [110/20] via 10.1.1.1, 00:00:03, FastEthernet0/0

//源于 RouterA 引入的静态路由

RouterC 的路由表有 4 条标识为 O E2 的第二类自治系统外部路由,由于 RouterA 引入静态路由和直连路由时没有指定路由量度值,所以这里使用了默认值 20。

RouterD♯show ip route
...
```
      172.16.0.0/24 is subnetted, 2 subnets
O IA    172.16.1.0 [110/1563] via 172.16.2.1, 00:05:00, Serial0/0
C       172.16.2.0 is directly connected, Serial0/0
O E2 192.168.4.0/24 [110/20] via 172.16.2.1, 00:05:00, Serial0/0
```

//源于 RouterA 引入的静态路由

```
      10.0.0.0/24 is subnetted, 2 subnets
O IA    10.1.1.0 [110/782] via 172.16.2.1, 00:05:00, Serial0/0
O IA    10.2.2.0 [110/782] via 172.16.2.1, 00:05:00, Serial0/0
O E2 192.168.1.0/24 [110/20] via 172.16.2.1, 00:05:00, Serial0/0
```

//源于 RouterA 引入的直连路由

```
C     192.168.2.0/24 is directly connected, FastEthernet0/1
R     192.168.3.0/24 [120/1] via 192.168.2.2, 00:00:17, FastEthernet0/1
```

从上述路由表中还可以看出,所引入的外部路由默认都被视为第二类自治系统外部路由,如果希望产生第一类自治系统外部路由,则需要在引入的命令中明确指定。

引入了外部路由后,以 RouterD 为例观察链路状态数据库的情况。

```
RouterD♯ show ip ospf database
        OSPF Router with ID (192.168.2.1) (Process ID 400)
          Router Link States (Area 2)   //Router LSA(Type1 型 LSA)
Link ID         ADV Router        Age       Seq#       Checksum Link count
172.16.2.1      172.16.2.1        845       0x80000004  0x1F77    2
192.168.2.1     192.168.2.1       360       0x80000006  0x35B0    2
          Summary Net Link States (Area 2) //Network Summary LSA(Type3 型 LSA)
Link ID         ADV Router        Age       Seq#       Checksum
10.1.1.0        172.16.2.1        845       0x80000005  0x4B21
10.2.2.0        172.16.2.1        845       0x80000003  0x3834
172.16.1.0      172.16.2.1        845       0x80000003  0xF5B6
          Summary ASB Link States (Area 2)   //ASBR Summary LSA(Type4 型 LSA)
Link ID         ADV Router        Age       Seq#       Checksum
192.168.1.1     172.16.2.1        519       0x80000001   0xB54A //RouterA 作为 ASBR 被通告
          Type-5 AS External Link States   //Autonomous System External LSA(Type5 型 LSA)
Link ID         ADV Router        Age       Seq#       Checksum Tag
192.168.1.0     192.168.1.1       516       0x80000001  0x12B8  0  //由 RouterA 通告
192.168.2.0     192.168.2.1       362       0x80000001  0x2355  0  //由 RouterD 通告
192.168.3.0     192.168.2.1       362       0x80000001  0x185F  0  //由 RouterD 通告
192.168.4.0     192.168.1.1       528       0x80000001  0xF0D6  0  //由 RouterA 通告
```

分析上述信息,可以看出两点:其一,Type5 型 LSA 不属于任何 OSPF 区域,被单列出来,而通告 Type5 型 LSA 的 Router A 和 D 都是 ASBR;其二,只有其他区域中的 ASBR(这里指区域 1 中的 RouterA)才会以 Type4 型 LSA 被通告到本区域中(这里指 RouterD 所在的区域 2),因此 RouterD 收到的 Type4 型 LSA 的 Link ID 值才会是 RouterA 的 Router

ID(192.168.1.1)。

通过观察路由表，发现引入外部路由后 4 台路由器已经得到了到达所有网段的路由，此时三台 PC 是否都可以相互 ping 通？答案是否定的，因为虽然路由器上已拥有了全部路由，但两台交换机上却都只有两条直连路由，无法将数据包送达非直连的网段，所以需要在两台交换机上分别配置一条默认路由。

```
SwitchA(config)#ip route 0.0.0.0 0.0.0.0 192.168.1.1
SwitchB(config)#ip route 0.0.0.0 0.0.0.0 192.168.2.1
```

此时再测试会发现三台 PC 都可以相互 ping 通了。

（3）为了将区域 2 配置为 NSSA 区域，需要将区域 2 中的所有路由器都配置为支持 NSSA 属性，为此要在 RouterC 和 RouterD 上都进行配置。

```
RouterC(config)#router ospf 300
RouterC(config-router)#area 2 nssa

RouterD(config)#router ospf 400
RouterD(config-router)#area 2 nssa
```

配置区域 2 为 NSSA 后，发现 RouterA 和 RouterB 的路由表与配置 NSSA 前没有变化，仍然拥有 RouterD 引入的外部路由，这说明 NSSA 自己的 ASBR（这里指 RouterD）引入的外部路由可以向其他区域通告（简言之就是"自己的可以出去"）。

观察 C 的路由表。

```
RouterC#show ip route
…
     172.16.0.0/24 is subnetted, 2 subnets
O IA    172.16.1.0 [110/782] via 10.1.1.1, 00:00:18, FastEthernet0/0
C       172.16.2.0 is directly connected, Serial0/0
O E2 192.168.4.0/24 [110/20] via 10.1.1.1, 00:00:18, FastEthernet0/0
     10.0.0.0/24 is subnetted, 2 subnets
C       10.2.2.0 is directly connected, FastEthernet0/1
C       10.1.1.0 is directly connected, FastEthernet0/0
O E2 192.168.1.0/24 [110/20] via 10.1.1.1, 00:00:18, FastEthernet0/0
O N2 192.168.2.0/24 [110/100] via 172.16.2.2, 00:00:19, Serial0/0
O N2 192.168.3.0/24 [110/100] via 172.16.2.2, 00:00:19, Serial0/0
```

对比设置 NSSA 前后 RouterC 的路由表发现，到达 192.168.2.0 和 192.168.3.0 网段的两条路由的类型已由原来的 O E2 变为现在的 O N2。这是因为将区域 2 设置为 NSSA 后，充当本区域中 ASBR 的 Router D 所引入的外部路由将被以 Type7 型 LSA 在本区域内通告，而收到这种类型的通告后，本区域中除 ASBR 以外的所有路由器都会将被通告的外部路由的类型改为 O N2。

```
RouterD#show ip route
…
     172.16.0.0/24 is subnetted, 2 subnets
O IA    172.16.1.0 [110/1563] via 172.16.2.1, 00:00:56, Serial0/0
C       172.16.2.0 is directly connected, Serial0/0
```

```
                10.0.0.0/24 is subnetted, 2 subnets
O IA      10.2.2.0 [110/782] via 172.16.2.1, 00:00:56, Serial0/0
O IA      10.1.1.0 [110/782] via 172.16.2.1, 00:00:56, Serial0/0
C         192.168.2.0/24 is directly connected, FastEthernet0/1
R         192.168.3.0/24 [120/1] via 192.168.2.2, 00:00:09, FastEthernet0/1
```

对比设置 NSSA 前后 RouterD 的路由表发现,设置 NSSA 后 RouterD 的路由表中已经没有了标识为 O E2 的两条由 RouterA 引入的外部路由,这说明其他区域中的 ASBR(这里指区域 1 中的 RouterA)所引入的外部路由将不能被通告到 NSSA 区域内部(即"外面的不能进来")。通过观察链路状态数据库可以更清楚地看到这一点。

```
RouterD♯show ip ospf database
                OSPF Router with ID (192.168.2.1) (Process ID 400)
                    Router Link States (Area 2)        //Router LSA(Type1 型 LSA)
Link ID          ADV Router        Age        Seq♯        Checksum Link count
172.16.2.1       172.16.2.1        93         0x80000008  0xC2C7   2
192.168.2.1      192.168.2.1       93         0x80000009  0xD408   2
                    Summary Net Link States (Area 2)    //Network Summary LSA(Type3 型 LSA)
Link ID          ADV Router        Age        Seq♯        Checksum
10.1.1.0         172.16.2.1        102        0x80000007  0xEC77
10.2.2.0         172.16.2.1        102        0x80000005  0xD98A
172.16.1.0       172.16.2.1        102        0x80000005  0x970D
                    Type-7 AS External Link States (Area 2)   //(Type7 型 LSA)
Link ID          ADV Router        Age        Seq♯        Checksum Tag
192.168.2.0      192.168.2.1       160        0x80000001  0xF0BC   0
192.168.3.0      192.168.2.1       160        0x80000001  0xE5C6   0
```

对比设置 NSSA 前后 RouterD 的链路状态数据库,可以清楚看见已经没有了 Type5 型 LSA,而增加了 Type7 型 LSA,并且 Type7 型 LSA 只属于 NSSA 所在的区域 2,这充分说明设置 NSSA 后包含外部路由(由其他区域的 ASBR 引入)的 Type5 型 LSA 不能被通告到 NSSA 区域内部。

如果设置 NSSA 后测试连通性,就会发现 PC1 与 PC3 可以相互 ping 通,PC2 与 PC3 可以相互 ping 通,但 PC1 与 PC2 相互却 ping 不通! 这是因为此时 RouterD 的路由表中已经没有了到达 192.168.1.0 和 192.168.4.0 网段的路由。

为了解决 RouterD 缺少到这两个网段的路由的问题,同时避免区域间路由向 NSSA 内部通告,可以在 RouterC 配置 NSSA 时增加 no-summary 参数。

```
RouterC(config)♯router ospf 300
RouterC(config-router)♯area 2 nssa no-summary
```

此时再观察 RouterD 的路由表会发现路由表的条目明显减少,没有了所有标识为 O IA 的区域间路由,却多出一条 O * IA 类型的默认路由,该路由的下一跳正是 RouterC 的 s0/0 接口,说明该默认路由是由 RouterD 所在区域的 ABR(即 RouterC)发布到本区域内部的。

```
RouterD♯show ip route
  …
Gateway of last resort is 172.16.2.1 to network 0.0.0.0   //到达任意网络的最后求助网关是 172.16.2.1
                172.16.0.0/24 is subnetted, 1 subnets
```

动态路由协议及配置

```
C       172.16.2.0 is directly connected, Serial0/0
C     192.168.2.0/24 is directly connected, FastEthernet0/1
R     192.168.3.0/24 [120/1] via 192.168.2.2, 00:00:26, FastEthernet0/1
O * IA 0.0.0.0/0 [110/782] via 172.16.2.1, 00:04:15, Serial0/0
```

查看 RouterD 的链路状态数据库,可以看到原来包含区域间路由的 Type3 型 LSA 已被替换为一条 Link ID 为 0.0.0.0 的特殊 Type3 型 LSA,而该 LSA 的通告路由器恰恰是 Router C(172.16.2.1 是 C 的 Router ID)。

```
RouterD # show ip ospf database
             OSPF Router with ID (192.168.2.1) (Process ID 400)
              Router Link States (Area 2)
Link ID        ADV Router       Age        Seq#        Checksum Link count
172.16.2.1     172.16.2.1       270        0x8000000A 0xBEC9    2
192.168.2.1    192.168.2.1      1577       0x80000009 0xD408    2
              Summary Net Link States (Area 2)
Link ID        ADV Router       Age        Seq#        Checksum
0.0.0.0        172.16.2.1       275        0x80000001 0x92E3
              Type - 7 AS External Link States (Area 2)
Link ID        ADV Router       Age        Seq#        Checksum Tag
192.168.2.0    192.168.2.1      1644       0x80000001 0xF0BC    0
192.168.3.0    192.168.2.1      1644       0x80000001 0xE5C6    0
```

现在再测试连通性,发现三台 PC 相互间又全部能 ping 通了。这说明在 ABR 上使用 no-summary 参数,不仅能阻止区域间路由在本区域内通告,有利于压缩区域内路由器的路由表规模,同时由 ABR 产生的默认路由将成为连通区域外网络的关键。因此配置 NSSA 时有必要在 NSSA 的 ABR 上使用 no-summary 参数。

(4)下面开始对到达 192.168.2.0/24 和 192.168.3.0/24 网段的外部路由实施路由汇聚。在 Cisco 路由器上可以在 ASBR 上汇聚外部路由,因此本操作在 RouterD 上进行。

```
RouterD(config) # router ospf 400
RouterD(config - router) # summary - address 192.168.2.0 255.255.254.0
```

上述配置会将 192.168.2.0/24 和 192.168.3.0/24 两个网段汇聚成 192.168.2.0/23,4 台路由器上都能看到这条汇聚后的外部路由,下面仅以 RouterC 的路由表为例。

```
RouterC # show ip route
…
      172.16.0.0/24 is subnetted, 2 subnets
O IA    172.16.1.0 [110/782] via 10.1.1.1, 00:15:23, FastEthernet0/0
C       172.16.2.0 is directly connected, Serial0/0
O E2 192.168.4.0/24 [110/20] via 10.1.1.1, 00:15:23, FastEthernet0/0
      10.0.0.0/24 is subnetted, 2 subnets
C       10.2.2.0 is directly connected, FastEthernet0/1
C       10.1.1.0 is directly connected, FastEthernet0/0
O E2 192.168.1.0/24 [110/20] via 10.1.1.1, 00:15:23, FastEthernet0/0
O N2 192.168.2.0/23 [110/100] via 172.16.2.2, 00:02:28, Serial0/0        //汇聚后的外部路由
```

(5)下面配置区域 1 为 Stub 区域。由于 Stub 区域内部不允许 ASBR 的存在,而区域 1 中的 RouterA 现在却是 ASBR,因此必须先取消 RouterA 的 ASBR 身份(即先取消在

RouterA 上引入静态路由和直连路由到 OSPF),才能进行 Stub 的配置。

```
RouterA(config)♯router ospf 100
RouterA(config-router)♯no redistribute connected    //取消引入直连路由
RouterA(config-router)♯no redistribute static        //取消引入静态路由
```

配置 Stub 区域,需要在 Stub 区域的所有路由器上都配置。

```
RouterA(config)♯router ospf 100
RouterA(config-router)♯area 1 stub
```

```
RouterB(config)♯router ospf 200
RouterB(config-router)♯area 1 stub
```

配置 Stub 区域后 RouterA 的路由表没有了类型为 O E2 的外部路由,却增加了一条类型为 O * IA、下一跳指向 RouterB 的默认路由。这是因为 Stub 区域不允许任何外部路由通告到本区域内部,而由 Stub 区域的 ABR(这里就是 RouterB)产生一条以自己为下一跳的默认路由通告给 Stub 区域内的其他路由器以保证与外界的连通性。

因为 RouterA 已取消引入静态路由和直连路由到 OSPF 中,所以此时 RouterB 和 RouterC 都缺少了到达 192.168.1.0 和 192.168.4.0 网段的路由,这将导致 PC1 无法 ping 通 PC2 或 PC3(但 PC2 和 PC3 相互仍可 ping 通)。为实现三台 PC 间相互 ping 通,RouterB 和 RouterC 一定要拥有到 192.168.1.0 和 192.168.4.0 这两个网段的路由才行,为此可以先在 RouterB 上定义到达这两个网段的静态路由,然后将它们引入到 OSPF 中,这样 RouterC 也会得知这两个网段。

```
RouterB(config)♯ip route 192.168.1.0 255.255.255.0 172.16.1.1
                                        //定义到 192.168.1.0 网段的静态路由
RouterB(config)♯ip route 192.168.4.0 255.255.255.0 172.16.1.1
                                        //定义到 192.168.4.0 网段的静态路由
RouterB(config)♯router ospf 200
RouterB(config-router)♯redistribute static subnets
                                        //将所定义的静态路由引入到 OSPF 中
```

这样配置后,三台 PC 间又可以相互 ping 通了。路由表显示 RouterB 和 RouterC 都已拥有了到达这两个网段的路由,但类型有所不同,RouterB 上显示的是静态路由 S,而 RouterC 上却将它们视为第二类外部路由 O E2。此时的 RouterB 既是 Stub 区域的 ABR,又扮演了 ASBR 的角色,这导致了一个值得关注的结论,虽然 Stub 区域不允许 ASBR 的存在,但作为 Stub 区域的 ABR 却可以充当 ASBR。

最后介绍在 Cisco 路由器上配置完全 Stub 区域,这只需在配置 Stub 区域的 ABR 时使用 no-summary 参数即可。

```
RouterB(config)♯router ospf 200
RouterB(config-router)♯area 1 stub no-summary
```

此处的 no-summary 参数将阻止区域间路由进入到完全 Stub 区域内部,这将导致完全 Stub 区域内部的 RouterA 不再具有类型为 O IA 的区域间路由,此时 RouterA 的路由表如下。

```
RouterA # show ip route
… Gateway of last resort is 172.16.1.2 to network 0.0.0.0
                                                          //到达任意网络的最后求助网关是 RouterB
          172.16.0.0/24 is subnetted, 1 subnets
C         172.16.1.0 is directly connected, Serial0/0
S         192.168.4.0/24 [1/0] via 192.168.1.2
C         192.168.1.0/24 is directly connected, FastEthernet0/1
O * IA 0.0.0.0/0 [110/782] via 172.16.1.2, 00:00:17, Serial0/0
                                                          //配置成 Stub 区域时由 RouterB 通告产生
```

通过分析 RouterA 和 RouterB 的链路状态数据库可以进一步加深对完全 Stub 区域的理解,限于篇幅,在此从略。

2. 华为路由器上的配置

在华为路由器配置时,需要将图中路由器使用的串口 s0/0 改为 s1/0,以太网口 f0/0 改为 e0/0,f0/1 改为 e0/1,交换机端口 f0/1 改为 e1/0/1,f0/6 改为 e1/0/6。然后正确配置各设备的 IP 地址以及 PC 的默认网关,下面主要介绍 SwitchA 的 IP 地址配置,SwitchB 与此类似,不再罗列。

```
[SwitchA]vlan 10                                //建 vlan10
[SwitchA - vlan10]port e1/0/1 to e1/0/5          //端口 e1/0/1 到 e1/0/5 加入 vlan 10
[SwitchA - vlan10]vlan 20                        //建 vlan20
[SwitchA - vlan20]port e1/0/6 to e1/0/10         //端口 e1/0/6 到 e1/0/10 加入 vlan 20
[SwitchA - vlan20]quit
[SwitchA]inter vlan 10                           //为 vlan10 的虚接口配 IP 地址
[SwitchA - Vlan - interface10]ip add 192.168.1.2 255.255.255.0
[SwitchA - Vlan - interface10]inter vlan 20 //为 vlan20 的虚接口配 IP 地址
[SwitchA - Vlan - interface20]ip add 192.168.4.1 255.255.255.0
```

做好这些基本的准备工作后,下面开始按上述要求进行配置。

(1) 首先在路由器上配置路由。

在 RouterA 上:

```
[RouterA]router id 1.1.1.1        //配置 RouterA 的 Router ID 为 1.1.1.1
[RouterA]ip route - static 192.168.4.0 255.255.255.0 192.168.1.2
                                  //配置到 192.168.4.0 网段的静态路由
[RouterA]inter s1/0               //配置 OSPF
[RouterA - Serial1/0]ospf
[RouterA - ospf - 1]area 1
[RouterA - ospf - 1 - area - 0.0.0.1]network 172.16.1.0 0.0.0.255
```

分别指定 RouterB 和 RouterC 的 Router ID 为 2.2.2.2 和 3.3.3.3,并分别为它们配置 OSPF,其命令序列与在 RouterA 上配置 OSPF 相似,在此略去。

在 RouterD 上:

```
[RouterD]router id 4.4.4.4        //配置 RouterD 的 Router ID 为 4.4.4.4
[RouterD]rip                      //配置 RIP
[RouterD - rip]network 192.168.2.0
[RouterD - rip]quit
[RouterD]inter s1/0               //配置 OSPF
```

```
[RouterD - Serial1/0]ospf
[RouterD - ospf - 1]area 2
[RouterD - ospf - 1 - area - 0.0.0.2]network 172.16.2.0 0.0.0.255
```

华为的三层交换机会自动启用路由功能,无须专门配置,只需在 SwitchB 上配置 RIP 即可

```
[SwitchB]rip          //配置 RIP
[SwitchB - rip]network 192.168.2.0
[SwitchB - rip]network 192.168.3.0
```

此时观察路由表,可以看见 4 台路由器都有了相应的 OSPF 路由,RouterA 上还存在静态路由,RouterD 也具有了 RIP 路由,两台交换机上都只有直连路由。测试连通性时,RouterA 可以 ping 通 RouterD 的 s1/0 口和 PC3,说明所有 OSPF 路由正确;RouterA 可以 ping 通 PC1,说明静态路由和 SwitchA 配置正确,而 RouterD 可以 ping 通 PC2,说明 RIP 路由和 SwitchB 配置正确。

(2) 首先在 RouterA 上配置,将静态路由和直连路由引入到 OSPF 中。

```
[RouterA]ospf
[RouterA - ospf - 1]import - route static   //引入静态路由(192.168.4.0 网段)
[RouterA - ospf - 1]import - route direct   //引入直连路由(192.168.1.0 网段)
```

接着在 RouterD 上配置,将 RIP 路由和直连路由引入到 OSPF 中。

```
[RouterD]ospf
[RouterD - ospf - 1]import - route rip      //引入 RIP 路由(192.168.3.0 网段)
[RouterD - ospf - 1]import - route direct   //引入直连路由(192.168.2.0 网段)
```

此时观察路由表,可以看见 4 台路由器都有了到达所有网段的路由,对于引入的外部路由,则以 O_ASE 的类型标识出现在路由表中,下面仅以 RouterD 的路由表为例。

```
[RouterD]dis ip rout
Destination/Mask   Protocol Pre  Cost      Nexthop        Interface
10.1.1.0/24        OSPF     10   1563      172.16.2.1     Serial1/0
10.2.2.0/24        OSPF     10   1563      172.16.2.1     Serial1/0
127.0.0.0/8        DIRECT   0    0         127.0.0.1      InLoopBack0
127.0.0.1/32       DIRECT   0    0         127.0.0.1      InLoopBack0
172.16.1.0/24      OSPF     10   3125      172.16.2.1     Serial1/0
172.16.2.0/24      DIRECT   0    0         172.16.2.2     Serial1/0
172.16.2.1/32      DIRECT   0    0         172.16.2.1     Serial1/0
172.16.2.2/32      DIRECT   0    0         127.0.0.1      InLoopBack0
192.168.1.0/24     O_ASE    150  1         172.16.2.1     Serial1/0      //由 RouterA 引入
192.168.2.0/24     DIRECT   0    0         192.168.2.1    Ethernet0/1
192.168.2.1/32     DIRECT   0    0         127.0.0.1      InLoopBack0
192.168.3.0/24     RIP      100  1         192.168.2.2    Ethernet0/1
192.168.4.0/24     O_ASE    150  1         172.16.2.1     Serial1/0      //由 RouterA 引入
```

虽然路由器上已拥有了全部路由,但两台交换机上却都只有两条直连路由,无法将数据包送达非直连的网段,所以需要在两台交换机上分别配置一条默认路由。

```
[SwitchA]ip route - static 0.0.0.0 0.0.0.0 192.168.1.1
[SwitchB]ip route - static 0.0.0.0 0.0.0.0 192.168.2.1
```

此时再测试会发现三台 PC 都可以相互 ping 通了。

（3）为了将区域 2 配置为 NSSA 区域，需要将区域 2 中的所有路由器都配置为支持 NSSA，为此要在 Router C 和 D 上都进行配置。

```
[RouterC]inter s1/0
[RouterC－Serial1/0]ospf
[RouterC－ospf－1]area 2
[RouterC－ospf－1－area－0.0.0.2]nssa default－route－advertise

[RouterD]inter s1/0
[RouterD－Serial1/0]ospf
[RouterD－ospf－1]area 2
[RouterD－ospf－1－area－0.0.0.2]nssa default－route－advertise
```

配置区域 2 为 NSSA 后，发现 Router A 和 B 的路由表与配置 NSSA 前相同，仍然拥有 RouterD 引入的外部路由，这说明 NSSA 自己的 ASBR（这里指 RouterD）引入的外部路由可以向其他区域通告（简言之就是"自己的可以出去"）。

再查看 RouterC 的路由表，发现由 RouterD 引入的到达 192.168.2.0 和 192.168.3.0 网段的两条外部路由，其类型已由配置 NSSA 之前的 O_ASE 变为了 O_NSSA。这是因为将区域 2 设置为 NSSA 后，充当本区域中 ASBR 的 Router D 所引入的外部路由将以 Type7 型 LSA 在本区域内通告，而收到这种类型的通告后，本区域中除 ASBR 以外的所有路由器都会将被通告的外部路由的类型改为 O_NSSA。

```
[RouterD]dis ip rout
Destination/Mask     Protocol Pre  Cost      Nexthop         Interface
0.0.0.0/0            O_NSSA   150  1         172.16.2.1      Serial1/0
10.1.1.0/24          OSPF     10   1563      172.16.2.1      Serial1/0
10.2.2.0/24          OSPF     10   1563      172.16.2.1      Serial1/0
127.0.0.0/8          DIRECT   0    0         127.0.0.1       InLoopBack0
127.0.0.1/32         DIRECT   0    0         127.0.0.1       InLoopBack0
172.16.1.0/24        OSPF     10   3125      172.16.2.1      Serial1/0
172.16.2.0/24        DIRECT   0    0         172.16.2.2      Serial1/0
172.16.2.1/32        DIRECT   0    0         172.16.2.1      Serial1/0
172.16.2.2/32        DIRECT   0    0         127.0.0.1       InLoopBack0
192.168.2.0/24       DIRECT   0    0         192.168.2.1     Ethernet0/1
192.168.2.1/32       DIRECT   0    0         127.0.0.1       InLoopBack0
192.168.3.0/24       RIP      100  1         192.168.2.2     Ethernet0/1
```

对比设置 NSSA 前后 RouterD 的路由表发现，设置 NSSA 后 RouterD 的路由表中已经没有了标识为 O_ASE 的两条由 RouterA 引入的外部路由，这说明其他区域中的 ASBR（这里指区域 1 中的 RouterA）所引入的外部路由将不能被通告到 NSSA 区域内部（即"外面的不能进来"）。同时路由表中多出了一条 O_NSSA 类型的默认路由，该路由的下一跳正是 RouterC 的 s1/0 接口，说明该默认路由是由 RouterD 所在区域的 ABR（即 RouterC）发布到本区域内部的。路由表的这些变化可以通过观察链路状态数据库进一步得到验证。

```
[RouterD]dis ospf lsdb
            OSPF Process 1 with Router ID 4.4.4.4
                   Link State Database
```

```
                    Area: 0.0.0.2
     Type LinkState ID      AdvRouter        Age Len   Sequence    Metric Where
     Stub 172.16.2.0        4.4.4.4          164 24    0           0 SpfTree
     Rtr   4.4.4.4          4.4.4.4          161 48    80000010    0 SpfTree        //Type1 型 LSA
     Rtr   3.3.3.3          3.3.3.3          165 48    8000000f    0 SpfTree        //Type1 型 LSA
     SNet 172.16.1.0        3.3.3.3          1419 28   80000003    1563 Uninitialized //Type3 型 LSA
     SNet 10.1.1.0          3.3.3.3          1419 28   80000003    1 Uninitialized  //Type3 型 LSA
     SNet 10.2.2.0          3.3.3.3          1419 28   80000003    1 Uninitialized  //Type3 型 LSA
     NSSA 0.0.0.0           3.3.3.3          171 36    80000002    1 Uninitialized  //Type7 型 LSA
     NSSA 172.16.2.0        4.4.4.4          196 36    80000002    1 Nssa List      //Type7 型 LSA
     NSSA 192.168.2.0       4.4.4.4          196 36    80000002    1 Nssa List      //Type7 型 LSA
     NSSA 192.168.3.0       4.4.4.4          196 36    80000002    1 Nssa List      //Type7 型 LSA
          All areas is NSSA area, AS external database is disabled.    // NSSA 内部 Type5 型 LSA 被禁止
```

RouterD 的链路状态数据库中有 4 条类型为 NSSA 的记录,这些就是 Type7 型 LSA,其中第一条由 RouterC 通告(AdvRouter 值 3.3.3.3 正是 RouterC 的 Router ID),说明 NSSA 区域的 ABR(即 RouterC)将向本区域内部发布一条以自己为下一跳的默认路由,这也正是 RouterD 中默认路由的由来。而第二和第三条 Type7 型 LSA 则是由 RouterD 引入直连路由而产生,第 4 条来源于 RouterD 引入的 RIP 路由,因此它们的 AdvRouter 值都是 4.4.4.4(RouterD 的 Router ID)。

由于 RouterD 上存在默认路由,此时三台 PC 都可以相互 ping 通。

可以进一步禁止含有区域间路由的 Type3 型 LSA 进入 NSSA 区域,为此需要在 NSSA 区域的 ABR(这里指 RouterC)配置时增加 no-summary 参数。

```
[RouterC]inter s1/0
[RouterC – Serial1/0]ospf
[RouterC – ospf – 1]area 2
[RouterC – ospf – 1 – area – 0.0.0.2]nssa default – route – advertise no – summary
```

完成上述配置后再观察 RouterD 的路由表,发现原来标识为 OSPF 的区域间路由都消失了,而原来标识为 O_NSSA 的默认路由的类型却变成了 OSPF,读者可以通过 RouterD 的链路状态数据库自行分析其原因。

(4) 下面开始对到达 192.168.2.0/24 和 192.168.3.0/24 网段的外部路由实施路由汇聚。由于是 RouterD 将这两个网段引入到 OSPF,因此对外部路由的汇聚可以在作为 ASBR 的 RouterD 上进行。

```
[RouterD]ospf
[RouterD – ospf – 1]asbr – summary 192.168.2.0 255.255.254.0
```

汇聚后的外部路由将被 RouterD 以 Type7 型 LSA 通告到 NSSA 区域中,因此 RouterC 将得到这个汇聚后的路由,其类型为 O_NSSA。

```
[RouterC]dis ip rout
Destination/Mask    Protocol Pre   Cost     Nexthop         Interface
10.1.1.0/24         DIRECT   0     0        10.1.1.2        Ethernet0/0
10.1.1.2/32         DIRECT   0     0        127.0.0.1       InLoopBack0
10.2.2.0/24         DIRECT   0     0        10.2.2.1        Ethernet0/1
10.2.2.1/32         DIRECT   0     0        127.0.0.1       InLoopBack0
```

动态路由协议及配置

```
127.0.0.0/8        DIRECT   0    0        127.0.0.1      InLoopBack0
127.0.0.1/32       DIRECT   0    0        127.0.0.1      InLoopBack0
172.16.1.0/24      OSPF     10   1563     10.1.1.1       Ethernet0/0
172.16.2.0/24      DIRECT   0    0        172.16.2.1     Serial1/0
172.16.2.1/32      DIRECT   0    0        127.0.0.1      InLoopBack0
172.16.2.2/32      DIRECT   0    0        172.16.2.2     Serial1/0
192.168.1.0/24     O_ASE    150  1        10.1.1.1       Ethernet0/0   //由 RouterA 引入
192.168.2.0/23     O_NSSA   150  2        172.16.2.2     Serial1/0
                                                                       //由 RouterD 汇聚并引入
192.168.4.0/24     O_ASE    150  1        10.1.1.1       Ethernet0/0   //由 RouterA 引入
```

作为 NSSA 区域的 ABR，RouterC 收到 Type7 型 LSA 后会将它转变为 Type5 型 LSA 并向其他区域扩散，因此 RouterB 和 RouterA 也都会收到这条汇聚后的路由（前缀为 192.168.2.0/23），但其类型却是 O_ASE。

（5）下面将区域 1 配置为 Stub 区域，这需要将区域 1 的所有路由器都配置为支持 Stub 属性。

```
[RouterA]inter s1/0
[RouterA - Serial1/0]ospf
[RouterA - ospf - 1]area 1
[RouterA - ospf - 1 - area - 0.0.0.1]stub

[RouterB]inter s1/0
[RouterB - Serial1/0]ospf
[RouterB - ospf - 1]area 1
[RouterB - ospf - 1 - area - 0.0.0.1]stub
```

配置 Stub 区域后 RouterA 的路由表如下。

```
[RouterA]dis ip rout
Destination/Mask    Protocol Pre  Cost     Nexthop        Interface
0.0.0.0/0           OSPF     10   1563     172.16.1.2     Serial1/0 //RouterB 通告的默认路由
10.1.1.0/24         OSPF     10   1563     172.16.1.2     Serial1/0 //区域间路由
10.2.2.0/24         OSPF     10   1564     172.16.1.2     Serial1/0 //区域间路由
127.0.0.0/8         DIRECT   0    0        127.0.0.1      InLoopBack0
127.0.0.1/32        DIRECT   0    0        127.0.0.1      InLoopBack0
172.16.1.0/24       DIRECT   0    0        172.16.1.1     Serial1/0
172.16.1.1/32       DIRECT   0    0        127.0.0.1      InLoopBack0
172.16.1.2/32       DIRECT   0    0        172.16.1.2     Serial1/0
172.16.2.0/24       OSPF     10   3125     172.16.1.2     Serial1/0  //区域间路由
192.168.1.0/24      DIRECT   0    0        192.168.1.1    Ethernet0/1
192.168.1.1/32      DIRECT   0    0        127.0.0.1      InLoopBack0
192.168.4.0/24      STATIC   60   0        192.168.1.2    Ethernet0/1
```

与配置 Stub 区域之前的路由表相比，RouterA 缺少了由 RouterD 汇聚并引入的外部路由 192.168.2.0/23（O_ASE 类型），却多了一条以 RouterB 为下一跳的默认路由。这是因为配置 Stub 区域后含有外部路由的 Type5 型 LSA 将不能进入 Stub 区域，因此 Stub 区域内部的路由器（这里指 RouterA）将没有任何类型为 O_ASE 的外部路由。与此同时，Stub 区域的 ABR（这里指 RouterB）将向 Stub 区域内部通告一条以自己为下一跳的默认路由，从而保证在没有任何外部路由的情况下,Stub 区域内部的路由器仍能通过默认路由与外部的网络进行通信。

RouterB 的路由表在配置 Stub 区域后缺少了由 RouterA 引入的两条外部路由(前缀分别是 192.168.1.0/24 和 192.168.4.0/24),这是由于 Stub 区域不允许 ASBR 的存在。当配置 Stub 区域后,原来充当 ASBR 的 RouterA 将自动停止通告自己引入的外部路由,因此 RouterB 才缺少这两条外部路由,并进一步导致 RouterC 也丢失这两条外部路由。

此时测试连通性会发现 PC1ping 不通 PC2 以及 PC3,但 PC2 和 PC3 相互间却可以 ping 通。因为 RouterB 和 RouterC 缺少了到达 192.168.1.0 和 192.168.4.0 这两个网段的外部路由。

为了使三台 PC 相互可以 ping 通,需要在 RouterB 上定义两条指向上述网段的静态路由并将它们引入到 OSPF 中,使得 RouterC 也能得知这两个网段。

```
[RouterB]ip route 192.168.1.0 255.255.255.0 172.16.1.1
[RouterB]ip route 192.168.4.0 255.255.255.0 172.16.1.1
[RouterB]ospf
[RouterB-ospf-1]import static      //引入静态路由
```

这时再观测路由表,RouterB 上已有了到达上述网段的两条静态路由,而 RouterC 上则出现了到达上述两个网段的 O_ASE 路由。再测试连通性,三台 PC 相互可以全都 ping 通了。

最后介绍在华为路由器上配置完全 Stub 区域,这只需在配置 Stub 区域的 ABR 时使用 no-summary 参数即可。

```
[RouterB]inter s1/0
[RouterB-Serial1/0]ospf
[RouterB-ospf-1]area 1
[RouterB-ospf-1-area-0.0.0.1]stub no-summary
```

此处的 no-summary 参数将阻止区域间路由进入到完全 Stub 区域内部,这将导致完全 Stub 区域内部的 RouterA 不再具有类型为 OSPF 的区域间路由,此时 RouterA 的路由表如下。

```
[RouterA]dis ip rout
Destination/Mask    Protocol Pre  Cost      Nexthop       Interface
0.0.0.0/0           OSPF     10   1563      172.16.1.2    Serial1/0
127.0.0.0/8         DIRECT   0    0         127.0.0.1     InLoopBack0
127.0.0.1/32        DIRECT   0    0         127.0.0.1     InLoopBack0
172.16.1.0/24       DIRECT   0    0         172.16.1.1    Serial1/0
172.16.1.1/32       DIRECT   0    0         127.0.0.1     InLoopBack0
172.16.1.2/32       DIRECT   0    0         172.16.1.2    Serial1/0
192.168.1.0/24      DIRECT   0    0         192.168.1.1   Ethernet0/1
192.168.1.1/32      DIRECT   0    0         127.0.0.1     InLoopBack0
192.168.4.0/24      STATIC   60   0         192.168.1.2   Ethernet0/1
```

与前面 RouterA 的路由表相比,已没有了区域间路由,no-summary 参数达到了减少路由表条目的效果。

8.4.16 OSPF 配置练习

1. 要求按图 8.37 进行 OSPF 的配置,实现三台 PC 可以相互 ping 通。

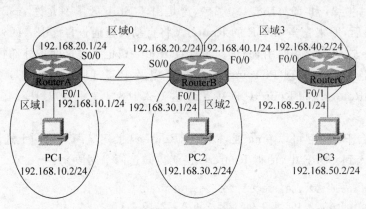

图 8.37 练习 1 使用的网络拓扑图

2. 图 8.38 模拟了一种应用 NSSA 的场景,使用 OSPF 协议的总公司网络处于区域 0,而分公司的网络使用 RIP 协议,并且相互间通过低带宽的 WAN 链路进行连接,而 RouterD 上的回环接口 Loopback0 用于模拟到 ISP 的连接。请按如下要求依次完成本练习。

(1) 将低带宽的 WAN 链路所处的区域 1 配置为 NSSA,使得总公司具有到达分公司网络的路由,而不要求分公司具有到达总公司网络的路由,并实现两台 PC 可以相互 ping 通。

(2) 分别在 RouterB 和 RouterC 上配置路由汇聚,以减少总公司路由器的路由表规模。

(3) 为模拟与 ISP 的通信,需要在 RouterD 上配置一条到达 ISP 的默认路由,并向 OSPF 内部通告这条默认路由,使得两台 PC 均可以 ping 通 RouterD 的 Loopback0 接口。

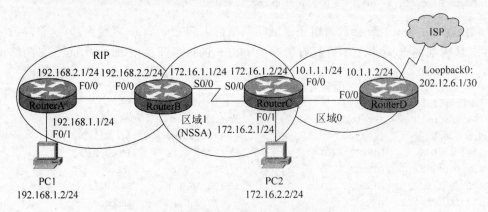

图 8.38 练习 2 使用的网络拓扑图

第 9 章　访问控制列表与地址转换

教学目标

(1) 通过对访问控制列表的学习,掌握其工作原理及功能,加深其在网络效率的提高及安全方面的认识。

(2) 通过对地址转换的学习,掌握其工作原理,增强在各种条件下应用地址转换的能力。

(3) 通过对本章各项应用及其配置方法的学习,进一步加强动手能力和分析实验结果的能力。

9.1　访问控制列表概述

访问控制列表(ACL)是应用在路由器端口上的控制列表,它通过一些准则对通过路由器的数据包进行分类和识别,并根据相关机制对数据包进行过滤处理,即允许或拒绝进入和离开路由器的数据包,通过设置可以允许或拒绝网络用户访问某些网络资源,也可以允许或拒绝网络用户使用路由器的某些端口,对网络系统起到安全保护作用,从而实现安全过滤和流量控制,在交换机上同样可以设置 ACL,为简单起见,本章以路由器为例配置 ACL。

9.1.1　IP 包过滤技术简介

随着越来越多的网络接入因特网,在保障合法访问内部网的同时,如何防止非法访问的发生,可利用 IP 包过滤(Packet Filtering)实现对网络访问的控制。IP 包过滤技术工作在网络层,它先获取数据包头,通过检查数据包头中的源地址、目的地址、所用的端口号、协议状态等因素,或它们的组合来对数据包进行选择,然后与设定的规则进行比较,根据比较的结果对数据包进行转发或者丢弃。包过滤技术最核心内容就是使用访问控制列表。

9.1.2　访问控制列表作用

1. ACL 的功能

路由器使用 ACL 主要完成以下两个功能。

(1) 分类。路由器通过 ACL 来识别特定的数据包并将其分类后,就可以通过路由器按照事先规定的动作对其处理。例如可以识别出数据包来自哪个部门,给其提供不同优先级,识别哪些数据包是非法的,是否允许其通过。

(2) 过滤。对连接外部网络和因特网的路由器来说,允许合法数据包通过,禁止非法数据包通过,是其较为重要的作用之一,这就是过滤功能,例如允许内部网络访问因特网,禁止外部访问内部网络的重要部门,如办公网、财务处等。

2. ACL 的匹配准则

在路由器上 ACL 实际上是一个允许和拒绝语句的集合。根据匹配准则对数据包分类,并且允许或拒绝该数据包通过,实现其过滤的功能。如图 9.1 所示,在 RouterA 上配置了 ACL,如图中表所示,根据数据包的源 IP 地址来对其分类,并附加不同的操作,即允许或拒绝,当来自不同主机的数据包到达路由器时,路由器根据 ACL 的规则,只允许来自 192.168.1.3 的数据包通过,而将来自 192.168.1.2 及 10.2.2.2 的数据包丢弃。

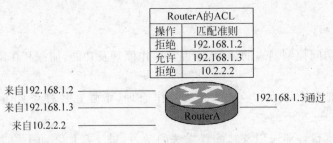

RouterA的ACL	
操作	匹配准则
拒绝	192.168.1.2
允许	192.168.1.3
拒绝	10.2.2.2

来自192.168.1.2 ——
来自192.168.1.3 —— 192.168.1.3通过
来自10.2.2.2 ——
RouterA

图 9.1　ACL 配置示意图

ACL 的匹配准则除了图 9.1 中所示的源 IP 地址外,还有其他的匹配准则,主要有以下4 个。

(1) 数据包源地址:数据包中包含的源 IP 地址。

(2) 数据包目标地址:数据包中包含的目标 IP 地址。

(3) 协议类型:数据包所使用的协议,如 IP、TCP、UDP 等。

(4) 端口号:对应的应用层协议的端口号。如 TELNET 为 23、HTTP 为 80 等。

3. ACL 的作用

ACL 通过匹配准则对数据包分类,执行允许或拒绝操作,其作用如下。

1) 安全控制

如图 9.1 所示,ACL 根据匹配准则,允许一部分数据包通过路由器,同时拒绝其他的数据包通过,这部分数据包将被丢弃,达到了对网络资源的保护,实现了 ACL 的安全控制功能。

2) 流量控制

在网络带宽有限的环境下,如果所有的数据包都可通过路由器,对带宽将造成极大的浪费,ACL 可以通过拒绝一些不必要的数据包通过路由器,保障了带宽的利用率,提高网络的效率。

3) 流量标识

在网络的一些应用中,如虚拟专用网(VPN)、网络地址转换(NAT)、按需拨号路由、路由重分布、路由映射等,也要用到 ACL 对数据包的分类和标识。

9.1.3　访问控制列表工作原理

ACL 根据匹配准则对数据包进行分类,再由事先规定的操作让其通过路由器或被丢弃,这里的数据包通过路由器可分为进站数据包和出站数据包,进站数据包就是数据包经路

由器的某端口进入路由器,出站数据包为数据包经路由器的某端口离开路由器,相应的
ACL 也分为进站 ACL 及出站 ACL。另外根据路由表对数据包进行转发,此数据包也称为
转发数据包。

1. ACL 的工作过程

ACL 的工作过程如图 9.2 所示,具体步骤如下。

(1)当路由器的某端口接收到一个数据包时,它首先检查此端口是否有相关联的进站
访问控制列表,如果没有则直接进入路由选择过程,如果有则执行此访问控制列表的允许或
拒绝操作,被允许的数据包将进入路由选择状态,被拒绝的数据包将会被丢弃。

(2)路由器对数据包执行路由选择,如果其路由表中没有到达目标网络的路由,它将丢
弃该数据包,如果有则将数据包发往合适的端口。

(3)数据包到达路由器的输出端口,路由器检查该端口是否有相关联的出站访问控制
列表,如果没有,它直接将数据包发送出去,如果有则执行访问控制列表的允许或拒绝操作,
被拒绝的数据包将会被丢弃,被允许的数据包将会被发送出去。

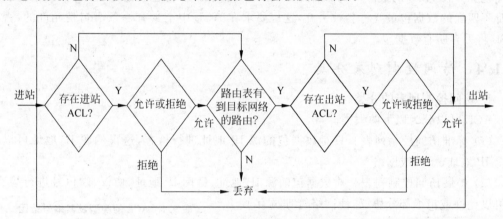

图 9.2　ACL 工作过程示意图

2. ACL 的匹配顺序

访问控制列表是一个允许或拒绝的序列,当和数据包进行匹配时,从第一个条件开始依
次判断和数据包是否匹配,直到找到和数据包相匹配的条件,然后路由器根据操作所规定的
动作决定是允许还是拒绝,并且对数据包的匹配到此为止,后面的匹配准则不会影响前面的
操作。

如图 9.3 所示为 RouterA 和 RouterB 的 ACL,当来自源地址 192.168.1.2 的数据包到
达 RouterA 时,开始和 RouterA 的 ACL 进行匹配。首先和第一个条件进行比较,其匹配准
则是 192.168.1.0,和数据包的源地址匹配成功,路由器当即对该数据包执行相应的操作,即
拒绝其通过,该数据包就被丢弃。虽然该路由器的 ACL 的第二个条件是允许 192.168.1.2 的
数据包通过,但由于第一个条件已匹配成功并执行了相应的操作,所以第二个条件不会进行
匹配,其对应的操作也不会被执行。

当同样的数据包到达 RouterB 时,也立即开始和其 ACL 进行匹配,第一个条件的匹配
准则是 192.168.1.2,和数据包的源地址匹配成功,RouterB 就执行其相应的操作,即允许
其通过,ACL 的其他条件将不会被匹配。

访问控制列表与地址转换

192.168.1.2

数据包

RouterA的ACL	
操作	匹配准则
拒绝	192.168.1.0
允许	192.168.1.2
允许	10.2.2.2
......	

RouterB的ACL	
操作	匹配准则
允许	192.168.1.2
拒绝	192.168.1.0
允许	10.2.2.2
......	

图 9.3　ACL 配置顺序示意图

在图 9.3 中 Router A 和 Router B 的 ACL 中的匹配准则完全一样,但顺序不一致,对同样的数据包就作出了完全相反的操作,所以在 ACL 中,匹配准则的排列顺序是至关重要的。如果匹配准则的排列顺序不当,可能会造成和预期完全相反的结果。

如果数据包经过 ACL 的所有匹配准则的检查都没匹配上,路由器应该如何处理这个数据包呢? 在 ACL 的最后一句隐含一条“拒绝所有”的语句,也就意味着跟 ACL 中所有语句都不匹配的数据包最终将会被丢弃,这也要求在 ACL 中至少有一条语句是允许的,否则 ACL 将丢弃所有数据包。

9.1.4　访问控制列表分类

1. 访问控制列表的分类

ACL 可以分为以下两大类。

(1) 标准访问控制列表。只对数据包的源 IP 地址进行检查,这里的源 IP 地址可以是单个 IP 地址、子网或网络。

(2) 扩展访问控制列表。对数据包的源 IP 地址、目标 IP 地址、协议、端口号进行检查,它可以允许或拒绝部分协议,使网络管理员有了更大的灵活性。

2. ACL 的标识

(1) 通过数字编号对 ACL 进行标识。表 9.1 列出了不同类型的 ACL 的编号范围。

表 9.1　ACL 的类型及其编号范围

ACL 的类型	编号范围
标准 ACL	1~99
扩展 ACL	100~199

(2) 通过给 ACL 命名的方式来标识。这需要 IOS 11.2 及以上版本的支持。

9.2　标准访问控制列表

9.2.1　标准访问控制列表简介

标准访问控制列表只检查数据包的源 IP 地址,从而允许或拒绝某个 IP 网络、子网或主机的所有数据包通过路由器的接口,如图 9.4 所示。

9.2.2　常用标准访问控制列表配置命令

1. 数据编号对标准 ACL 标识的配置命令

(1) 配置标准 ACL 要用到全局模式下的 access-list 命令,其格式如下。

Router(config)#access-list access-list-number {permit|deny} source source-wildcard

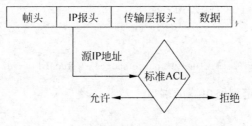

图 9.4　标准访问控制列表匹配准则图

access-list 命令各参数及其意义如表 9.2 所示。

表 9.2　标准 access-list 命令各参数及其意义

命 令 参 数	参 数 意 义
access-list-number	标准 ACL 的数字编号,范围为 1～99
{permit|deny}	对符合匹配准则的数据包所执行的操作,permit 表示允许数据包通过,deny 表示拒绝数据包通过
source	数据包源 IP 地址,可以是单个主机、子网、网络
source-wildcard	源 IP 地址的反掩码

说明: ① 如果源 IP 地址是单个主机的 IP 地址,可用 host 源 IP 地址来代替 source source-wild。

② 如果要表示所有的 IP 地址,可用 any 来代替 source source-wild。

用 access-list 命令定义标准 ACL,一次只能定义 ACL 的一个语句,如果 ACL 包含多个语句,就要反复使用 access-list 命令,但要保持 access-list-number 一致,并且在此只能用数字来标识 ACL。

在全局模式下,执行 no access-list access-list-number 命令,可以删除编号为 access-list-number 的 ACL。

(2) 将 ACL 指定到路由器的端口。

用 access-list 定义的 ACL,还要将其指定给路由器的端口才能发挥其作用,在一个端口上的两个方向上都可以指定 ACL,即进站 ACL 和出站 ACL,但规定一个方向上一种协议只能指定一个 ACL,对路由器端口指定 ACL 的命令格式如下。

```
Router(config - if) # ip access - group access - list - number {in|out}
```

在此命令中,首先进入所指定 ACL 的端口配置模式,access-list-number 为指定到该端口的 ACL 的数字编号,in 表示为进站 ACL,out 表示为出站 ACL。

在端口配置模式下,执行 no ip access-group access-list-number 可以删除指定到该端口上的 ACL。

2. 命名方式配置标准 ACL 的命令

从路由器 IOS 11.2 版本起,除了可以用上述方式配置 ACL 外,还可以用命名 ACL 方式来配置 ACL,它的优点是更直观,更便于管理。

1) 给标准 ACL 命名

在全局配置模式下执行命令 ip access-list standard 给标准 ACL 命名,命令格式如下。

(config)♯ip access－list standard name

2）配置匹配准则

(config－std－nacl)♯{permit|deny} source source－wildcard

3）将标准 ACL 指定到路由器的端口

命令格式如下。

(config－if)♯ip access－group name [in|out]

9.2.3 反掩码技术

指定在路由器端口上的 ACL，要对通过该端口的数据包的源 IP 地址、目标 IP 地址、端口号、协议等进行检查，其中的 IP 地址包括单个主机、子网或网络，它如何和数据包的 IP 地址匹配，这里就要用到"反掩码"的概念。

反掩码和 IP 地址成对出现，也是 32 位的二进制数，用点分法分成 4 个 8 位组，书写时也用点分十进制法，这和子网掩码是一致的。但两者原理是不同的，在反掩码中，"0"表示 IP 地址对应的位需要检查，"1"表示 IP 地址对应位不被检查，在这一点上和子网掩码正相反，所以称为反掩码（或通配符掩码）。如果要表示 192.168.1.0 这个网络，反掩码应该是0.0.0.255，如图 9.5 所示。在 ACL 中如果有这个匹配准则，它就会检查通过的数据包 IP地址的前三个十进制数，第 4 个数将不被检查，当数据包中的 IP 地址为 192.168.1.2 或192.168.1.10 时都和这个准则相匹配，而 IP 地址为 192.168.2.2 的数据包则不匹配。

IP 地址：192.168.1.0 11000000 10101000 00000001 0000000

反掩码：0.0.0.255   00000000 00000000 11111111 11111111

图 9.5 反掩码应用示意图

当反掩码为 0.0.0.0 时，意味着它所对应的 IP 地址的所有位都将被检查，如在 ACL 中匹配准则为 192.168.1.2 0.0.0.0，它所能匹配的只是 IP 地址为 192.168.1.2 主机的数据包，其等价的写法是 host 192.168.1.2。

当反掩码为 255.255.255.255 时，意味着它所对应的 IP 地址的所有位都将不被检查，如在 ACL 中匹配准则为 0.0.0.0 255.255.255.255，它所匹配的是所有的数据包，其等价的写法是 any。

例一，有两个网络 192.168.2.0/24 和 192.168.3.0/24，现在 ACL 配置一个匹配准则，允许这两个网络中的所有主机通过，求这个匹配准则。

解：这两个网络中只有第三个 8 位组不同，其所对应的二进制如表 9.3 所示。

其所对应的掩码为 00000001，而两个网络的前两个 8 位组需要检查，最后一个 8 位组不需要检查，所以反掩码为 0.0.1.255。所求匹配准则为 permit 192.168.2.0 0.0.1.255。

例二，网络 192.168.2.0 划分子网如表 9.4 所示，在 ACL 配置匹配准则，允许 192.168.2.64 上的数据包，求其匹配准则。

表 9.3 例一中第三个 8 位组所对应二进制

十进制	二进制
2	00000010
3	00000011

表 9.4　例二中子网及其子网掩码

子网号	子　　网	子 网 掩 码
1	192.168.2.0	255.255.255.224
2	192.168.2.32	255.255.255.224
3	192.168.2.64	255.255.255.224
...		

解：子网号的前三个 8 位组需要检查,最后一个 8 位组需检查其前三位,所以反掩码为 0.0.0.31,所求匹配准则为 permit 192.168.2.64 0.0.0.31。

9.2.4　扩展访问控制列表

标准访问列表只能对数据包的源地址进行识别,如果用标准访问列表允许了外部到服务器的访问,那么到服务器的所有流量都会被允许,或者都被拒绝,如果要允许或拒绝部分协议,就要用到扩展访问控制列表。

1. 扩展访问控制列表简介

扩展访问控制列表检查数据包的源 IP 地址、目标 IP 地址、协议类型以及端口号,如图 9.6 所示。相比标准访问控制列表,扩展访问控制列表具有更大灵活性,它可以允许或拒绝某个 IP 网络、子网或主机的某个协议的通信流量通过路由器的端口。

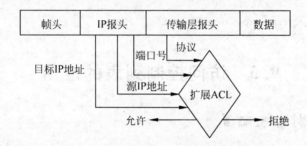

图 9.6　扩展访问控制列表匹配准则图

2. 常用扩展访问控制列表配置命令

1) 数据编号标识扩展访问控制列表的命令

在全局配置模式下,可用 access-list 配置扩展访问控制列表,命令格式如下。

```
(config)# access - list access - list - number {permit | deny} protocol source source - wildcard
    [operator port] destination destination - wildcard [operator port]
```

access-List 命令各参数及其意义如表 9.5 所示。

配置完扩展 ACL 后,也必须使用 ip access-group 命令将其指定到相应的路由器端口,命令格式和使用方法同标准 ACL。

2) 命名扩展 ACL 的命令

(1) 给扩展 ACL 命名。

在全局配置模式下执行命令 ip access-list extended 给标准 ACL 命名,命令格式如下:

```
(config)# ip access - list extended name
```

表 9.5　扩展 ACL access-list 命令各参数及其意义

命 令 参 数	参 数 意 义
access-list-number	扩展 ACL 的数字编号，范围为 100～199
{permit|deny}	对符合匹配准则的数据包所执行的操作，permit 表示允许数据包通过，deny 表示拒绝数据包通过
protocol	过滤的数据包所使用的协议，如 TCP、UDP、IGMP、IP 等
source	数据包源 IP 地址，可以是单个主机、子网、网络
source-wildcard	源 IP 地址的反掩码
operator port	Operator 可以是 lt(小于)、大于(gt)、等于(eq)或不等于(neq)；port 表示匹配的应用层端口号
destination	数据包的目标 IP 地址，可以是单个主机、子网、网络
destination-wildcard	目标 IP 地址的反掩码

（2）配置匹配准则。

(config－std－nacl)♯{permit|deny} protocol source source－wildcard [operator port] destination destination－wildcard [operator port]

（3）将扩展 ACL 指定到路由器的端口。

命令格式如下。

(config－if)♯ip access－group name [in|out]

9.3　访问控制列表的应用

9.3.1　访问控制列表配置

在应用 ACL 时，要合理、有效地配置 ACL，这一方面要求合理安排匹配准则的先后顺序，另一方面要用尽可能少的语句实现其功能，还要合理设置其在网络中的位置。

1. ACL 的方向

ACL 的方向分为进站 ACL 和出站 ACL，一般情况下，进站 ACL 的配置主要实现其"安全控制"功能，防止外部网络对内部网络及路由器的攻击，还能够阻止外部不必要的数据包进入内部网络，消耗带宽等资源。出站 ACL 的配置主要实现其"流量控制"功能，它可以防止内部网络的一些不必要的数据包被发往外部网络，占用宝贵的带宽。如图 9.7(a)所示，当数据包从外部网络进入路由器，首先经过进站 ACL 的检查，过滤掉不安全和不必要的数据包后，再由路由器进行下一步的转发处理。如图 9.7(b)所示为当数据包从内部网络发到外网时，先经过路由器的转发处理，再由出站 ACL 检查，过滤掉不必要的数据包，节省了带宽。

2. ACL 的放置位置

ACL 的放置位置也是很重要的，如果位置不恰当，可能带来一系列问题，例如浪费带宽及 CPU 资源，或者数据包不能到达目标地址。

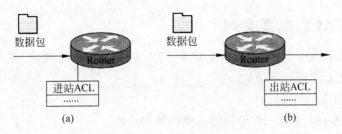

图 9.7 ACL 方向示意图

1) 标准 ACL 的放置

标准 ACL 是通过检查数据包的源 IP 地址来进行过滤的,放置位置一般靠近目标网络,并且作为出站 ACL,如图 9.8 所示,要阻止 PC1 访问网络 3,把标准 ACL 放置在靠近网络 3 的 RouterB 的 S2 端口,并作为出站 ACL,这时 PC1 还可以正常访问网络 1 和网络 2,如果把此 ACL 放置在 A 处或 B 处,虽然可以阻止 PC1 访问网络 3,但是 PC1 正常访问网络 1 或网络 2 也受到了阻止。

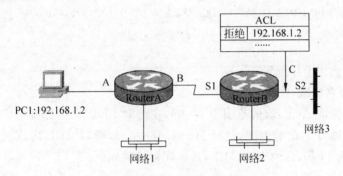

图 9.8 标准 ACL 放置位置示意图

2) 扩展 ACL 的放置

扩展 ACL 是通过检查数据包的源和目标 IP 地址、协议、源和目标端口号来过滤的,它对数据包的识别是很精确的,放置位置一般在靠近源点的地方,并且作为进站 ACL,如图 9.9 所示,利用扩展 ACL 阻止 PC1 访问网络 3,放置位置在 A 处,可以阻止 PC1 访问网络 3,如果放置在 B 处或 C 处,虽然也可以达到阻止的目的,但是从 PC1 到达 B 处或 C 处浪费了网络带宽和路由器的 CPU 资源。

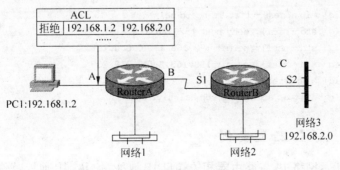

图 9.9 扩展 ACL 放置位置示意图

9.3.2 标准 ACL 配置案例

如图 9.10 所示网络中,各路由器相关端口 IP 地址、各 PC IP 地址、路由协议已配置好,要求利用标准 ACL 实现如下功能。

(1) 禁止 PC1 访问 PC3。

(2) 允许网络 192.168.1.0 中其他主机访问 PC3。

(3) 允许网络 192.168.2.0 中的所有主机访问 PC3。

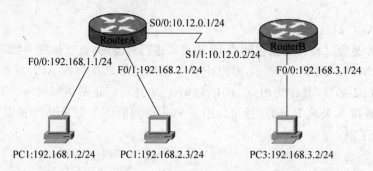

图 9.10 标准 ACL 案例图

用两种方法实现上述配置

1. 用数字命名标准 ACL 方式

用数字命名标准 ACL,取值范围为 1~99,在此取 10,因为是标准 ACL,应该放置在更靠近目标网络的地方。在本例中,目标为 192.168.3.2,所以 ACL 应该被定义在 RouterB 上,指定的端口为 F0/0,且为出站 ACL,具体配置步骤如下。

```
RouterB(config) # access - list 10 deny host 192.168.1.2
RouterB(config) # access - list 10 permit 192.168.1.0 0.0.0.255
RouterB(config) # access - list 10 permit 192.168.2.0 0.0.0.255
RouterB(config) # interface f0/0
RouterB(config - if) # ip access - group 10 out
```

2. 用字符串方式命令标准 ACL 方式

采用字符串命名方式,名字可以是任意,但要求第一个字符为英文字母。在本例中,以 aclshi1 命名,配置步骤如下。

```
RouterB(config) # ip access - list standard aclshiy1
RouterB(config - std - nacl) # deny host 192.168.1.2
RouterB(config - std - nacl) # permit 192.168.1.0 0.0.0.255
RouterB(config - std - nacl) # permit 192.168.2.0 0.0.0.255
RouterB(config) # interface f0/0
RouterB(config - if) # ip access - group aclshiy1 out
```

9.3.3 扩展 ACL 配置案例

如图 9.11 所示网络中,各路由器相关端口 IP 地址、各 PC IP 地址、路由协议已配置好,其中 PC2 是 Web 服务器、PC3 是 FTP 服务器,利用扩展 ACL 实现如下功能。

（1）禁止 PC1 访问 FTP 服务器。

（2）允许 PC1 访问 Web 服务器。

（3）允许网络 192.168.2.0 访问网络 192.168.3.0。

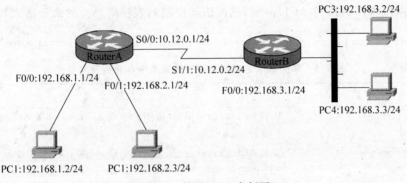

图 9.11 扩展 ACL 案例图

下面用两种方法实现上述配置。

1. 用数字命名扩展 ACL 方式

用数字命名扩展 ACL，取值范围为 100～199，在此取 101，因为是扩展 ACL，应该放置在更靠近源网络的地方，在本例中，源网络靠近 RouterA，所以 ACL 应该被定义在 RouterA 上，指定的端口为 S0/0，且为出站 ACL，具体配置步骤如下。

```
RouterA(config) # $ 101 deny tcp host 192.168.1.1 host 192.168.3.3 eq 21
RouterA(config) # $ 101 permit tcp host 192.168.1.1 host 192.168.3.2 eq 80
RouterA(config) # $ 101 deny tcp 192.168.2.0 0.0.0.255 192.168.3.0 0.0.0.255
RouterA(config) # $ 101 permit ip any any
RouterA(config) # interface s0/0
RouterA(config - if) # ip access - group 101 out
RouterA # show access - lists 101
Extended IP access list 101
    deny tcp host 192.168.1.1 host 192.168.3.3 eq ftp
    permit tcp host 192.168.1.1 host 192.168.3.2 eq www
    deny tcp 192.168.2.0 0.0.0.255 192.168.3.0 0.0.0.255
    permit ip any any
```

2. 用字符串方式命令标准 ACL 方式

采用字符串命名方式，名字可以是任意，但要求第一个字符为英文字母，在本例中，以 aclshiy2 命名，配置步骤如下。

```
RouterA(config) # ip access - list extended aclshiy2
RouterA(config - ext - nacl) # deny tcp host 192.168.1.2 host 192.168.3.3 eq 21
RouterA(config - ext - nacl) # permit tcp host 192.168.1.2 host 192.168.3.2 eq 80
RouterA(config - ext - nacl) # permit tcp 192.168.2.0 0.0.0.255 192.168.3.0 0.0.0.255
RouterA(config - ext - nacl) # permit ip any any
```

9.4　华为访问控制列表的运用

由于华为交换机和 Cisco 在 ACL 的配置命令及方式有较大的差别，在此单独把其列为一节，在本节中所出现的路由器均为华为路由器，ACL 均为在华为路由器上配置的 ACL。

9.4.1 ACL 的配置命令

1. 基本 ACL 配置命令

1) 在系统视图下执行 ACL 命令,进入访问控制列表视图,acl 的命令格式如下。

[huawei] acl {number acl_number|name acl_name} basic [match-order{config|auto}]

表 9.6　华为基本访问控制列表配置命令各参数及其意义

命令参数	参数意义
acl_number	基本 ACL 的数字编号,范围为 2000~2999。高级 ACL 的数字编号,范围为 3000~3999
acl_name	基本 ACL 的名称,由英文字母组成,长度不超过 32 个字符
config	顺序优先
auto	深度优先

2) 在基本访问控制列表视图中,执行 rule 命令配置相应的匹配规则,rule 命令的格式如下。

→rule [rule-id] {premit|deny} [source source-addr source-wildcard] [time-range time-range-name]

rule 命令各参数的意义如表 9.7 所示。

表 9.7　华为基本控制列表 rule 命令各参数及其意义

命令参数	参数意义
rule-id	访问控制列表子准则的 ID,取值范围为 0~127
{permit|deny}	对符合匹配准则的数据包所执行的操作,permit 表示允许数据包通过,deny 表示拒绝数据包通过
source	数据包源 IP 地址,可以是单个主机、子网、网络
source-wildcard	源 IP 地址的反掩码
time-range-name	时间段的名称,可选参数,表示该子准则在此时间段内有效

说明:① rule 命令可反复使用为同一基本访问列表定义多条准则。

② 可以用 any 表示所有的源 IP 地址。

2. 高级访问列表的配置

1) 在系统视图下执行 ACL 命令,进入访问控制列表视图,acl 的命令格式如下。

[huawei] acl {number acl_number|name acl_name} advanced [match-order{config|auto}]

各命令参数见表 9.6。

2) 在高级访问控制列表视图中,执行 rule 命令配置相应的匹配规则,rule 命令的格式如下。

→rule [rule-id] {premit|deny} protocol [source source-addr source-wildcard] [destination dest-addr dest-mask] [source-port operator port1[port2]] [destination-port operator port1[port2]] [icmp-type icmp-type icmp-code] [time-range time-range-name] rule 命令各参数的意义如表 9.8 所示。

表 9.8　华为高级控制列表 rule 命令各参数及其意义

命 令 参 数	参 数 意 义
rule-id	访问控制列表子准则的 ID,取值范围为 0～127
{permit|deny}	对符合匹配准则的数据包所执行的操作,permit 表示允许数据包通过,deny 表示拒绝数据包通过
source	数据包源 IP 地址,可以是单个主机、子网、网络
source-wildcard	源 IP 地址的反掩码
dest-addr	目标 IP 地址
dest-wildcard	目标 IP 地址的反掩码
operator port1[port2]	Operator 表示端口操作符分别为 eq(等于)、gt(大于)、lt(小于)、neq(不等于)、range(在某个范围内),port1[port2]表示数据包使用的 TCP 或 UDP 端口号,可以用数字或字符来表示。只有操作符是 range 时才会同时出现 port1 port2 两个参数
icmp-type icmp-code	当 protocol 为 ICMP 时,本参数才出现,icmp-type 表示 ICMP 报文类型,icmp-code 表示 ICMP 码
time-range-name	时间段的名称,可选参数,表示该子准则在此时间段内有效

说明: rule 命令可反复使用为同一基本访问列表定义多条准则。

9.4.2　ACL 的配置

通过上一节的配置命令,可以配置基本或高级 ACL,如果想让其发挥作用,还要进一步启用 ACL,并在相应的端口上应用,主要的命令如下。

1. 防火墙属性配置命令

1) 打开或关闭防火墙

[Router]firewall{enable|disable}

2) 设置防火墙的默认过滤模式

[Router]firewall default{permit|deny}

该命令主要用来设置对 ACL 以外的数据包的处理方式,默认的过滤模式是允许。

3) 显示防火墙的状态信息

[Router]display firewall

2. ACL 在端口上的应用

把 ACL 指定到端口上,在相应端口的端口视图下,执行下述命令。

[RouterB－Ethernet]firewall packet－filter acl－number[inbound|outbount]

其中 acl-number 为 ACL 的编号,inbound 参数将把 ACL 设置为该端口上的进站 ACL,outbount 把 ACL 设置为该端口上的出站 ACL,默认为 outbount。

3. 时间段包过滤

在华为 ACL 的配置中,把一天 24 小时分成特殊时间段和普通时间段,特殊时间段可以是多个,当定义 ACL 时,可以把匹配准则设置为在特殊时间还是普通时间生效。

1)允许/禁止时间段

```
[Router]timerange {enable|disable}
```

该命令可以允许或禁止时间段,默认为禁止时间段。

2)设置时间段的命令格式

```
[Router]settr begin - time end - time[begin - time end - time...]
```

该命令中 begin-time end-time 为时间段,可以是多个,可以用 undo settr 撤销时间段的设置。

3)显示设置时间段的命令

```
[Router]display timerange
```

4. ACL 组合应用

在华为路由器的 ACL 中有多条匹配准则,其定义的匹配顺序有两种。

(1)auto,深度优先,描述 IP 地址范围越小,将会越优先进行匹配。

(2)config,顺序优先,严格按照 ACL 中出现的顺序进行匹配。

如在 ACL 10 中有以下两个匹配。

```
rule deny 192.168.1.0
rule permit 192.168.1.2
```

如果匹配顺序为 auto,则 192.168.1.2 将被允许,因为 192.168.1.2 所表示的范围比 192.168.1.0 要小,根据深度优先的原则,其将先被匹配。

如果匹配顺序为 config,匹配顺序将严格按照 ACL 中出现的顺序。192.168.1.0 将先被匹配,该网络中的所有数据包将被拒绝,而 192.168.1.2 也将被拒绝。

5. 华为路由器的配置步骤

1)启用防火墙

2)定义基本或高级 ACL

3)在接口上应用 ACL

如果需要,还可以设置时间段。

6. 华为路由器配置基本 ACL 案例

案例如 9.3.2 节,配置步骤如下

```
[RouterB]firewall enable
[RouterB]acl number 2001
[RouterB - acl - basic - 2001]rule deny source 192.168.1.2 0.0.0.0
[RouterB - acl - basic - 2001]rule permit source 192.168.1.0 0.0.0.255
[RouterB - acl - basic - 2001]rule permit source 192.168.2.0 0.0.0.255
[RouterB]int Ethernet 0/0
[RouterB - Ethernet0/0]firewall packet - filter 2001 outbound
```

7. 华为路由器配置高级 ACL 案例

案例如 9.3.3 节,配置步骤如下。

```
[RouterA]firewall enable
[RouterA]acl number 3001
[RouterA - acl - adv - 3001]rule deny tcp source 192.168.1.2 0 destination 192.168.3.3 0
```

```
destination - port eq 21
[RouterA - acl - adv - 3001]rule permit tcp source 192.168.1.2 0 destination 192.168.3.2 0
destination - port eq 80
[RouterA - acl - adv - 3001]rule deny tcp source 192.168.2.0 0.0.0.255 destination 192.168.3.0
0.0.0.255
[RouterA - acl - adv - 3001]rule permit ip source any destination any
[RouterA]interface s1/0
[RouterA - Serial1/0]firewall packet - filter 3001 out
[RouterA - Serial1/0]firewall packet - filter 3001 outbound
```

9.5 地址转换简介

随着 Internet 的迅速发展,IPv4 地址短缺和即将耗尽已成为一个十分突出的问题,为了解决这一问题,出现了多种解决方案,如无类域间路由 CIDR、网络地址转换 NAT 等,其中 CIDR 的主要目的是为了有效地使用现有的 IP 地址资源,而 NAT 在目前的网络应用十分广泛,它基本上可用于所有的路由协议,且配置和管理比较方便、简单。

9.5.1 私有地址与公有地址

在以 TCP/IP 为通信协议的网络上,每台主机都必须拥有唯一的 IP 地址,该 IP 地址不但可以用来标识每一台主机,而且还可表示所在网络的信息。IP 地址共占用 32 位二进制数,分为 4 个 8 位组,每个 8 位组用一个十进制数来表示,用点把各个十进制数分隔开。

为了适合不同规模的网络需求,IP 地址被分为 A、B、C、D、E 5 大类,其中 A、B、C 类是可供 Internet 上的主机使用的 IP 地址,而 D、E 类是有特殊用途使用的 IP 地址。

公有 IP 地址(public address)由因特网地址授权委员会(IANA)负责分配,使用这些公有地址可以直接访问因特网,公有地址在因特网上是唯一的,不能重复。

私有地址(private address)属于非注册地址,专门为组织机构内部使用,因为这些网络不连接到因特网上,所以可以使用任何合法 IP 地址,但这些网络最终是要连接到因特网上,所以留出了三个地址空间作为私有地址,包括一个 A 类地址段、16 个 B 类地址段、256 个 C 类地址段,如表 9.9 所示,这些地址不能被路由到因特网上,因特网上的路由器将丢弃私有地址的数据包。

表 9.9 私有 IP 地址

类别	地址范围
A 类	10.0.0.0～10.255.255.255
B 类	172.16.0.0～172.31.255.255
C 类	192.168.0.0～192.168.255.255

9.5.2 地址转换原理

NAT 英文全称是 Network Address Translation,中文意思是"网络地址转换",它允许将多个内部地址映射成少数几个甚至一个公用 IP(Internet Protocol)地址出现在 Internet 上。顾名思义,它是一种把内部私有 IP 地址转换成合法公用 IP 地址的技术。

NAT 较好地解决了 IP 地址枯竭的问题,另外,它对外部网络较好地隐藏了内部网络的 IP 地址,从而也一定程度上提高了内部网络的安全性。

NAT 功能通常被集成到路由器、防火墙、ISDN 路由器或者单独的 NAT 设备中。这些设备通常处于内部网络和公共网络之间,所以 NAT 将网络分成内部网络和外部网络,一般情况下,内部网络是局域网,外部网络是 Internet。 如图 9.12 所示,在路由器中设置 NAT 功能,内部网络中主机 PC1 的 IP 地址为私有地址 192.168.1.2,当它向 Internet 发送数据时,数据包到达运行 NAT 的路由器时,该路由器根据 NAT 表将数据包中的 IP 地址 192.168.1.2 转换成合法的公有 IP 地址 210.92.9.50,完成对 Internet 的访问,同样,当因特网上的主机需要访问 PC1 时,它发出数据包中的 IP 地址是 210.92.9.50,再经过 NAT 路由器,其中的 IP 地址被转换成 192.168.1.2,就可以到达 PC1。

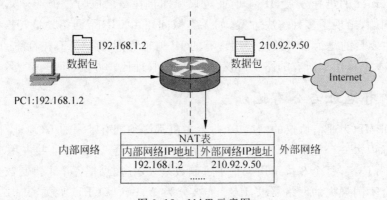

图 9.12　NAT 示意图

9.5.3　地址转换方式

1. NAT 中的地址类型

NAT 将网络中的 IP 地址分成内部地址和全局地址两大类,常用到的地址类型如下。

1) 内部本地地址(inside local address)

这个地址只能在内部网络中使用,不能被路由。通常使用的是私有地址。

2) 内部全局地址(inside global address)

由 NIC 或 ISP 分配的合法 IP 地址,对外通信时,代表一个或多个内部本地地址。

3) 外部全局地址(outside global address)

外部网络上主机的 IP 地址。这类地址不会向内部主机发布。

4) 外部本地地址(outside local address)

分配给外部主机的以用于 NAT 处理的 IP 地址,可以不是合法的公有地址。

在图 9.13 中,内部网络的主机 PC1 和因特网上的主机 PC2 通信,在图中出现了 4 个 IP 地址,其中主机 PC1 的 IP 地址 192.168.1.2 为内部本地地址,172.16.0.1 为主机 PC1 在内部网络所看到的主机 PC2 的 IP 地址,其为外部本地地址,219.219.90.30 为主机 PC2 在外部网络所看到的 PC1 的地址,其为内部全局地址,而主机 PC2 的 IP 地址 210.92.9.50 为外部全局地址。

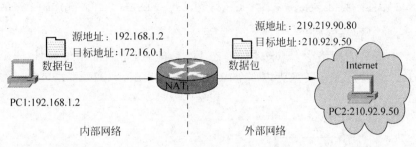

图 9.13　NAT 中地址类型示意图

2. NAT 地址转换方式

1）静态地址转换

将内部本地地址与内部全局地址进行一对一的转换。而且这种转换是永久性的,这种转换主要用在内部网络中的对外提供服务的服务器,如 Web、FTP、EMAIL 服务器等。这些服务器的 IP 地址必须采用静态 NAT,以供外部用户访问这些服务器。

静态 NAT 的缺点是需要独占宝贵的合法 IP 地址。如果某个合法 IP 地址已经被定义为 NAT 静态转换地址,在任何情况下该地址也不能被用作其他的地址转换。

2）动态地址转换

动态 NAT 中定义了包含多个内部全局地址的地址池,当内部主机需要进行地址转换时,就从地址池取出一个可用的地址供其内部本地地址进行转换,该地址是地址池中未被使用的地址排在最前面的一个。当通信结束时,路由器将把刚使用的内部全局地址收回,重新放入地址池,以供其他内部本地地址进行转换。但是动态 NAT 也是一对一的转换,在该地址被使用时,不能用该地址再进行一次转换。

3）端口地址转换(PAT)

动态地址转换实质上还是一对一的转换,即一个内部本地地址转换成一个内部全局地址,当一个内部全局地址被占用后,不能被用来再次转换。如果一个网络的内部全局地址很少,甚至只有一个时,这种转换的效率是很低的,因为在一段时间内只有一个内部主机可以访问外部网络。

端口地址转换的引入解决了上述问题,它能够把多个内部本地地址映射到一个内部全局地址上,通过该地址的不同的端口来区分不同的会话,端口地址转换仍属于动态地址转换。

9.5.4　地址转换的配置

1. Cisco 静态 NAT 配置步骤

1）在相应端口的端口配置模式下,指定其为内部端口,命令格式如下。

```
(config - if)♯ip nat inside
```

2）在相应端口的端口配置模式下,指定其为外部端口,命令格式如下。

```
(config - if)♯ip nat outside
```

3）全局配置模式下,内部本地地址和内部全局地址之间的静态转换关系命令格式如下。

(config)♯ip nat inside source static inside-local-address inside-global-address

4）静态 NAT 转换案例

在图 9.14 所示的网络中，要求进行静态 NAT 配置，将内部本地地址 192.168.1.2、192.168.1.3、192.168.1.4 转换为内部全局地址 210.28.39.2、210.28.39.3、210.28.39.4，配置步骤如下。

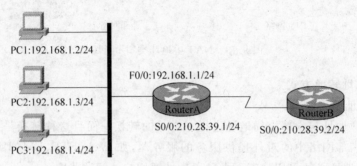

图 9.14　静态 NAT 案例图

```
RouterA♯configure terminal
RouterA(config)♯int s0/0
RouterA(config-if)♯ip address 210.28.39.1 255.255.255.0
RouterA(config-if)♯ip nat outside
RouterA(config)♯interface fastEthernet 0/1
RouterA(config-if)♯ip address 192.168.1.1 255.255.255.0
RouterA(config-if)♯ip nat inside
RouterA(config)♯ip nat inside source static 192.168.1.2 210.28.39.2
RouterA(config)♯ip nat inside source static 192.168.1.3 210.28.39.3
RouterA(config)♯ip nat inside source static 192.168.1.4 210.28.39.4
```

通过上述步骤完成静态 NAT 的配置，如果要确认配置是否正确，可以执行下面的命令。

```
RouterA♯show ip nat statistics
Total active translations: 3 (3 static, 0 dynamic; 0 extended)
Outside interfaces:
  Serial0/0
Inside interfaces:
  FastEthernet0/1
Hits: 0  Misses: 0
Expired translations: 0
Dynamic mappings:
RouterA♯show ip nat translations
Pro Inside global     Inside local       Outside local      Outside global
--- 210.28.39.2        192.168.1.2        ---                ---
--- 210.28.39.3        192.168.1.3        ---                ---
--- 210.28.39.4        192.168.1.4        ---                ---
```

2. 华为静态 NAT 配置步骤

1）静态 NAT 配置命令

[huawei-ethernet]nat server protocol protocol-number global global-addr inside inside-addr

2) 静态 NAT 配置案例

在图 9.14 的案例中,设 PC1 为 Web 服务器,PC2 为 FTP 服务器,其对应的内部全局地址分别为 210.28.39.2、210.28.39.3,静态 NAT 配置步骤如下。

```
[Router - Ethernet]nat server protocol 80 global 210.28.39.2 inside 192.168.1.2
[Router - Ethernet]nat server protocol 21 global 210.28.39.3 inside 192.168.1.3
```

9.5.5　使用地址池进行地址转换

1. Cisco 动态 NAT 的配置步骤

(1) 在相应端口的端口配置模式下,指定其为内部端口,命令格式如下。

```
(config - if) # ip nat inside
```

(2) 在相应端口的端口配置模式下,指定其为外部端口,命令格式如下。

```
(config - if) # ip nat outside
```

(3) 在全局配置模式下,定义地址池,命令格式如下。

```
(config) # ip nat pool name start - ip end - ip {netmask netmask|prefix - length prefix - length }
```

(4) 在全局配置模式下,定义一个标准 ACL,允许通过的 IP 地址进行地址转换,命令格式如下。

```
(config) # access - list access - list - number permint source source - wildcard
```

(5) 启动动态 NAT 转换,命令格式如下:

```
(config) # ip nat inside sourrce list access - list - number pool name[overload]
```

在此命令中如果选择 overload 则为 PAT 转换方式。

(6) 动态 NAT 转换案例。

如图 9.15 所示,路由器 RouterA 的 F0/0 端口接网络 192.168.1.0,其所有地址都为内部本地地址,S0/0 端口接 Internet,内部全局地址从 210.28.39.2 到 210.28.39.10 共 9 个,在 RouterA 设置动态 NAT,实现从内部本地地址到内部全局地址的动态转换。

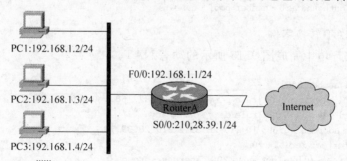

图 9.15　动态 NAT 案例图

配置步骤如下。

```
RouterA # configure terminal
RouterA(config) # int s0/0
RouterA(config - if) # ip address 210.28.39.1 255.255.255.0
```

访问控制列表与地址转换

```
RouterA(config-if)# ip nat outside
RouterA(config)# interface fastEthernet 0/1
RouterA(config-if)#  ip address 192.168.1.1 255.255.255.0
RouterA(config-if)# ip nat inside
RouterA(config)# ip nat pool hhit_pool 210.28.39.2 210.28.39.10 netmask 255.255.255.0
RouterA(config)# access-list 10 permit 192.168.1.0 0.0.0.255
RouterA(config)# ip nat inside source list 10 pool hhit_pool
```

(7) PAT 转换案例。

如图 9.15 所示 PC1 为 Web 服务器,PC2 为 FTP 服务器,在网络 192.168.1.0 中只允许这两台主机访问 Internet,全局 IP 地址只有一个即 210.28.39.2,要求在路由器 RouterA 上完成 PAT 的配置。

```
RouterA# configure terminal
RouterA(config)# int s0/0
RouterA(config-if)# ip address 210.28.39.1 255.255.255.0
RouterA(config-if)# ip nat outside
RouterA(config)# interface fastEthernet 0/1
RouterA(config-if)#  ip address 192.168.1.1 255.255.255.0
RouterA(config-if)# ip nat inside
RouterA(config)# ip nat pool hhit_pool 210.28.39.2 210.28.39.10 netmask 255.255.255.0
RouterA(config)# access-list 10 permit host 192.168.1.2
RouterA(config)# access-list 10 permit host 192.168.1.3
RouterA(config)# ip nat inside source list 10 pool hhit_pool overload
```

2. 华为地址池转换命令

(1) 定义一个访问控制列表,规定什么样的主机可以访问 Internet。

(2) 定义一个地址池,每个地址池中的地址必须是连续的,每个地址池内最多可定义 64 个地址。

```
[huawei]nat address-group start-addr end-addr pool-name
```

(3) 在接口上使用地址池方式进行地址转换。

```
[huawei]nat outbound acl-number pool-name
```

(4) 动态 NAT 转换案例。

在华为网络环境中完成图 9.15 所示的动态 NAT。

```
[RouterA]acl number 2001
[RouterA-acl-basic-2001]rule permit source 192.168.1.0 0.0.0.255
[RouterA-acl-basic-2001]rule deny source any
[RouterA]nat address-group 10 210.28.39.1 210.28.39.10
[RouterA]interface Serial 1/0
[RouterA-Serial1/0]nat outbound 2001 address-group 10
```

(5) PAT 转换案例。

在图 9.15 的案例中,设 PC1 为 Web 服务器,PC2 为 FTP 服务器,内部全局地址为 210.28.39.2,PAT 配置步骤如下。

```
[Router-Ethernet]nat server protocol 80 global 210.28.39.2 inside 192.168.1.2
[Router-Ethernet]nat server protocol 21 global 210.28.39.2 inside 192.168.1.3
```

9.5.6 地址转换的维护

利用前述命令完成 NAT 的配置,如何根据需要查看转换的结果,及对 NAT 进行相应的设置,需要使用如下命令。

1. Cisco NAT 维护命令

1) show ip nat translations

该命令用来查看 NAT 转换的条目,具体为内部全局地址和外部全局地址的对应关系,对静态 NAT 来说,这种对应关系是由管理员手工设置的,它永久地保存在 NAT 转换表中,对动态 NAT 来说,这种对应关系在内部主机需要对外进行通信时才产生,当通信结束后,这种对应关系被撤销,相应的内部全局地址也放回到地址池中供其他主机对外通信时转换使用。

2) debug ip nat

该命令用来显示 NAT 的转换过程,当内部主机要对外通信时,要被转换成相应的内部全局地址,在转换过程中,"->"表示转换成功,"s"表示数据包的源地址,"d"表示数据包的目标地址。

3) ip nat translations timeout

在默认情况下,动态 NAT 转换条目在 NAT 表中可以保持 24 小时(86 400 秒),如果想改变超时时间,可以使用本命令,其中 timeout 为新设置的超时时间,单位为秒。

2. 华为 NAT 维护命令

1) display nat

该命令的输出信息可以验证地址转换的配置是否正确。

2) 设置地址转换超时时间

```
nat aging - time{tcp|udp|icmp}seconds
nat aging - time default
```

默认情况下,TCP 地址转换有效时间为 240 秒,UDP 地址转换有效时间为 40 秒,ICMP 地址转换有效时间为 20 秒,可以使用 nat aging-time default 命令用来恢复地址转换超时时间的默认值。

3) nat reset

该命令可以用来清除 NAT 的映射表。

9.6 访问控制列表与地址转换典型案例

本节通过具体的案例来说明访问控制列表与地址转换的应用,如图 9.16 所示。在此网络中,路由器的快速以太网端口 F0/0、串行口 S0/0 的 IP 地址如图 9.16 所示,F0/0 接内部网,各 PC 的 IP 地址如图 9.16 所示,其中 PC1 为 Web 服务器,PC2 为 FTP 服务器,要求 PC3、PC4 可以访问 Internet,禁止网络内其他主机访问 Internet,公司申请了 210.28.39.1 至 210.28.39.3 三个 IP 地址,要求 Web 服务器、FTP 服务器采用静态 NAT,其他主机采用地址池方式,串行口 S0/0 接 Internet,只允许外部的 202.28.32.0 网络访问内部网。

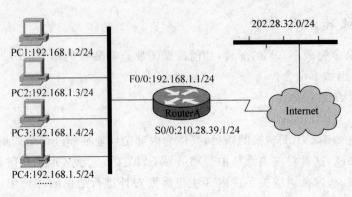

PC1:192.168.1.2/24

PC2:192.168.1.3/24

PC3:192.168.1.4/24

PC4:192.168.1.5/24

......

F0/0:192.168.1.1/24

RouterA

S0/0:210.28.39.1/24

Internet

202.28.32.0/24

图 9.16　综合案例图

1. Cisco 配置步骤

```
RouterA(config-if) # ip address 210.28.39.1 255.255.255.0
RouterA(config-if) # ip nat outside
RouterA(config-if) # clock rate 64000
RouterA(config-if) # exit
RouterA(config) # ip nat inside source static 192.168.1.2 210.28.39.2
RouterA(config) # ip nat inside source static 192.168.1.3 210.28.39.3
RouterA(config) # ip route 0.0.0.0 0.0.0.0 serial 0/0
RouterA(config) # access-list 10 permit host 192.168.1.2
RouterA(config) # access-list 10 permit host 192.168.1.3
RouterA(config) # access-list 10 permit host 192.168.1.4
RouterA(config) # access-list 10 permit host 192.168.1.5
RouterA(config) # interface fastEthernet 0/0
RouterA(config-if) # ip access-group 10 in
RouterA(config-if) # exit
RouterA(config) # access-list 11 permit host 192.168.1.4
RouterA(config) # access-list 11 permit host 192.168.1.5
RouterA(config) # ip nat inside source list 11 interface serial 0/0
RouterA(config) # access-list 20 permit 202.28.32.0 0.0.0.255
RouterA(config) # interface serial 0/0
RouterA(config-if) # ip access-group 20 in
```

2. 华为配置步骤

```
[RouterA]interface Serial 1/0
[RouterA-Serial1/0]ip address 210.28.39.1 255.255.255.0
[RouterA-Serial1/0]quit
[RouterA]firewall enable
[RouterA]firewall default permit
[RouterA]acl number 2001
[RouterA-acl-basic-2001]rule deny source any
[RouterA-acl-basic-2001]rule permit source 192.168.1.2 0
[RouterA-acl-basic-2001]rule permit source 192.168.1.3 0
[RouterA-acl-basic-2001]rule permit source 192.168.1.4 0
[RouterA-acl-basic-2001]rule permit source 192.168.1.5 0
[RouterA-acl-basic-2001]quit
[RouterA]acl number 2002
```

```
[RouterA - acl - basic - 2002]rule deny source any
[RouterA - acl - basic - 2002]rule permit source 202.28.32.0 0.0.0.255
[RouterA - acl - basic - 2002]quit
[RouterA]interface Ethernet 0/0
[RouterA - Ethernet0/0]firewall packet - filter 2001 inbound
[RouterA - Ethernet0/0]quit
[RouterA - Serial1/0]firewall packet - filter 2002 inbound
[RouterA - Serial1/0]nat outbound 2001
[RouterA - Serial1/0]nat server protocol 80 global 210.28.39.2 inside 192.168.1.2
[RouterA - Serial1/0]nat server protocol 21 global 210.28.39.3 inside 192.168.1.3
[RouterA]interface Serial 1/0
[RouterA]acl number 2003
[RouterA - acl - basic - 2003]rule permit source 192.168.1.4 0
[RouterA - acl - basic - 2003]rule permit source 192.168.1.5 0
[RouterA - acl - basic - 2003]quit
[RouterA]interface Serial 1/0
[RouterA]nat address - group 10 210.28.39.1 210.28.39.1
[RouterA - Serial1/0]nat outbound 2003 address - group 10
```

9.7 练   习

如图 9.17 所示为一公司的网络示意图,公司的内部网络为 192.168.2.0,其中 PC1 为 Web 服务器,PC2 为 FTP 服务器,通过 RouterA 接至因特网,并申请一个 IP 地址为 201.22.45.76,公司有一办事处,只有一台主机,其 IP 地址为 218.219.36.21,现要求完成以下配置。

(1) 公司内只允许 PC1 及 PC2 接入因特网。

(2) 办事处主机可以访问 Web 服务器及 FTP 服务器,禁止其他任何主机进行同样的访问。

(3) 通过 NAT 及 ACL 的配置实现上述功能。

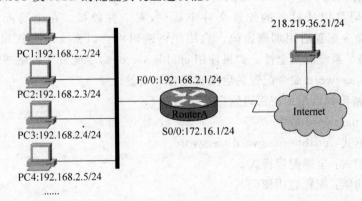

图 9.17   练习图

访问控制列表与地址转换

第 10 章　系 统 管 理

教学目标

(1) 通过介绍路由器、交换机系统管理的有关内容,加深对路由器、交换机原理和工作过程的理解。

(2) 通过学习密码设置与恢复和文件管理的配置,强化对相关概念和管理方法的认识,培养基本的动手能力和分析实验结果的能力。

10.1　密码的设置与恢复

网络设备的安全性是网络管理人员必须考虑的问题。有 5 个密码可以用来保护 Cisco 路由器,分别是控制台密码、辅助密码、远程登录密码、启用密码和启用加密密码。启用密码和启用加密密码用在从用户模式进入特权模式的过程中。控制台密码、辅助密码和远程登录密码用于从相应终端进入用户模式的过程中。由于交换机通常没有辅助接口,因此交换机没有辅助密码。

10.1.1　Cisco 网络设备密码的设置

1. 启用密码和启用加密密码

在全局配置模式下使用 enable password 命令配置启用密码,从而限制对特权模式的访问。但启用密码可以从设备的配置文件中看到,安全性较低。在全局配置模式下使用 enable secret 命令配置启用加密密码。启用加密密码将会以密文的形式出现在配置文件中,这样就提高了系统的安全性。如果使用 enable secret 命令配置了启用加密密码,那么原来使用 enable password 命令配置的启用密码将被覆盖。

配置启用密码和启用加密密码的命令总结如下。

1) enable password 命令

(1) 命令形式: enable password password。

(2) 命令模式: 全局配置模式。

(3) 命令功能: 配置启用密码。

2) enable secret 命令

(1) 命令形式: enable secret password。

(2) 命令模式: 全局配置模式。

(3) 命令功能: 配置启用加密密码。

例如,在 Cisco 路由器 RouteA 上配置启用密码和启用加密密码。

```
RouterA(config) # enable password cisco
RouterA(config) # enable secret cisco
```

配置了启用密码或启用加密密码后,从用户模式进入特权模式时需要输入正确的密码,否则将无法进入特权模式。需要说明的是,当网络管理人员将两个密码设置成相同的字符串时,系统将会给出提示,并建议进行修改。

2. 控制台密码和辅助密码

控制台密码和辅助密码用来防止未经授权的用户访问设备。配置控制台密码时,首先在全局配置模式下使用 line console 0 命令进入控制台线终端,然后使用 password 命令设置控制台密码。配置辅助密码时,首先在全局配置模式下使用 line aux 0 命令进入辅助端口线终端,然后使用 password 命令设置辅助密码。

配置控制台密码和辅助密码的命令总结如下。

1) line console 0 命令

(1) 命令形式: line console 0。

(2) 命令模式: 全局配置模式。

(3) 命令功能: 进入控制台线终端。

2) line aux 0 命令

(1) 命令形式: line aux 0。

(2) 命令模式: 全局配置模式。

(3) 命令功能: 进入辅助端口线终端。

3) password 命令

(1) 命令形式: password password。

(2) 命令模式: 线终端模式。

(3) 命令功能: 设置控制台密码或辅助密码。

例如,在 Cisco 路由器 RouteA 上配置控制台密码。

```
RouterA(config) # line console 0
RouterA(config - line) # password console
RouterA(config - line) # login
```

Login 命令的功能是启动登录。配置了控制台密码后,网络管理人员通过 Console 口使用本地终端方式登录路由器时,需要提供正确的控制台密码,否则将被拒绝登录。

3. 远程登录密码

远程登录密码用来实现对远程登录用户的权限验证。配置远程登录密码时,首先在全局配置模式下使用 line vty 命令进入远程登录会话,然后使用 password 命令设置远程登录密码。

配置远程登录密码的命令总结如下。

1) line vty 命令

(1) 命令形式: line vty 0 4。

(2) 命令模式: 全局配置模式。

(3) 命令功能: 进入远程登录线终端。

2) password 命令

(1) 命令形式: password password。

（2）命令模式：线终端模式。

（3）命令功能：设置远程登录密码。

例如，在 Cisco 路由器 RouteA 上配置远程登录密码。

```
RouterA(config) # line vty 0 4
RouterA(config - line) # password telnet
RouterA(config - line) # login
```

由于远程登录允许网络管理人员在远离网络设备的情况下进行登录，因此出于安全性考虑，在实际应用的网络中，应当配置远程登录密码。

4. 密码的加密

在默认情况下，只有启用加密密码是被加密的。当使用 show running-config 命令查看系统配置时，除启用加密密码外，控制台密码、辅助密码、远程登录密码和启用密码都将以明文的形式显示。

例如，在 Cisco 路由器 RouterA 上使用 show running-config 命令查看有关密码的信息。

```
RouterA # show running - config
Building configuration...
Current configuration : 948 bytes
!
version 12.2
!
hostname RouterA
!
enable secret 5 $ 1 $ 07do $ ibgPiKig6POaw4BkFhRfz.
enable password cisco
...
line con 0
    password console
    login
line aux 0
line vty 0 4
password telnet
    login
!
end
```

在全局配置模式下，使用 service password-encryption 命令可以将当前网络设备的各种密码进行加密处理。这样，使用 show running-config 命令将无法查看各种密码的明文，提高了网络设备的安全性。

service password-encryption 命令的描述如下。

（1）命令形式：service password-encryption。

（2）命令模式：全局配置模式。

（3）命令功能：将当前网络设备的各种密码进行加密处理。

例如，在 Cisco 路由器 RouterA 上使用 service password-encryption 命令进行密码

加密。

```
RouterA(config)# service password-encryption
RouterA(config)# exit
RouterA# show running-config
Building configuration...
Current configuration : 948 bytes
!
version 12.2
!
hostname RouterA
!
enable secret 5 $1$07do$ibgPiKig6POaw4BkFhRfz.
enable password cisco
...
line con 0
password 7 14141D051F0B262E
login
line aux 0
line vty 0 4
password 7 120D001B1C0E18
login
!
end
```

10.1.2 华为网络设备密码的设置

1. 用户级别密码

华为路由器和交换机的 super 命令用来实现用户级别的切换。用户级别指登录用户的分类,共划分为 4 个级别,与命令级别对应,不同级别的用户登录后,只能使用等于或低于自己级别的命令。

命令的级别分为参观级、监控级、系统级、管理级,简介如下。

(1) 参观级:网络诊断工具命令(ping,tracert)、从本设备出发访问外部设备的命令(包括 Telnet 客户端、SSH 客户端、RLOGIN)等,该级别命令不允许进行配置文件保存的操作。

(2) 监控级:用于系统维护、业务故障诊断等,包括 display、debugging 命令,该级别命令不允许进行配置文件保存的操作。

(3) 系统级:业务配置命令,包括路由和各个网络层次的命令,这些用于向用户提供直接网络服务。

(4) 管理级:关系到系统基本运行、系统支撑模块的命令,这些命令对业务提供支撑作用,包括文件系统、FTP、TFTP、XModem 下载、用户管理命令、级别设置命令、系统内部参数设置命令(非协议规定、非 RFC 规定)等。

为了防止未授权用户的非法侵入,在从低级别用户切换到高级别用户时,要进行用户身份验证,即需要输入高级别用户密码。super password 命令用来设置从低级别用户切换到高级别用户的密码。

切换用户级别和设置密码的命令如下。

1）super 命令

（1）命令形式：superi level。

（2）命令视图：用户视图

（3）命令功能：使用户从当前级别切换到指定的级别。

2）super password 命令

（1）命令形式：super password ［ level user-level ］｛ simple ｜ cipher ｝ password。

（2）命令视图：系统视图。

（3）命令功能：设置从低级别用户切换到高级别用户的密码。其中的参数 simple 表示设置明文密码；cipher 表示设置加密密码。

例如，在华为路由器 Quidway 上配置升级用户权限至 level 3 时的口令为 three。

```
[Quidway] super password level 3 simple three
```

2. 控制台密码、辅助密码和远程登录密码

与 Cisco 网络设备类似，华为网络设备也有控制台密码和辅助密码。华为网络设备设置控制台密码和辅助密码的有关命令如下。

1）user-interface console 0 命令

（1）命令形式：user-interface console 0。

（2）命令视图：系统视图。

（3）命令功能：进入控制台终端。

2）user-interface aux 0 命令

（1）命令形式：user-interface aux 0。

（2）命令视图：系统视图。

（3）命令功能：进入辅助端口。

3）user-interface vty 0 4 命令

（1）命令形式：user-interface vty 0 4。

（2）命令视图：系统视图。

（3）命令功能：进入远程登录终端。

4）authentication-mode 命令

（1）命令形式：authentication-mode ｛ password ｜ scheme ｜ none｝。

（2）命令视图：用户界面视图。

（3）命令功能：设置登录用户界面的验证方式。有三种验证方式可选，参数 password 表示进行本地密码验证方式，参数 scheme 代表进行本地用户名/密码验证方式，参数 none 代表不需要验证。VTY、AUX 类型用户界面验证方式为 password，其他类型用户界面验证方式为不需要验证。

5）local-user 命令

（1）命令形式：local-user user-name。

（2）命令视图：系统视图。

（3）命令功能：用来添加本地用户并进入本地用户视图。

6) password 命令

(1) 命令形式：password｛ simple ｜ cipher ｝password。

(2) 命令视图：本地用户视图。

(3) 命令功能：用来设置本地用户的密码。其中的参数 simple 表示设置明文密码；cipher 表示设置加密密码。

7) service-type 命令

(1) 命令形式：service-type｛ telnet ｜ ssh ｜ terminal ｜ pad ｝。

(2) 命令视图：本地用户视图。

(3) 命令功能：用来设置用户可以使用的服务类型。参数 telent 表示授权用户可以使用 Telnet 服务。参数 ssh 表示授权用户可以使用 SSH 服务。参数 terminal 表示授权用户可以使用 terminal 服务(即从 Console 口、AUX 口、Asyn 口登录)。默认 pad 表示授权用户可以使用 pad 服务。默认情况下，系统不对用户授权任何服务。

8) level 命令

(1) 命令形式：level level。

(2) 命令视图：本地用户视图。

(3) 命令功能：用来设置本地用户的优先级。level 为整数，取值范围 0～3。默认情况下，用户的优先级为 0。

例如，在华为路由器 Quidway 上配置远程登录用户名 huawei，加密密码 telnet，用户优先级为 2。

```
[Quidway] user - interface vty 0 4
[Quidway - ui - vty0 - 4] authentication - mode scheme
[Quidway] local - user huawei
[Quidway - luser - huawei] password cipher telnet
[Quidway - luser - huawei] service - type telnet
[Quidway - luser - huawei] level 3
```

10.1.3　密码的恢复

对于设置了启用密码或启用加密密码的网络设备，只有输入正确的密码，才能被允许进入特权模式。如果网络管理人员忘记了启用密码或启用加密密码，可以进行密码的恢复。下面以 Cisco 2600 系列路由器为例，介绍密码恢复的方法。

1. 配置寄存器

Cisco 路由器的密码恢复要修改配置寄存器。配置寄存器是位于 Cisco 路由器 NVRAM 中的一个 16 位软件寄存器。默认情况下，配置寄存器设置为从闪存中加载 Cisco IOS，并且从 NVRAM 中查找并加载启动配置文件。而网络管理人员所忘记的启用密码或启用加密密码就位于启动配置文件中。使用 show version 命令可以查看当前路由器的配置寄存器。

例如，在 Cisco 路由器 RouterA 上使用 show version 命令查看当前路由器的配置寄存器。

```
RouterA # show version
Cisco Internetwork Operating System Software
IOS (tm) C2600 Software (C2600 - I - M), Version 12.2(8)T10, RELEASE SOFTWARE (fc1)
...
```

```
ROM: System Bootstrap, Version 12.2(7r) [cmong 7r], RELEASE SOFTWARE (fc1)
RouterA uptime is 36 minutes
System returned to ROM by power－on
System image file is "flash:c2600－i－mz.122－8.T10.bin"
Cisco 2621XM (MPC860P) processor (revision 0x100) with 93184K/5120K bytes of memory.
Processor board ID JAE07220U7B (1586799066)
…
32K bytes of non－volatile configuration memory.
32768K bytes of processor board System flash (Read/Write)
Configuration register is 0x2102
```

默认情况下,路由器配置寄存器的值为 0x2102。

如果将路由器配置寄存器的值修改为 0x2142,路由器在启动过程中将忽略 NVRAM 中的启动配置文件,即网络管理人员可以在不输入启用密码或启用加密密码的情况下进入路由器的特权模式。

2. 密码恢复的过程

在 Cisco 路由器 RouterA 上进行密码恢复包括以下步骤。

1) 本地终端连接

计算机的串口通过适配器和全反线与路由器的 Console 口相连,并在计算机上启动终端软件(如超级终端 Hyper Terminal),准备登录路由器。

2) 中断路由器启动顺序,进入 ROM 监控模式

打开路由器电源开关,并按下 Ctrl 和 Break 组合键以中断路由器的启动顺序,进入 ROM 监控模式。此时的系统提示符为 rommon1＞。

3) 修改配置寄存器

在 ROM 监控模式下,使用 confreg 命令将配置寄存器的值修改为 0x2142。如下所示。

```
rommon1 > confreg 0x2142
rommon2 >
```

4) 重启动路由器

在 ROM 监控模式下,使用 reset 命令重启动路由器。如下所示。

```
rommon2 > reset
```

5) 查看并修改配置

重启动路由器后,不须输入密码即可进入路由器的特权模式。在特权模式下,可以使用 copy startup-config runnin-config 命令将启动配置文件复制为运行配置文件并查看和修改,也可以使用 enable secret 命令修改启用加密密码。

6) 恢复配置寄存器

修改密码后,使用 config-register 命令将配置寄存器修改为默认值。如下所示。

```
RouterA(config)♯ config－register 0x2102
```

7) 保存配置并重启动路由器

使用 copy runnin-config startup-config 命令保存所作的配置并重启动路由器即可完成密码的恢复。

华为路由器密码恢复的过程与 Cisco 路由器类似,包括本地终端连接、中断路由器启动顺序并进入 ROM 监控模式、清除密码和重启动路由器等步骤。

10.2　文件操作

Cisco 路由器的启动配置文件存放在 NVRAM 中,运行配置文件位于 RAM 中,IOS 映像文件存放在闪存中。除此之外,与路由器相连的 TFTP 或 FTP 文件服务器也可以存放配置文件和 IOS 映像文件。文件的操作主要通过 copy 命令来完成。

copy 命令描述如下。

(1) 命令形式:copy"源文件""目的文件"。

(2) 命令模式:特权模式。

(3) 命令功能:将"源文件"所指定的文件复制到"目的文件"所指定的文件。

10.2.1　配置文件的操作

1. 在当前设备上复制配置文件

copy 命令在特权模式下使用。使用 copy running-config startup-config 命令可以将运行配置文件复制为启动配置文件,实现对设备所作配置的保存。

例如,保存 Cisco 路由器 RouterA 所做的配置。

```
RouterA# copy running-config startup-config
Destination filename [startup-config]?
Building configuration...
[OK]
```

使用 copy startup-config running-config 命令可以将启动配置文件复制为运行配置文件。

例如,将 Cisco 路由器 RouterA 的启动配置文件复制为运行配置文件。

```
RouterA# copy startup-config running-config
Destination filename [running-config]?
937 bytes copied in 0.756 secs
```

2. 使用 TFTP 服务器复制配置文件

在实际应用的网络环境中,为了防止配置文件的丢失,通常会备份配置文件。使用 TFTP 服务器备份配置文件就是一种常见的做法。使用 TFTP 服务器备份配置文件前,需要一台运行 TFTP 服务器软件的计算机,即 TFTP 服务器,同时要确保路由器与 TFTP 服务器间可以实现应用层通信,如图 10.1 所示。

图 10.1　路由器与 TFTP 服务器的连接

系统管理

例如,将 Cisco 路由器 RouterA 的启动配置保存在 IP 地址为 10.10.3.18 的 TFTP 服务器中。

本操作包括以下步骤。

(1) 在 RouterA 的特权模式下输入 copy startup-config tftp。

(2) 按提示符要求输入用来保存配置文件的 TFTP 服务器的 IP 地址。

(3) 按提示符要求输入配置文件的名称。

整个操作过程如下所示。

```
RouterA# copy startup - config tftp
Address or name of remote host [ ]? 10.10.3.18
Destination filename [routera - confg]?
!!
815 bytes copied in 0.68 secs
```

在网络设备的配置过程中,为了提高效率,可以将 TFTP 服务器上保存的配置文件直接复制为路由器或交换机的启动配置。

例如,将保存在 IP 地址为 10.10.3.18 的 TFTP 服务器中的配置文件复制为 Cisco 路由器 RouterA 的启动配置。

本操作包括以下步骤。

(1) 在 RouteA 的特权模式下输入 copy tftp startup-config。

(2) 按提示符要求输入用来保存配置文件的 TFTP 服务器的 IP 地址。

(3) 按提示符要求输入配置文件的名称。

(4) 确认系统提供的配置文件名称。

整个操作过程如下所示。

```
RouterA# copy tftp startup - config
Address or name of remote host []? 10.10.3.18
Source filename []? routera - confg
Destination filename [startup - config]?
Loading routera - confg from 10.10.3.18 (via FastEthernet0/0): !
[OK - 815/1024 bytes]
[OK]
815 bytes copied in 27.456 secs (30 bytes/sec)
```

3. 删除配置文件

使用 erase startup-config 命令可以将 NVRAM 中的启动配置文件删除。

erase startup-config 命令描述如下。

(1) 命令形式:erase startup-config。

(2) 命令模式:特权模式。

(3) 命令功能:将 NVRAM 中的启动配置文件删除。

4. 不同 IOS 版本配置文件操作命令的差别

Cisco IOS 12.0 及其以后 IOS 版本在配置文件操作命令上与先前的 Cisco IOS 版本存在一定的差别。主要体现在对于文件的引用增加了与路径有关的信息。表 10.1 给出了 Cisco IOS 12.0 在配置文件操作命令上与 Cisco IOS 12.0 之前的差别。

表 10.1　Cisco IOS 12.0 在配置文件操作命令上与 Cisco IOS12.0 之前的差别

Cisco IOS 12.0 之前的命令	Cisco IOS 12.0 的命令
copy startup-config runnin-config	copy nvram：startup-config system：runnin-config
copy runnin-config startup-config	copy system：runnin-config nvram：startup-config
copy tftp startup-config	copy tftp：nvram：startup-config
copy tftp running-config	copy tftp：system：running-config
copy startup-config tftp	copy nvram：startup-config tftp：
copy running-config tftp	copy system：running-config tftp：
erase startup-config	erase nvram

5. 华为网络设备配置文件的操作

华为路由器和交换机也提供了针对配置文件的操作。与之相关的命令如下。

1）save 命令

（1）命令形式：save［ file-name | safely ］。

（2）命令视图：所有视图。

（3）命令功能：用来将当前配置信息到保存到存储设备中。参数 file-name 是保存的文件名,其扩展名必须为 cfg。参数 safely 表示采用安全的保存方式。

2）reset saved-configuration 命令

（1）命令形式：reset saved-configuration。

（2）命令视图：用户视图。

（3）命令功能：用来清除保存的路由器配置。此命令通常用在将一台已经使用过的路由器用于新的应用环境时。原有的配置文件不能适应新环境需求,需要对路由器重新配置,这时,可以在清除原配置文件后进行重新配置。

3）startup saved-configuration 命令

（1）命令形式：startup saved-configuration filename。

（2）命令视图：用户视图。

（3）命令功能：用来设置系统下次启动时使用的配置文件。设置完成后,系统下次启动时会以此文件作为启动文件。参数 filename 为下次启动时使用配置文件的文件名。

10.2.2　IOS 映像文件的操作

路由器、交换机的管理过程中,有时需要升级或恢复 Cisco IOS 映像文件。使用 TFTP 服务器是一种常见的管理 IOS 映像的方法。在升级或恢复 IOS 映像文件之前,应将现有 IOS 映像文件复制到 TFTP 服务器作为备份,以防止新的 IOS 映像文件无法正常工作。

默认情况下,路由器、交换机使用闪存来存储 IOS 映像文件。升级 IOS 映像文件时,需要将 IOS 映像文件从 TFTP 服务器复制到路由器、交换机的闪存中。

1. 准备工作

使用 TFTP 服务器备份或升级 IOS 映像文件之前,应进行以下工作。

（1）确保路由器、交换机可以访问 TFTP 服务器。

（2）确保 TFTP 服务器或闪存中有足够的空间来存放 IOS 映像文件。

（3）明确 TFTP 服务器的 IP 地址。

（4）明确 IOS 映像文件名及存放路径。

在升级 Cisco IOS 之前，应当验证闪存中有足够的空间来存放新的 IOS 映像文件。可以使用 show flash 或 show version 命令来验证闪存的容量。

例如，在 Cisco 路由器 RouterA 上使用 show flash 和 show version 命令来验证闪存的容量。

```
RouterA# show flash
System flash directory:
File Length    Name/status
 1 5248524     c2600 - i - mz.122 - 5d. bin
 2 839         n
[5249492 bytes used, 3139116 available, 8388608 total]
8192K bytes of processor board System flash (Read/Write)
```

从给出的结果可以看到，RouterA 闪存的总容量为 8 388 608 字节，其中的 5 249 492 字节已经使用，3 139 116 字节未被使用。

```
RouterA# show version
Cisco Internetwork Operating System Software
...
System image file is "flash:c2600 - i - mz.122 - 8.T10.bin"
cisco 2621 (MPC860) processor (revision 0x00) with 27648K/5120K bytes of memory.
...
32K bytes of non - volatile configuration memory.
8192K bytes of processor board System flash (Read/Write)
```

从给出的结果可以看到，路由器 RouterA 闪存的总容量为 8192KB，其中的 5120KB 已经使用。

经换算可知，8 388 608B 即 8192KB，5 249 492B 即 5120KB。两条命令显示的结果是相同的。show flash 命令和 show version 命令输出结果的主要差别是，show flash 命令显示所有闪存中的文件，show version 命令显示路由器正在使用的文件。

2. 备份 IOS 映像文件

将 IOS 映像文件备份到 TFTP 服务器要使用 copy flash tftp 命令，并按要求提供 IOS 映像文件名和 TFTP 服务器的 IP 地址。

例如，将 Cisco 路由器 RouteA 的启动配置保存到 IP 地址为 10.10.3.18 的 TFTP 服务器中。

本操作包括以下步骤。

（1）在路由器 RouteA 的特权模式下输入 copy flash tftp 命令。

（2）按提示符要求输入 IOS 映像文件的名称。

（3）按提示符要求输入用来保存 IOS 映像文件的 TFTP 服务器的 IP 地址。

（4）按提示符要求输入或确认保存后 IOS 映像文件的名称。

整个操作过程如下所示。

```
RouterA# copy flash tftp
Source filename []? c2600 - i - mz.122 - 5d. bin
Address or name of remote host []? 10.10.3.18
```

```
Destination filename [c2600 - i - mz.122 - 5d.bin]?
!!!!!!!!!!!!!!!!!!!!!!!!!!!!!!!!!!!!!!!!!!!!!!!!!!!!!!!!!!!!!!!!!!!!!!!
...
!!!!!!!!!!!!!!!!!!!!!!!!!!!!!!!!!!!!!!!!!!!!!!!!!!!!!!!!!!!!!!!!!!!!!!!!!
5248524 bytes copied in 46.844 secs (114098 bytes/sec)
```

3. 升级或恢复 IOS 映像文件

如果需要升级 IOS 或将 IOS 映像文件恢复到闪存中以替换被破坏的原文件,可以使用 copy tftp flash 命令将 IOS 映像文件复制到路由器或交换机的闪存中。此外,还要提供 TFTP 服务器的 IP 地址和复制到闪存中的 IOS 映像文件名。

例如,将保存在 IP 地址为 10.10.3.18 的 TFTP 服务器中的 IOS 映像文件复制到 Cisco 路由器 RouterA 的闪存中。

本操作包括以下步骤。

(1) 在路由器 RouteA 的特权模式下输入 copy tftp flash。

(2) 按提示符要求输入保存 IOS 映像文件的 TFTP 服务器的 IP 地址。

(3) 按提示符要求输入 TFTP 服务器中 IOS 映像文件的名称。

(4) 按提示符要求输入或确认保存后 IOS 映像文件的名称。

整个操作过程如下所示。

```
RouterA# copy tftp flash
Address or name of remote host []? 10.10.3.18
Source filename []?c2600 - i - mz.122 - 5d.bin
Destination filename [c2600 - i - mz.122 - 5d.bin]?
Loading c2600 - i - mz.122 - 5d.bin from 10.10.3.18 (via FastEthernet0/0): !!!!
!!!!!!!!!!!!!!!!!!!!!!!!!!!!!!!!!!!!!!!!!!!!!!!!!!!!!!!!!!!!!!!!!!!!!!!!!
...
!!!!!!!!!!!!!!!!!!!!!!!!!!!!!!!!!!!!!!!!!!!!!!!!!!!!!!!!!!!!!!!!!!!!!!!!!!
[OK - 5248524/8388608 bytes]
Verifying checksum... OK
5248524 bytes copied in 46.846 secs
```

10.2.3 Cisco IOS 文件系统

Cisco IOS 文件系统(简称 IFS)允许系统管理人员使用命令行方式操作路由器、交换机中的文件和目录。其命令形式和功能类似于 Windows/DOS 操作系统或 UNIX 操作系统的命令提示符。

IFS 的主要命令如下。

1) dir 命令

(1) 命令形式:dir。

(2) 命令模式:特权模式。

(3) 命令功能:查看 flash:/目录下的文件。

2) copy 命令

(1) 命令形式:copy <源文件> <目的文件>。

(2) 命令模式:特权模式。

（3）命令功能：将＜源文件＞所指定的文件复制到＜目的文件＞所指定的文件中。

3）delete 命令

（1）命令形式：delete ＜文件名＞。

（2）命令模式：特权模式。

（3）命令功能：删除指定的文件。

4）erase 命令

（1）命令形式：erase ＜文件名＞。

（2）命令模式：特权模式。

（3）命令功能：删除指定的文件。

5）format 命令

（1）命令形式：format ＜路径＞。

（2）命令模式：特权模式。

（3）命令功能：格式化指定的路径。

6）cd 命令

（1）命令形式：cd ＜路径＞。

（2）命令模式：特权模式。

（3）命令功能：进入给出的路径。

7）pwd 命令

（1）命令形式：pwd。

（2）命令模式：特权模式。

（3）命令功能：显示当前的工作目录。

8）mkdir 命令

（1）命令形式：mkdir ＜目录＞。

（2）命令模式：特权模式。

（3）命令功能：创建目录。

9）rmdir 命令

（1）命令形式：rmdir ＜目录＞。

（2）命令模式：特权模式。

（3）命令功能：删除目录。

需要说明的是，Cisco IOS 文件系统中的 delete、erase、format 等命令将破坏当前网络设备的现有文件，因此使用这些命令时一定要慎重，以免影响网络设备的正常工作。

第 11 章　路由模拟器 Boson NetSim

教学目标

通过对路由模拟器的学习与使用,掌握一种简便的进行网络拓扑设计及网络设备配置的方法,快速提高网络应用能力,进一步提高对网络的认识,增强动手和分析实验结果的能力。

11.1　模拟软件 Boson NetSim 5.13 使用简介

Boson NetSim 可以模拟路由器和部分交换机,而且可以根据需要定义网络拓扑并完成其配置,与真实的实验相比,使用 Boson NetSim 省去了用网线连接设备、频繁变换 console 线、不停地往返于各设备之间的环节。同时,Boson NetSim 的命令也和最新的 Cisco IOS 保持一致,它可以模拟出 Cisco 的部分中端产品。

11.1.1　Boson NetSim 的安装

第一步,首先准备好 Boson NetSim 5.13 软件,安装时执行 boson netSim 5.31.exe 程序,即开始进行安装,如图 11.1 所示,单击 Next 按钮,进入下一步。

第二步:询问是否同意遵守许可条款的协议,如图 11.2 所示,如果同意遵守协议,单击 Yes 按钮,进入下一步。

图 11.1　Boson Netsim 安装开始界面

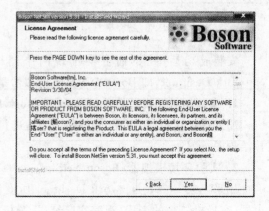

图 11.2　许可条款

第三步:选择安装路径,默认的安装路径为 C:\Program Files\Boson Software\Boson NetSim,如图 11.3 所示,如果想修改安装路径,单击 Browse 选择新的路径,单击 Next 按钮,进入下一步。

第四步:再次确认设置信息,如图 11.4 所示,单击 Next 按钮,进入下一步。

 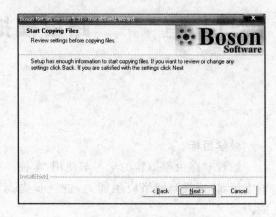

图 11.3 选择安装路径   图 11.4 再次确认界面

第五步:开始安装,如图 11.5 所示,安装过程中可单击 Cancel 按钮,取消安装。

第六步:安装成功,如图 11.6 所示,单击 Finish 按钮,结束安装过程。

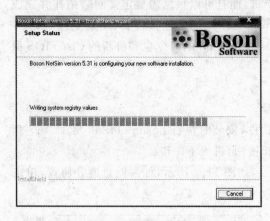 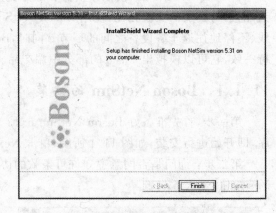

图 11.5 安装过程   图 11.6 安装结束

安装成功后,在桌面上会出现两个图标,一个是 Boson NetSim,另一个是 Boson Network Designer,即 Boson NetSim 模拟器是由这两部分组成的,其功能如下。

1. 实验拓扑图设计软件(Boson Network Designer)

用来选择设备(路由器、交换机、PC),进行设备之间的连线,绘制实验所需要的网络拓扑结构图。

2. 实验环境模拟器(Boson NetSim)

用来完成 Boson Network Designer 所设计或本软件自带网络拓扑的配置,可以实现路由器、交换机、PC 的配置,观察实验结果,分析并解决实验过程中所出现的问题。

11.1.2 Boson NetSim 的注册

Boson NetSim 是一个收费软件,经过上述步骤安装的是演示版,还要经过注册才能使用,注册步骤如下。

　　第一步:当首次运行 Boson NetSim 时,出现如图 11.7 所示的界面,单击 Register Demo Now 按钮开始注册过程。

　　第二步:选择网络拓扑及 I Agree to the Boson End-User License Agreement,如图 11.8 所示,单击 Next 按钮,进入下一步。

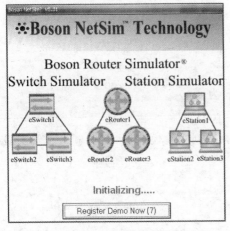

图 11.7　注册开始界面

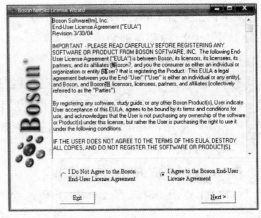

图 11.8　询问是否接受协议

　　第三步:在如图 11.9 所示界面中,按要求输入正确信息,电子邮件前后要一致。单击 Next 按钮,进入下一步。

　　第四步:在如图 11.10 所示界面中选择信用卡支付,输入正确信息,单击 Submit Order 按钮完成注册。

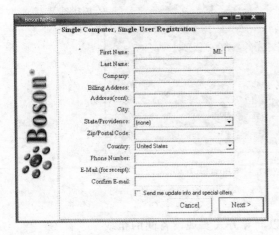

图 11.9　用户信息输入界面

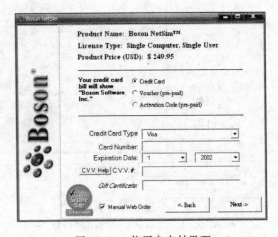

图 11.10　信用卡支付界面

11.1.3　Boson NetSim 的使用

　　在实际的网络实验中,一般需要两个步骤,一是网络拓扑的设计,二是网络设备的配置。Boson NetSim 很好地模拟上述两个步骤,即用 Boson Network Designer 模拟实现网络拓扑的绘制。Boson NetSim 实现网络设备的配置,下面介绍 Boson Network Designer 的界面及使用方法。

1. Boson Network Designer 的界面

执行 Boson Network Designer 程序,主界面如图 11.11 所示,主要包括菜单栏、设备及连接线列表区、设备信息区、拓扑图绘制区。

1) 菜单栏

菜单栏主要有 File(文件)、Wizard(向导)、Help(帮助)菜单。

(1) File(文件)菜单的命令如下:

- New:新建一个网络拓扑。
- Open:打开一个已存在拓扑图(文件扩展名为 top)。
- Save:保存在绘制的拓扑图(文件扩展名为 top)。
- Load Netmap into the Simulator:加载拓扑图到实验模拟器,要求事先打开实验模拟器 Boson NetSim。
- Print:把当前拓扑图打印输出。
- Exit:退出 Boson Network Designer。

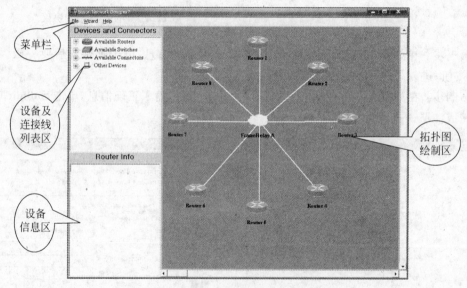

图 11.11　Boson Network Designer 主界面

(2) Wizard 菜单的命令如下。

- Make Connection Wizard:布线向导,以向导方式实现设备间的布线。
- Add Device Wizard:添加设备向导。

(3) Help 菜单下的命令如下。

- Help Topics:帮助主题,打开帮助文档,可以选择以目录、索引、搜索方式查看相关帮助信息。
- Legend:图例,说明拓扑图中布线的颜色,黑色为串口线、蓝色为以太网线、白色为帧中继线、红色为 ISDN 线等,如图 11.12 所示。

- User Manual:用户手册,打开并显示 NetSim 用户手册。
- About:显示本软件的版本信息。

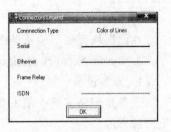

图 11.12　图例界面

2) 设备及连接线列表区

本区域主要提供以下设备和连接线供绘制实验拓扑图使用。

(1) Available Routers 可用路由器。

800 系列(801、802、803、804、805、808)

1000 系列(1003、1004、1005)

1600 系列(1601、1602、1603、1604、1605)

1700 系列(1710、1720、1721、1750、1751、1760)

2500 系列 (2501、2502、2503、2504、2505、2507、2509、2513、2514、2515、2516、2520、2521、2522、2523)

2600 系列(2610、2611、2620、2621)

3600 系列(3620、3640)

4500 系列(4500)

(2) Available Switches 可用交换机。

1900 系列(1912)

2900 系列(2950)

3500(3550)

(3) Available Connectors 可用连接线。

Ethernet:以太网线

Serial:串行口线

ISDN:ISDN 线

(4) Other Devices 其他设备。

PC(操作系统为 Win98)

在利用 Boson NetSim 进行模拟实验时,不同型号的路由器在性能和功能上是完全相同的,当然,不同型号的路由器在接口的固定配置和模块配置(引用接口方式不同)、普通以太网接口和快速以太网接口、接口的类型和数量上还是不同的。这样在做模拟实验时,只要能满足实验要求,应该尽可能选择简单、接口数量少的路由器。对模拟实验中,交换机同样满足上述原则。

3) 设备信息区

当在设备及连接线区选中连接线时,在设备信息区会显示该连接线的说明,当选中一个设备时,在设备信息区会列出所选设备的各项参数,如接口类型和接口数量。如图 11.13 所示为选中路由器 801 后所显示的信息,在表中可以看出,801 路由器只有两个以太网接口,而没有其他接口。当我们需要绘制实验拓扑图时,可以在此查看设备的参数、选择满足需要的设备、完成拓扑图的连接,并最终完成配置,达到预

Model: 801

Ports:
Ethernet: 1 Serial: 0
Bri: 1 Token: 0
Fast Ethernet: 0
Gigabit Ethernet: 0

图 11.13　设备信息区

期的目标。

4）拓扑图绘制区

在此区域完成实验拓扑图的绘制，也能够用来显示已存在的实验拓扑图。

2. Boson Network Designer 的使用

1）添加设备

设备是网络实验中最重要的元素之一，在此可添加路由器、交换机、PC。添加设备有以下两种方法。

（1）通过设备及连接线区。

当在设备区选择好合适的设备后，通过拖动的方式将其拖到绘制区，这时系统会提示给该设备命名，如图 11.14 所示，可以用默认的名字，路由器名默认为 RouterX，交换机名默认为 Switch X，PC 默认为 PC X（其中 X 为在本拓扑图中该类设备添加的顺序，分别为 1,2,3,…）。

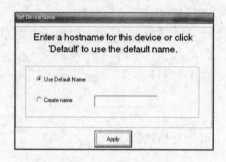

图 11.14　设备命名界面

如果添加的是一个模块化设备，系统会提示选择模块，如图 11.15 所示为添加路由器 3620 后所出现的界面，在相应的模块中选择不同的端口组合，如在 Slot 1 Options 中选择 4 Serial，然后单击 OK 按钮完成本设备的添加，如图 11.16 所示。

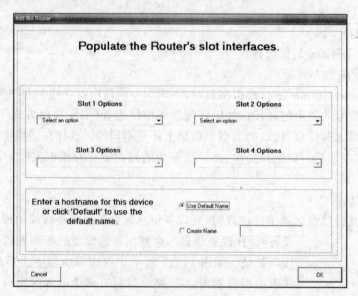

图 11.15　模拟化设备初始界面

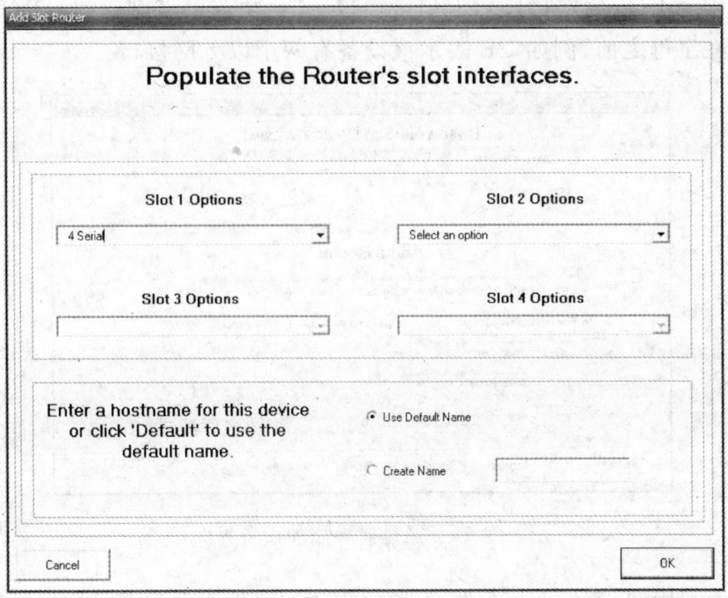

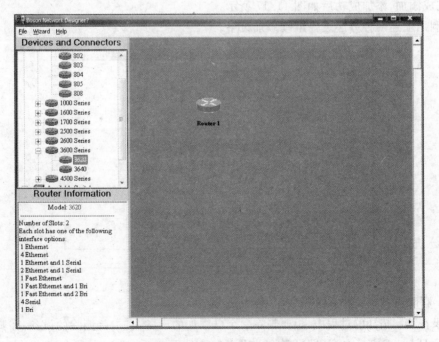

图 11.16　选择相应模块后的界面

添加成功如图 11.17 所示。

图 11.17　成功添加设备界面

（2）通过添加设备向导。

执行 Wizard|Add Device Wizard 命令，出现如图 11.18 所示的界面。

第一步：在此可以选择所添加设备的种类，根据需要可以选择路由器、交换机或 PC。

第二步：可按设备类型编号或接口类型查找，查找过程中可以显示设备接口的类型和

网络管理技术与实践教程

数量。类型分别为 E(以太网接口)、S(串行接口)、Fe(快速以太网接口)、B(ISDN 接口),相应接口的数量在字母之前,例如,2E 表示该设备有两个以太网接口。

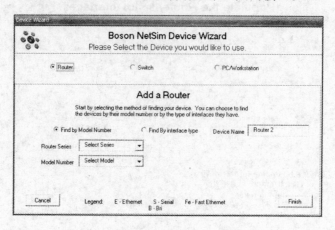

图 11.18　通过向导添加设备界面

图 11.19 为利用向导添加 805 路由器的界面,在设备中选择 Router,查找方式选择 Find by Model Number(以设备类型编号),在相应的下拉列表中选择 800、805-2E,在 Device Name 后的文本框中可输入该设备的名字(如果不输入则用其默认名),单击 Finish 按钮,完成添加,添加成功后如图 11.17 所示。

可利用上述两种方法之一继续添加设备。

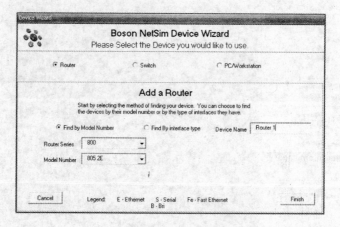

图 11.19　利用向导选择设备界面

(3) 删除设备

如果在绘制拓扑的过程中,想要删除一个已添加的设备,右击待删除的设备,在弹出的菜单中执行 Delete Device 命令,即可删除,如图 11.20 所示。

2) 布线

在设计实验拓扑过程中,当完成了设备的添加后,还要在设备之间进行布线,布线有 3 种方式,下面分别介绍。

(1) 在设备及连接线列表区选择连接线。

图 11.20　删除设备界面

如图 11.21 所示,在拓扑图绘制区已添加了两个 805 路由器,每个路由器有一个以太网接口,一个串行接口,现在要通过串行口线把两者连起来。

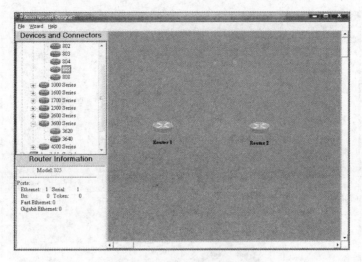

图 11.21　进行布线前的界面

第一步,在可用连接线区选择 Serial 用鼠标拖至绘图区,出现如图 11.22 的界面,选中 Point to Point Serial connection,单击 Next 按钮进入下一步。

第二步,在图 11.23 所示的界面,在 Availbale Devices 下的方框中选中 Router 1,在 Serial Interfaces 下的方框中选中 Serial 0,单击 Next 按钮进入下一步。

第三步,继续在如图 11.24 所示界面中选择 Router 2 和 Serial 0,单击 Finish 按钮完成添加。同时要选择此串行线某一端的路由器作为 DCE 设备。

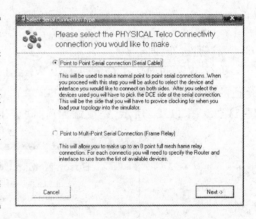

图 11.22　添加点到点的串行连接

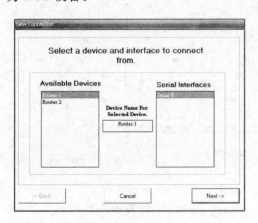

图 11.23　选择设备及串口

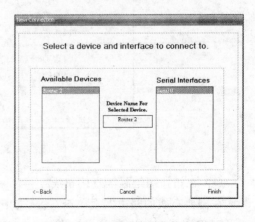

图 11.24　选择对端的设备及串口

路由模拟器 *Boson NetSim*

添加完成出现如图 11.25 的界面,在两个路由器间出现了一根黑色线,根据图 11.12 可知,这就是 Serial 线。

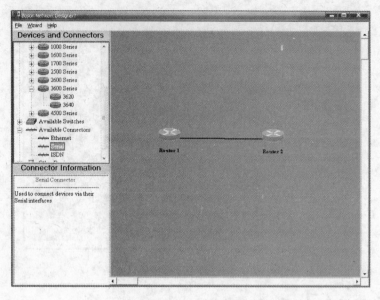

图 11.25　连线后的界面

（2）通过布线向导。

执行 Wizard|Make Connection Wizard 命令,出现如图 11.26 所示界面,根据需要选择合适的连接线。在本例中选择 Serial,单击 Next 按钮进入下一步。其余步骤如图 11.22、图 11.23、图 11.24 所示,完成添加后,同样出现如图 11.25 所示的结果。

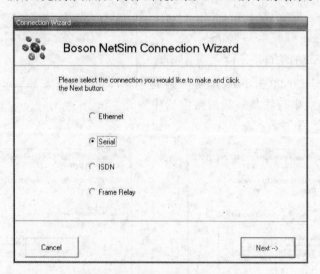

图 11.26　利用向导布线的界面

（3）在拓扑图绘制区直接布线。

在需要布线的路由器上单击右键,选中 Add Connection to,选择要添加连线的端口,在本例中单击 Serial 0,如图 11.27 所示。同样出现如图 11.22 所示的界面,以下步骤同

图 11.23、图 11.24 所示,结果如图 11.25 所示。

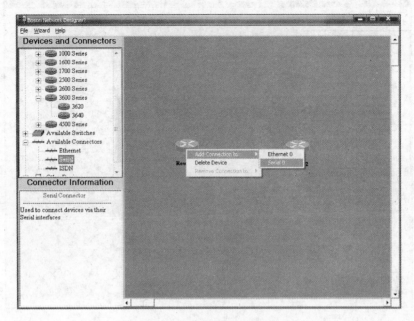

图 11.27　直接布线界面

（4）布线的删除。

如果在实验拓扑图中需要删除某根布线,单击右键其两端的任一设备,执行 Remove Connection to:命令,继续选择要删除的布线,即可完成删除。如图 11.28 所示为在本例中删除上例所添加的串行线。

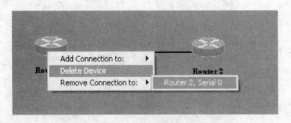

图 11.28　删除连线的界面

11.1.4　Boson Network Designer 的应用实例

完成附录中的实验拓扑图的绘制。

1. 运行 Boson Network Designer 软件

出现如图 11.29 所示的界面。

2. 添加设备

遵照前述设备选择原则,R1、R3 选择 2514,R2 选择 2501,用鼠标将其分别拖至绘图区,并分别命名为 RouterA、RouterB、RouterC,如图 11.30 所示。在附录实验中 RouterA、RouterC 用的快速以太网接口在此用以太网接口代替,两者的配置过程除了接口名不同外,其余的配置及结果完全一致。

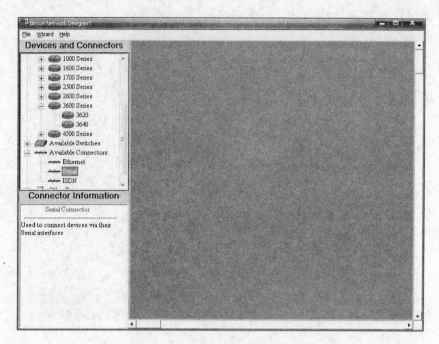

图 11.29　Boson Network Designer 主界面

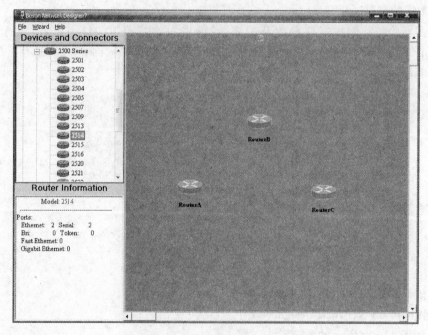

图 11.30　添加相应设备后的界面

3. 完成布线

　　在路由器 R1 上单击右键，执行 Add Connection to：命令，继续选择 Serial 0，如图 11.31 所示，出现如图 11.32 所示界面，选择路由器 R2 的 Serial 0，单击 Finish 按钮完成 R1 和 R2 间的连接，并选择 RouterA Serial 0 作为 DCE 设备，如图 11.33 所示。

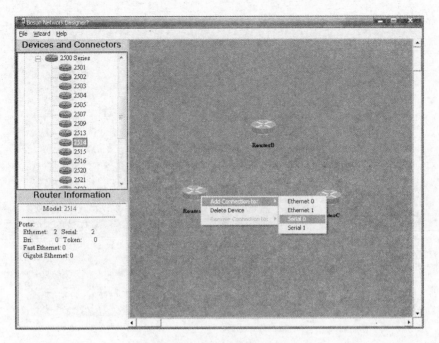

图 11.31 设备之间布线界面一

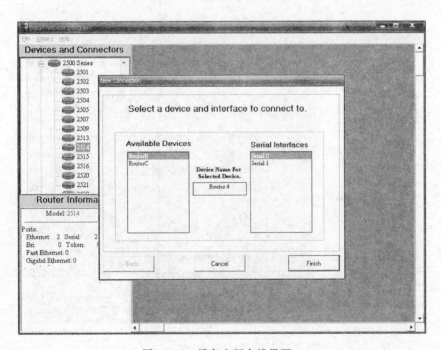

图 11.32 设备之间布线界面二

用同样的方法完成 RouterB 和 RouterC 间的串行连接(RouterB 的 Serial 1 作为 DCE 设备)、RouterA 和 RouterC 之间的以太网连接。最终可以得到如图 11.34 的实验拓扑图。

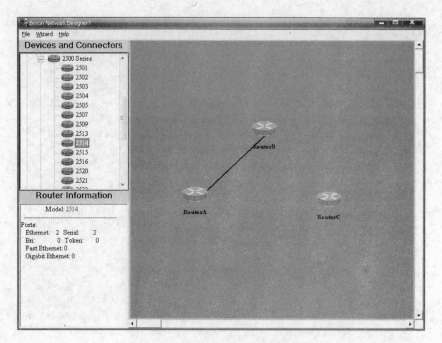

图 11.33　布线完成界面

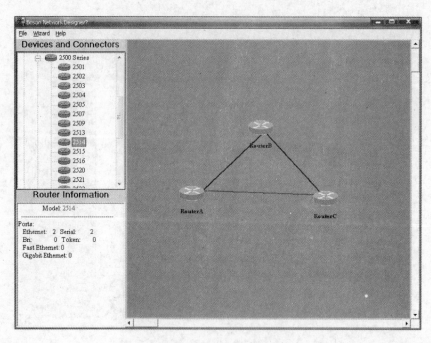

图 11.34　所有布线完成界面

4. 保存

执行菜单命令 File|Save，出现图 11.35 所示界面，选择保存路径（一般用默认路径）和文件名（文件扩展名为 top），在此以 shiyan 命名，单击"保存"按钮完成保存。

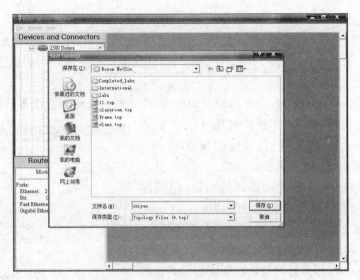

图 11.35   保存文件界面

11.2   模拟器上的路由器配置

　　Boson Network Designer 软件实现的是实验拓扑图的绘制,如果要继续完成设备的配置就需要在 Boson NetSim 中实现了,本节以路由器为例介绍 Boson NetSim 的应用,其他设备和路由器的配置过程基本一致,在此就不一一赘述了。

　　路由模拟器 Boson NetSim 可以在 PC 上模拟路由器、交换机的配置过程,可以实现路由器及交换机的配置、查看运行结果、分析配置中的错误、诊断运行的协议等。

11.2.1   Boson NetSim 的界面

　　路由模拟器 Boson NetSim 的运行界面如图 11.36 所示,主要分为菜单栏、工具栏及配置区三部分。

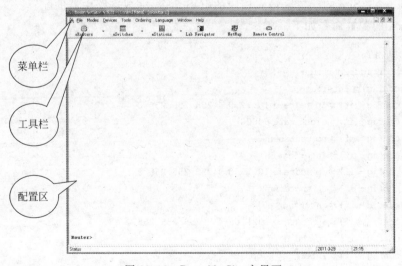

图 11.36   Bosn NetSim 主界面

1. 菜单栏

菜单栏主要包括文件菜单、模式菜单、设备菜单、工具菜单、注册菜单、语言菜单、窗口菜单、帮助菜单。菜单命令在此就不一一说明了,某些菜单命令在使用时再做说明。

2. 工具栏

前三个按钮 eRouters、eSwitchs、eStations 能够用来完成待配置设备的快速切换(分别实现路由器、交换机、PC 的切换),如图 11.37 所示为当完成 Router R1 的配置后,要继续配置 Router R2,就可以用单击工具栏 eRouters 按钮,在弹出的菜单中选择 R2,就可以完成设备间的切换,用同样的方法可以完成在交换机、PC 之间的切换。

第 4 个按钮 Lab Navigator 用来打开实验导航器,第 5 个按钮 NetMap 可显示本实验的拓扑图,第 6 个按钮 Remote Control 用来打开远程控制面板。其功能及使用在此就不一一说明了。

图 11.37　路由设备切换按钮

3. 配置区

配置区为实现设备配置的界面,可以完成设备的配置命令、观察设备的信息输出,界面和"超级终端"一致。

11.2.2　路由模拟器 Boson NetSim 中接口的配置

执行 File|Load Netmap 命令,打开要配置的实验拓扑图,实验拓扑图事先已用 Boson Network Designer 绘制好,或是系统自带,在此以附录中的案例为例。

路由器端口的配置如下。

1. RouterA 的配置

由工具栏的相应按钮选择设备,在此以路由器为例,如果当前路由器就是 RouterA,不需切换,否则单击 eRouters 按钮选择 RouterA。

在 Boson NetSim 的配置区输入相应的 IOS 命令,完成本路由器的配置。

RouterA 的配置命令如下。

```
Router > enable
Router # configure terminal
Router(config) # interface s0
Router(config - if) # ip address 10.12.0.1 255.255.255.0
Router(config - if) # clock rate 64000
Router(config - if) # no shutdown
Router(config - if) # interface e1
Router(config - if) # ip address 10.13.0.1 255.255.255.0
Router(config - if) # no shutdown
Router(config - if) # interface e0
Router(config - if) # ip address 192.168.1.1 255.255.255.0
Router(config - if) # no shutdown
Router(config - if) # interface loopback1
Router(config - if) # ip address 172.16.1.1 255.255.255.0
```

部分命令实现如图 11.38 所示。

图 11.38　路由器 RouterA 基本配置界面

2. RouterB 的配置

单击工具栏 eRouters 按钮切换到 RouterB,配置过程同 RouterA。
RouterB 配置命令如下。

```
Router > enable
Router # configure terminal
Router(config) # interface s0
Router(config - if) # ip address 10.12.0.2 255.255.255.0
Router(config - if) # no shutdown
Router(config - if) # interface s1
Router(config - if) # ip address 10.23.0.2 255.255.255.0
Router(config - if) # clock rate 64000
Router(config - if) # no shutdown
Router(config - if) # interface loopback2
Router(config - if) # ip address 172.16.2.2 255.255.255.0
```

部分命令实现如图 11.39 所示。

3. RouterC 的配置

单击工具栏 eRouters 按钮切换到 RouterC,配置过程同 RouterA。
RouterC 配置命令如下。

```
Router > enable
Router # configure terminal
Router(config) # interface s0
Router(config - if) # ip address 10.23.0.3 255.255.255.0
Router(config - if) # no shutdown
Router(config - if) # interface e1
```

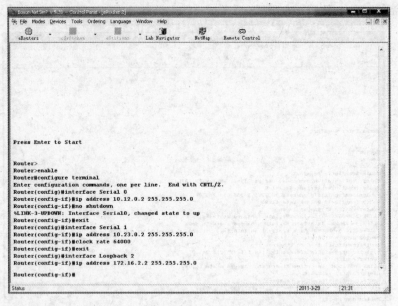

图 11.39　路由器 RouterB 基本配置界面

Router(config - if) # ip address 10.13.0.3 255.255.255.0

Router(config - if) # no shutdown

Router(config - if) # interface e0

Router(config - if) # ip address 192.168.3.1 255.255.255.0

Router(config - if) # no shutdown

Router(config - if) # interface loopback3

Router(config - if) # ip address 172.16.3.3 255.255.255.0

部分命令实现如图 11.40 所示。

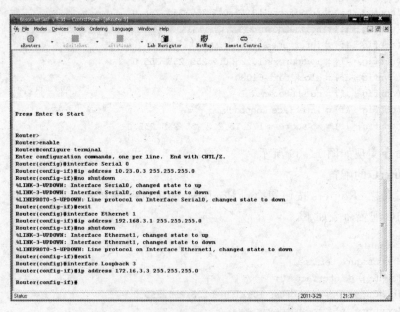

图 11.40　路由器 RouterC 基本配置界面

11.3 模拟器上路由配置

在 11.2 节使用 Boson NetSim 对实验中的路由器进行了基本配置,要实现路由器的路由功能,还需进行路由配置,本节将用 Boson NetSim 模拟实现静态路由、RIP 路由、单区域 OSPF 路由,有关路由协议的原理与命令在前面有关章节已经介绍,在本节主要介绍在模拟器中如何实现路由。

11.3.1 模拟器上的静态路由配置

1. RouterA 静态路由的配置

单击 eRouters 按钮选择 RouterA,打开 RouterA 的配置界面,如图 11.36 所示。

1)静态路由配置

配置命令如下。

```
Router#configure terminal
Router(config)#ip route 10.23.0.0 255.255.255.0 10.12.0.2
Router(config)#ip route 192.168.3.0 255.255.255.0 10.13.3.1
```

模拟器实现如图 11.41 所示。

```
Router#conf t
Enter configuration commands, one per line.  End with CNTL/Z.
Router(config)#ip route 10.23.0.0 255.255.255.0 10.12.0.2
Router(config)#ip route 192.168.3.0 255.255.255.0 10.13.3.1

Router(config)#
```

图 11.41 路由器 RouterA 静态路由配置命令

2)查看路由

在特权模式下执行 show ip route 命令,如图 11.42 所示,可以看到静态路由已配置成功。

```
Router#show ip route
Codes: C - connected, S - static, I - IGRP, R - RIP, M - mobile, B - BGP
       D - EIGRP, EX - EIGRP external, O - OSPF, IA - OSPF inter area
       E1 - OSPF external type 1, E2 - OSPF external type 2, E - EGP
       i - IS-IS, L1 - IS-IS level-1, L2 - IS-IS level-2, * - candidate default
       U - per-user static route

Gateway of last resort is not set
C       172.16.1.0/24 is directly connected, Loopback1
C       10.12.0.0/24 is directly connected, Serial0
C       10.13.0.0/24 is directly connected, Ethernet1
S       10.23.0.0/24 [1/0] via 10.12.0.2
S       192.168.3.0/24 [1/0] via 10.13.3.1

Router#
```

图 11.42 路由器 RouterA 上查看路由配置情况

2. RouterB 静态路由的配置

单击 eRouters 按钮切换到 RouterB,进行 RouterB 的静态路由配置。

1)静态路由配置

配置命令如下。

```
Router # configure terminal
Router(config) # ip route 10.13.0.0 255.255.255.0 10.12.0.1
Router(config) # ip route 192.168.1.0 255.255.255.0 10.12.0.1
Router(config) # ip route 192.168.3.0 255.255.255.0 10.23.0.3
```

模拟器实现如图 11.43 所示。

```
Router#configure terminal
Enter configuration commands, one per line.  End with CNTL/Z.
Router(config)#ip route 10.13.0.0 255.255.255.0 10.12.0.1
Router(config)#ip route 192.168.1.0 255.255.255.0 10.12.0.1
Router(config)#ip route 192.168.3.0 255.255.255.0 10.23.0.3
```

图 11.43 路由器 RouterB 静态路由配置命令

2) 查看路由

在特权模式下执行 show ip route 命令,如图 11.44 所示,可以看到静态路由已配置成功。

```
Router#show ip route
Codes: C - connected, S - static, I - IGRP, R - RIP, M - mobile, B - BGP
       D - EIGRP, EX - EIGRP external, O - OSPF, IA - OSPF inter area
       E1 - OSPF external type 1, E2 - OSPF external type 2, E - EGP
       i - IS-IS, L1 - IS-IS level-1, L2 - IS-IS level-2, * - candidate default
       U - per-user static route

Gateway of last resort is not set
C       172.16.2.0/24 is directly connected, Loopback2
S       10.13.0.0/24 [1/0] via 10.12.0.1
S       192.168.1.0/24 [1/0] via 10.12.0.1
S       192.168.3.0/24 [1/0] via 10.23.0.3
C       10.12.0.0/24 is directly connected, Serial0
C       10.23.0.0/24 is directly connected, Serial1
```

图 11.44 路由器 RouterB 上查看路由配置情况

3. RouterC 静态路由的配置

单击 eRouters 按钮切换到 RouterC,进行 RouterC 的静态路由配置。

1) 静态路由配置

配置命令如下。

```
Router # configure terminal
Router(config) # ip route 10.12.0.0 255.255.255.0 10.13.0.1
Router(config) # ip route 192.168.1.0 255.255.255.0 10.13.0.1
```

模拟器实现如图 11.45 所示。

```
Router#configure terminal
Enter configuration commands, one per line.  End with CNTL/Z.
Router(config)#ip route 10.12.0.0 255.255.255.0 10.13.0.1
Router(config)#ip route 192.168.1.0 255.255.255.0 10.13.0.1
```

图 11.45 路由器 RouterC 静态路由配置命令

2) 查看路由

在特权模式下执行 show ip route 命令,如图 11.46 所示,可以看到静态路由已配置成功。

```
Router#sh ip route
Codes: C - connected, S - static, I - IGRP, R - RIP, M - mobile, B - BGP
       D - EIGRP, EX - EIGRP external, O - OSPF, IA - OSPF inter area
       E1 - OSPF external type 1, E2 - OSPF external type 2, E - EGP
       i - IS-IS, L1 - IS-IS level-1, L2 - IS-IS level-2, * - candidate default
       U - per-user static route

Gateway of last resort is not set
C      172.16.3.0/24 is directly connected, Loopback3
C      10.13.0.0/24 is directly connected, Ethernet1
C      10.23.0.0/24 is directly connected, Serial0
S      10.12.0.0/24 [1/0] via 10.13.0.1
S      192.168.1.0/24 [1/0] via 10.13.0.1
```

图 11.46　路由器 RouterC 上查看路由配置情况

4. 检查路由器的连通性

用 ping 命令在各个路由器 ping 非直连网络的 IP 地址,可以检查路由是否正确配置。

如图 11.47 所示为在 RouterA 上执行 ping 10.23.0.2 命令,结果是可以 ping 通,说明这部分静态路由正确。同样也可以在 RouterB、RouterC 上用 ping 检查静态路由的正确性。

```
Router#ping 10.23.0.2

Type escape sequence to abort.
Sending 5, 100-byte ICMP Echos to 10.23.0.2, timeout is 2 seconds:
!!!!!
Success rate is 100 percent (5/5), round-trip min/avg/max = 1/2/4 ms
```

图 11.47　路由器连通性检查命令及结果

11.3.2　模拟器上的 RIP 路由配置

1. RIP 路由配置

配置界面及路由器之间切换和静态路由的配置一样,在此就不再赘述了,下面主要介绍各路由器上的 RIP 配置命令。

1) RouterA 的 RIP 路由配置命令

```
Router # configure terminal
Router(config) # router rip
Router(config - router) # network 192.168.1.0
Router(config - router) # network 10.0.0.0
```

2) RouterB 的 RIP 路由配置命令

```
Router # configure terminal
Router(config) # router rip
Router(config - router) # network 10.0.0.0
```

3) RouterC 的 RIP 路由配置命令

```
Router # configure terminal
Router(config) # router rip
Router(config - router) # network 192.168.3.0
Router(config - router) # network 10.0.0.0
```

图 11.48 所示为模拟器中 RouterA 配置 RIP 的界面,配置 RouterB、RouterC 时要单击 eRouters 按钮切换到相应的路由器,输入上述命令,完成 RIP 配置,在模拟器中配置

RouterB、RouterC 的界面在此就不赘述了。

```
Router#configure terminal
Enter configuration commands, one per line.  End with CNTL/Z.
Router(config)#router rip
Router(config-router)#network 192.168.1.0
Router(config-router)#network 10.0.0.0
```

图 11.48 路由器 RouterA 上配置 RIP 路由命令

2. 启动 RIP 协议

在各路由器上启动 RIP 协议,并发布其直连网络后,路由器之间经过一段时间的学习,可以学习到到达非直连网络的路由,可以通过执行 show ip route 检查,如图 11.49 所示为在 RouterA 中执行上述命令得到的结果,在图中可以看到通过 RIP 协议学习到的路由,在 RouterC 上,端口 E0 所连接网络 192.168.3.0 由于没连设备而处于关闭状态,没法通过 RIP 学习到相应的路由,所以图中没有到此网络的路由。同样在 RouterB、RouterC 中可以检查配置 RIP 路由的结果。

```
Router#show ip route
Codes: C - connected, S - static, I - IGRP, R - RIP, M - mobile, B - BGP
       D - EIGRP, EX - EIGRP external, O - OSPF, IA - OSPF inter area
       E1 - OSPF external type 1, E2 - OSPF external type 2, E - EGP
       i - IS-IS, L1 - IS-IS level-1, L2 - IS-IS level-2, * - candidate default
       U - per-user static route

Gateway of last resort is not set
C       172.16.1.0/24 is directly connected, Loopback1
C       10.12.0.0/24 is directly connected, Serial0
C       10.13.0.0/24 is directly connected, Ethernet1
R       10.23.0.0/24 [120/1] via 10.12.0.2, 00:04:19, Serial0
```

图 11.49 路由器 RouterA 上查看 RIP 协议的学习过程

3. 检查连通性

如图 11.50 所示为在路由器 RouterB 上执行 ping 10.13.0.1 命令,结果显示可以 ping 通,同样也可以在 RouterA、RouterC 上用 ping 检查 RIP 路由的正确性,如果在三个路由器相互之间都能 ping 通,就证明了 RIP 路由配置的正确。

```
Router#ping 10.13.0.1

Type escape sequence to abort.
Sending 5, 100-byte ICMP Echos to 10.13.0.1, timeout is 2 seconds:
!!!!!
Success rate is 100 percent (5/5), round-trip min/avg/max = 1/2/4 ms
```

图 11.50 检查配置了 RIP 协议的路由器的连通器

11.3.3 模拟器上的单区域 OSPF 路由配置

单区域 OSPF 是指运行 OSPF 路由协议的路由器处于同一区域。在单区域中,区域号是任意的,在此区域号选 0。

1. 单区域的 OSPF 路由配置命令

1) RouterA 的 OSPF 路由配置命令

```
Router # configure terminal
Router(config) # router ospf 10
```

```
Router(config - router) # network 1012.0.0 0.0.0.255 area 0
Router(config - router) # network 192.168.1.0 0.0.0.255 area 0
Router(config - router) # network 10.13.0.0 0.0.0.255 area 0
```

2）RouterB 的 OSPF 路由配置命令

```
Router # configure terminal
Router(config) # router ospf 10
Router(config - router) # network 1012.0.0 0.0.0.255 area 0
Router(config - router) # network 10.23.0.0 0.0.0.255 area 0
```

3）RouterC 的 OSPF 路由配置命令

```
Router # configure terminal
Router(config) # router ospf 10
Router(config - router) # network 10.23.0.0 0.0.0.255 area 0
Router(config - router) # network 10.13.0.0 0.0.0.255 area 0
Router(config - router) # network 192.168.3.0 0.0.0.255 area 0
```

如图 11.51 所示为在模拟器中配置 RouterA 的单区域 OSPF 界面,同样在 RouterB、RouterC 输入上述命令,实现单区域 OSPF 配置,其配置过程和图 11.51 类似,在此就不一一赘述了。

```
Router#configure t
Enter configuration commands, one per line.  End with CNTL/Z.
Router(config)#router ospf 10
Router(config-router)#network 10.12.0.0 0.0.0.255 area 0
Router(config-router)#network 192.168.1.0 0.0.0.255 area 0
Router(config-router)#network 10.13.0.0 0.0.0.255 area 0
```

图 11.51　路由器 RouterA 上配置单区域 OSPF 命令

2. 启动 OSPF 协议

在各路由器上启动 OSPF 协议,并发布其直连网络后,路由器之间经过一段时间的学习,可以学习到非直连网络的路由,可以通过执行 show ip route 检查,如图 11.52 所示为在 RouterC 中执行上述命令得到的结果,在图中可以看到通过 OSPF 协议学习到的路由,同样在 RouterA、RouterC 中可以检查配置 OSPF 路由的结果。

```
Router#sh ip route
Codes: C - connected, S - static, I - IGRP, R - RIP, M - mobile, B - BGP
       D - EIGRP, EX - EIGRP external, O - OSPF, IA - OSPF inter area
       E1 - OSPF external type 1, E2 - OSPF external type 2, E - EGP
       i - IS-IS, L1 - IS-IS level-1, L2 - IS-IS level-2, * - candidate default
       U - per-user static route

Gateway of last resort is not set
C       172.16.3.0/24 is directly connected, Loopback3
C       10.13.0.0/24 is directly connected, Ethernet1
C       10.23.0.0/24 is directly connected, Serial0
O       10.12.0.0/24 [110/65] via 10.23.0.2, 00:00:33, Serial0
```

图 11.52　查看路由器 RouterB 上 OSPF 协议的配置结果

3. 检查连通性

如图 11.53 所示为在 RouterC 上执行 ping 10.12.0.1 命令,结果显示可以 ping 通,同样也可以在 RouterA、RouterB 上用 ping 检查 OSPF 路由的正确性,如果在三个路由器相互之间都能 ping 通,就证明了 OSPF 路由配置的正确。

```
Router#ping 10.12.0.1

Type escape sequence to abort.
Sending 5, 100-byte ICMP Echos to 10.12.0.1, timeout is 2 seconds:
!!!!!
Success rate is 100 percent (5/5), round-trip min/avg/max = 1/2/4 ms
```

图 11.53　查看配置 OSPF 后的连通性

11.3.4　NetSim 应用练习

如图 11.54 所示为一网络应用拓扑,要求使用 Boson NetSim 完成。

(1) 使用 Boson Network Designer 完成网络拓扑图的绘制。

(2) 要求利用 Boson NetSim 分别实现静态路由、RIP 路由、单区域 OSPF 路由的配置,使三台 PC 能相互 ping 通。

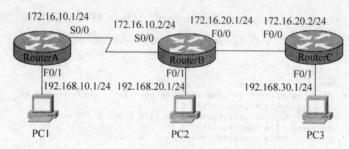

图 11.54　NetSim 应用练习图

参 考 文 献

[1] Richard Deal. CCNA 学习指南. 北京：人民邮电出版社,2009.4.

[2] Steve McQuerry. CCNA 学习指南：Cisco 网络设备互连(ICND2). 北京：人民邮电出版社,2008.9.

[3] Richard Froom , Balaji Sivasubramanian,Erum Frahim. CCNP 学习指南：组建 Cisco 多层交换网络 (BCMSN). 北京：人民邮电出版社,2007.11.

[4] Diane Teare,Catherine Paquet. CCNP 学习指南：组建可扩展的 Cisco 互连网络(BSCI). 北京：人民邮 电出版社,2007.10.

[5] Cisco System 公司. 思科网络技术学院教程：CCNP1 高级路由[M]. 第二版. 北京：人民邮电出版 社,2005.

[6] Bill Parkhurst. 路由技术第一阶[M]. 北京：人民邮电出版社,2005.

[7] Todd Lammle. CCNA 学习指南[M]. 中文第六版. 程代伟,徐宏,池亚平等译. 北京：电子工业出版 社,2008.

[8] 华为 3Com 技术有限公司. HCNE 认证教材：构建中小企业网络(第二分册) [M]. 杭州：华为 3Com 技术有限公司,2004.

[9] 华为 3Com 技术有限公司. HCSE 认证教材：构建企业级路由网络[M]. 杭州：华为 3Com 技术有限 公司,2004.

[10] 沈苏杉,陈奇. IBM 企业网原理、设计与实现[M]. 南京：东南大学出版社,1998.

[11] 谢希仁. 计算机网络[M]. 第五版. 北京：电子工业出版社,2008.

[12] 高传善,钱松荣,毛迪林. 数据通信与计算机网络[M]. 北京：高等教育出版社,2000.

[13] Cisco. 思科网络技术学院教程(第一、二学期). 北京：人民邮电出版社,2004.

[14] Cisco. 思科网络技术学院教程(第三、四学期). 北京：人民邮电出版社,2004.

[15] 华为 3COM. 华为 3COM 认证培训系列教程. 华为 3COM 技术有限公司,2004.

[16] 梁广民等. 网络设备互联技术. 北京：清华大学出版社,2006.11.

[17] 陈明. 网络设备教程. 北京：清华大学出版社,2004.3.

[18] 王群. 计算机网络管理技术. 北京：清华大学出版社,2008.6.

[19] 尚晓航. 网张管理基础(第二版). 北京：清华大学出版社,2008.1.

[20] 武装. 计算机网络管理原理与实现. 北京：电子工业出版社,2009.4.

[21] 刘晓辉. 网络硬件完全手册. 重庆：重庆大学出版社,2002.

[22] 王群等. TCP/IP 管理及网络互联. 北京：人民邮电出版社,2004.

[23] 李祥瑞. CCNA 学习指南：Cisco 网络设备互联. 北京：人民邮电出版社,2008.

[24] 甘刚、孙继军等. 网络设备配置与管理. 北京：清华大学出版社,2007.4.

[25] 张保通等. 网络互联技术——路由、交换与远程访问. 北京：中国水利水电出版社,2004.

[26] 陆军魁. 计算机网络工程实践教程. 北京：清华大学出版社,2005.

参考文献